普通高等教育"十二五"精品课程规划教材

计算机信息技术基础
——案例、实践与提高

主　编　万　励
副主编　汪　梅　陈　佳
参　编　谢　晴　何高明　陈　聪　卿海军
　　　　梁　菁　吴洁明　贺　杰
主　审　玉振明

北京理工大学出版社
BEIJING INSTITUTE OF TECHNOLOGY PRESS

内 容 简 介

本书是广西区级精品课程"计算机文化基础"的主教材,介绍了计算机、网络、数据库、多媒体和信息获取的基础知识,Windows 7 操作系统,Microsoft Office 2010 套装软件四大组件(Word、Excel、PowerPoint 及 Access)和 Internet 的应用,以及 Dreamweaver CS5 网页制作等。本书每章内容由基础知识和拓展知识组成,基础知识以案例的形式组织,便于读者按照案例的操作开展实践练习;拓展知识可以为读者补充更多有参考价值和实用性强的知识,以拓展读者的知识面和提高操作能力。

本书以计算机应用能力的培养为目标,采用任务驱动和案例分解的方式编写,精选实用性强的案例,案例连贯,是一本实践操作性很强的教材,既适合教师组织课程教学,也适合学生开展开放式自主学习。本书另有配套的《计算机信息技术基础——案例、实践与提高 实训指导与习题集》辅助教材,供教师实验教学及学生课外学习使用。

本书既可作为高等院校、中职学校计算机公共基础课的教材,也可作为计算机等级考试、成教学生及各类计算机培训班的培训教材和自学参考书。

版权专有　侵权必究

图书在版编目(CIP)数据

计算机信息技术基础:案例、实践与提高/万励主编.—北京:北京理工大学出版社,2013.12(2020.1 重印)

ISBN 978-7-5640-8638-1

Ⅰ.①计…　Ⅱ.①万…　Ⅲ.①电子计算机-教材　Ⅳ.①TP3

中国版本图书馆 CIP 数据核字(2013)第 299695 号

出版发行 / 北京理工大学出版社有限责任公司
社　　址 / 北京市海淀区中关村南大街 5 号
邮　　编 / 100081
电　　话 / (010)68914775(总编室)
　　　　　 82562903(教材售后服务热线)
　　　　　 68948351(其他图书服务热线)
网　　址 / http://www.bitpress.com.cn
经　　销 / 全国各地新华书店
印　　刷 / 三河市天利华印刷装订有限公司
开　　本 / 787 毫米×1092 毫米　1/16
印　　张 / 22.5　　　　　　　　　　　　　　　责任编辑 / 陈　竑
字　　数 / 552 千字　　　　　　　　　　　　　文案编辑 / 胡卫民
版　　次 / 2013 年 12 月第 1 版　2020 年 1 月第 13 次印刷　责任校对 / 周瑞红
定　　价 / 49.80 元　　　　　　　　　　　　　责任印制 / 马振武

图书出现印装质量问题,请拨打售后服务热线,本社负责调换

前　言

随着信息时代的到来以及计算机的不断普及，具备信息技术基础知识和计算机应用能力不仅是每一位大学生必备的技能，也是衡量当今人才素质的一个重要指标。"计算机文化基础"作为大学生必修的一门信息类公共基础课，对于培养适应信息时代的新型"应用型"人才尤为重要。同时由于中小学信息技术教育的普及，计算机文化基础层次的教学内容逐步下移，大学的计算机基础教育面临着更大的挑战。针对"非零起点"和"个体差异"的实际情况，如何组织大学的计算机教学是摆在我们面前的重大课题，既能照顾基础薄弱的学生，也要考虑到基础很好的学生，让学生各有所获。所以教材的组织需要有层次感，且具有较强的可操作性。

基于以上的背景，本书以计算机应用能力培养为目的，以"任务驱动，案例教学"为出发点，融入"计算思维"的思想，结合大学生活的实际应用，精心设计了多个具有实用性和代表性的案例，并以案例为主线组织基本知识要点和拓展知识，体现了"案例、实践与提高"的特色。参照书中的操作步骤可以轻松完成案例，进而熟练掌握各种软件的用法，从而提高学生的学习兴趣，培养学生的动手能力，也适合读者开展自主学习。总之，我们的目的是希望能在一个与大学教育相适应的层次上论述信息科学的基本知识和计算机基础技术，培养学生掌握计算思维、解决实际应用问题的能力。本教材既突出实用性，也注重知识的系统性，为学生进一步学习后继课程、自我扩展计算机知识和解决问题的能力打下良好的基础。

本书是广西壮族自治区精品课程"计算机文化基础"的成果之一，与精品课程网站的共享资源一起构成立体化教材体系。课程网站提供了与本书相配套的电子教案，开发了网上测试软件和试题库，收集和编制了教材和实验的原始素材、扩充性学习资料等，还提供了网上讨论和交流平台，以多种手段和多样化的学习形式帮助学生学习本门课程。因此，本书非常适合作为高校计算机基础教育的教材。对教材内容适当取舍后也可作为成人教育、各类中专院校的计算机公共课教材，并适用于计算机基础知识的培训班学员和自学者。需要相关资料者可登录梧州学院网站：http://www.gxuwz.edu.cn。

本书是在广西原有计算机公共课统编教材的基础上，根据国家对大学生信息技术的最新培养要求，以 Windows 7 和 Office 2010 作为主要内容。全书分为 8 章，第 1 章　计算机基础知识；第 2 章　Windows 7 操作系统；第 3 章　Word 2010 文字处理；第 4 章　Excel 2010 电子表格；第 5 章　计算机网络基础；第 6 章　数据库基本知识和 Access 2010；第 7 章　PowerPoint 2010 演示文稿软件；第 8 章　网页制作与网站发布。

参与本书编写的教师均为"计算机文化基础"精品课项目组成员，他们长期处于计算机教学第一线，将多年积累的教学经验融入本书的每一章节中。全书由万励担任主编，负责编写方案的制订和统稿；汪梅、陈佳担任副主编，负责全书的审查和校对；玉振明教授担任主审。具体分工如下：第 1 章由万励编写，第 2 章由何高明编写，第 3 章由汪梅编写，第 4 章由陈佳编写，第 5 章由陈聪编写，第 6 章由卿海军编写，第 7 章由谢晴编写，第 8 章由梁菁编写。吴洁明、贺杰负责附录的编写，并参与了全书的校对工作。

此书在编写过程中，得到了桂林电子科技大学陈光喜教授的指导和支持，在此表示衷心的感谢。此外，编写过程中还参考了大量的教材及资料，在此向所有作者一并表示衷心的感谢。

由于时间仓促，编者水平有限，书中难免存在疏漏和不足，欢迎广大读者指正。

编 者

目 录

第1章 计算机基础知识 ... 1
1.1 导论 ... 1
1.2 计算机一般知识 ... 2
1.3 计算机硬件知识 ... 7
1.4 计算机软件知识 ... 14
1.5 信息表示 ... 19
1.6 能力拓展 ... 27
思考与练习 ... 29

第2章 Windows 7 操作系统 ... 31
2.1 常见 PC 操作系统概述 ... 31
2.2 初识 Windows 7 ... 36
2.3 Windows 7 的基本操作 ... 48
2.4 Windows 7 附件中常用的工具软件 ... 65
2.5 能力拓展 ... 69
思考与练习 ... 72

第3章 Word 2010 文字处理——案例：课程论文 ... 73
3.1 Office 办公软件概述 ... 73
3.2 子案例一：课程论文的文本输入与编辑 ... 80
3.3 子案例二：课程论文的表格制作 ... 104
3.4 子案例三：课程论文的图文编排 ... 113
3.5 能力拓展 ... 122
思考与练习 ... 124

第4章 Excel 2010 电子表格——案例：学生成绩表 ... 126
4.1 概述 ... 126
4.2 子案例一：学生成绩表的数据输入与编辑 ... 130
4.3 子案例二：学生成绩表的数据计算与美化 ... 146
4.4 子案例三：学生成绩表的数据统计和分析 ... 163

4.5　子案例四：学生成绩表的图表创建 ………………………………………… 173
　　4.6　能力拓展 ……………………………………………………………………… 181
　　思考与练习 ……………………………………………………………………………… 185

第5章　计算机网络基础——案例：网页浏览及邮件收发 …………………………… 186
　　5.1　计算机网络的基础知识 ……………………………………………………… 186
　　5.2　子案例一：IE 9.0浏览器的使用 …………………………………………… 203
　　5.3　子案例二：电子邮件收发 …………………………………………………… 208
　　5.4　计算机信息安全 ……………………………………………………………… 212
　　5.5　能力拓展 ……………………………………………………………………… 218
　　思考与练习 ……………………………………………………………………………… 221

第6章　数据库基本知识和Access 2010——案例：学生信息管理系统 …………… 222
　　6.1　概述 …………………………………………………………………………… 222
　　6.2　子案例一：数据库基本知识及数据模型 …………………………………… 227
　　6.3　子案例二：学生信息数据库的创建及表的基本操作 ……………………… 231
　　6.4　子案例三：学生成绩信息查询 ……………………………………………… 246
　　6.5　子案例四：学生信息及成绩报表的创建 …………………………………… 252
　　6.6　能力拓展 ……………………………………………………………………… 259
　　思考与练习 ……………………………………………………………………………… 261

第7章　PowerPoint 2010演示文稿软件——案例：我的简历 ……………………… 263
　　7.1　概述 …………………………………………………………………………… 263
　　7.2　子案例一："我的简历"的创建 …………………………………………… 266
　　7.3　子案例二："我的简历"的美化 …………………………………………… 275
　　7.4　子案例三："我的简历"的高级设置 ……………………………………… 280
　　7.5　子案例四："我的简历"的放映、打包及打印 …………………………… 302
　　7.6　多媒体技术 …………………………………………………………………… 308
　　7.7　能力拓展 ……………………………………………………………………… 314
　　思考与练习 ……………………………………………………………………………… 316

第8章　网页制作与网站发布——案例：个人网站 …………………………………… 317
　　8.1　概述 …………………………………………………………………………… 317
　　8.2　子案例一：站点的建立和管理 ……………………………………………… 322
　　8.3　子案例二：网页的建立和编辑 ……………………………………………… 324
　　8.4　子案例三：表格的应用 ……………………………………………………… 334
　　8.5　子案例四：框架的应用 ……………………………………………………… 338
　　8.6　子案例五：网站的测试与发布 ……………………………………………… 342
　　思考与练习 ……………………………………………………………………………… 344

附录1 ASCII 码表 ··· 345

附录2 计算机中常用的信息存储格式 ·· 347

参考文献 ··· 349

第1章

计算机基础知识

 教学目标

本章通过介绍计算机的基本知识，使读者熟悉计算机的软件、硬件系统组成，掌握计算机的工作原理，了解计算机是如何存储信息的。

 教学重点和难点

（1）计算机的发展历程和阶段，计算机的特点、分类和应用。
（2）微型计算机的软件、硬件组成，计算机的工作原理和冯·诺依曼体系结构。
（3）数制表示，二进制数与十进制、八进制、十六进制数之间的转换。
（4）计算机的信息表示。
（5）计算机的汉字信息处理与汉字的编码。

 引言

孙阳是一名大学生，他很想买一台计算机，但不知怎么挑选。在教室里，老师用计算机给同学们上课，孙阳也很想知道计算机是如何工作的。

计算机是一种能够按照程序运行，自动、高速处理海量数据的现代化智能电子设备，它由硬件和软件组成。计算机可以用于数值计算、数据处理、自动控制、辅助设计，在人工智能、多媒体应用方面，计算机也发挥了显著的成效。

1.1 导　　论

随着科技的快速发展，计算机应用日渐广泛，正以空前的速度向人类生活的各方面渗透，计算机与人类的生活已密不可分。网络技术的发展，给人类的生活带来了极大的方便；信息技术的广泛应用，促进了人们工作效率和生活质量的提高。

孙阳是一名大学生，他边干边学，勤于思考，最终从一名对计算机了解不深的大学新生，成长为一名能应用计算机解决实际问题的高手。本书以孙阳在大学四年学习期间发生的事情为线索，提出各种与大学计算机学习相关的问题，让读者从实际例子中学习到相关的知识，从而培养读者的学习兴趣，提高读者的计算机应用能力。本书各章节安排如下：

（1）入学购买计算机：知道了计算机的组成、了解了计算机的工作原理，懂得如何选购计算机。
（2）安装操作系统、使用应用软件：学会了操作系统的安装及使用。
（3）撰写课程论文：掌握了 Word 文字处理软件的应用。
（4）对考试成绩进行分析：掌握了 Excel 电子表格软件的应用。
（5）上网查阅资料、收发邮件：掌握了浏览器的使用、收发电子邮件以及如何防范病毒。
（6）勤工俭学，设计学生信息管理系统：掌握了 Access 数据库管理软件的应用。
（7）找工作，做幻灯片宣传自己：掌握了 PowerPoint 演示文稿软件的应用。
（8）制作个人网站：掌握了制作网页和发布网站的技术。

1.2 计算机一般知识

第一台计算机从诞生到现在已经拥有了 60 多年历史。计算机在运算速度、增进性能、降低成本及开发应用等方面不断发展。如今，计算机的应用已无处不在，无论是军事领域、教育领域、工业领域还是商业领域都有它的身影，它已渗透到国民经济和人类社会生活的各个方面。

1.2.1 计算机的发展

【提要】

本节介绍计算机的发展过程，主要包括：
- 计算机的发展历史
- 计算机的发展趋势

1. 计算机的发展历史

1946 年，美国宾夕法尼亚大学诞生了世界上第一台数字电子计算机 ENIAC（见图 1-1）。这台计算机最初用于火炮弹道计算，共有 18 000 个电子管，重 30 吨，占地 170 平方米，每秒运行 5 000 次加法运算。

图 1-1　第一台数字电子计算机 ENIAC

此后，计算机获得突飞猛进的发展，计算机器件从电子管发展到晶体管，再发展到集成电路以至于微处理器，根据计算机使用的电子元件的不同，可将计算机的发展分为以下四代：

第一代：1946—1957 年，电子管计算机时代；

第二代：1958—1964 年，晶体管计算机时代；

第三代：1965—1971 年，中、小规模集成电路计算机时代；

第四代：1972—现在，大规模、超大规模集成电路计算机时代。

（1）电子管计算机时代

这一时期的计算机采用电子管作为基本器件，使用延迟线作为存储器，体积大，没有系统软件，只能用机器语言和汇编语言编程，采用十进制计算，速度慢，运算速度为每秒几千次到几万次，主要用于科学计算，为军事和国防服务。

（2）晶体管计算机时代

这一时期的计算机采用晶体管作为基本器件，采用磁芯存储器，外存储器采用磁盘/磁鼓。晶体管计算机和电子管计算机相比，体积减小，重量减轻，计算机的可靠性和运算速度均得到提高，运算速度为每秒几十万次。计算机的操作系统初步成型，FORTRAN、BASIC、COBOL 等高级语言进入实用阶段。计算机的使用方式由手工操作变为自动作业管理。应用范围除用于科学计算外，还用于数据处理和事务处理。

（3）中、小规模集成电路计算机时代

这一时期的计算机采用中、小规模集成电路作为基本器件，使用半导体存储器作为主存储器，体积更小，重量更轻，运算速度有了更大的提高。计算机操作系统日趋完善，具备批量处理、分时处理、实时处理等功能。

（4）大规模、超大规模集成电路计算机时代

这一时期的计算机采用大规模、超大规模集成电路作为基本器件，半导体存储器取代了磁芯存储器，其集成度越来越高，容量越来越大，运算速度可以达到每秒几百万次到亿次。

目前，多个国家正开始研究第五代计算机。第五代计算机是一种更接近人的人工智能计算机，具有推论、联想、智能会话等功能，并能直接处理声音、文字、图像等信息。第五代计算机的研制推动了专家系统、知识工程、语音合成与语音识别、自然语言理解、自动推理和智能机器人等方面的研究。

2. 计算机的发展趋势

摩尔是斯坦福大学一位资深教授，也是 Intel 芯片的创始人，他在 1965 年预言，半导体芯片上集成的晶体管和电阻数量将每年翻一番。1975 年他又修正为芯片上集成的晶体管数量将每两年翻一番，这意味着计算机的运算能力每两年将增加一倍。这就是著名的"摩尔定律"。"摩尔定律"归纳了信息技术进步的速度。

未来的计算机将以超大规模集成电路为基础，正朝着"高度"、"广度"、"深度"方向发展。

"高度"是指计算机性能越来越好，主频越来越高，速度越来越快。计算机的主频从 MHz 发展到了 GHz。2013 年，我国研制的天河二号超级计算机成为全球运算速度最快的计算机，其峰值速度和持续速度分别为每秒 5.49 亿亿次和每秒 3.39 亿亿次。天河二号 1 小时的运算量，相当于 13 亿人同时用计算器计算 1 000 年。

"广度"是指计算机越来越普及。随着网络的发展，计算机不断向各个领域渗透，人们的工作和生活已离不开计算机，无论是航天航空、交通控制还是金融、教育、办公自动化等都有它的身影。而嵌入式系统的发展，使得计算机与我们的距离越来越近，嵌入式系统几乎包括了生活中所有的电器设备，如掌上 PAD、计算器、电视机顶盒、手机、数字电视、多媒体播

放器、汽车、电梯、空调、工业自动化仪表与医疗仪器等电器设备，都装有嵌入式微处理器。

"深度"是指计算机向智能化发展。智能化就是要求计算机能模拟人的感觉和思维能力。目前计算机"思维"的方式与人类思维方式有很大区别，人类还很难用语言、手势和表情与计算机打交道。如何让计算机模拟人的高级思维活动，具有逻辑推理、学习与证明的能力，是新一代计算机研究的重点。而网上有大量的信息，怎样从这些海量信息中得到你想要的知识，这也是计算机智能化研究的重要课题。智能化的研究领域很多，其中最有代表性的领域是专家系统和机器人。

随着新的元器件及其技术的发展，新型的超导计算机、量子计算机、光子计算机、生物计算机等将会逐渐走入人们的生活，应用于各个领域。

1.2.2 计算机的分类及应用

【提要】

本节介绍计算机的分类及应用，主要包括：
- 计算机的特点
- 计算机的分类
- 计算机的应用

1. 计算机的特点

计算机主要具备以下几个特点：

（1）运算速度快

计算机的运算速度由早期的每秒几千次发展到现在的每秒几万亿次。计算机高速运算的能力极大地提高了工作效率，把人们从烦琐的脑力劳动中解放出来。许多数学问题，由于计算量太大，数学家们终其毕生也无法完成，而使用计算机则可轻易地解决。

（2）计算精度高

普通的计算工具只能达到几位有效数字，而计算机对数据的结果精度可达到十几位、几十位有效数字。一般的计算机均能达到 15 位有效数字，而通过一定的软件技术，可达到任意的精度。法国一位数学家花了 15 年时间把圆周率算到小数点后 707 位，而现在的计算机，几个小时就可计算到小数点后 10 万位。

（3）具有存储与记忆能力

计算机具有"存储记忆"功能，这是它与传统计算工具的一个重要区别。计算机的存储器可以存储大量数据，把原始数据、中间结果、运算指令以及人们事先为计算机编制的工作步骤等存储起来，以备随时调用。目前家用计算机的存储容量越来越大，已高达千兆数量级。

（4）具有逻辑判断能力

计算机除了能够完成基本的算术运算外，还具有进行比较、判断等逻辑运算的能力，这种能力是计算机处理逻辑推理问题的前提，使计算机能广泛应用于非数值数据处理领域，如信息检索、图形识别以及各种多媒体应用等。

（5）自动化程度高

由于计算机的工作方式是将程序和数据先存放在计算机内，工作时，人们启动编制好的程序，计算机便会依次取出指令，逐条执行，一步一步地自动完成各种规定的操作，一般不需要人直接干预运算、处理和控制过程，因而自动化程度高。

2. 计算机的分类

计算机可以有多种不同的分类。

按计算机中信息的表示形式和处理方式划分，计算机可分为数字电子计算机、模拟电子计算机和混合式计算机。数字电子计算机是用二进制的代码串，即用"0"和"1"组成的代码串来表示信息，参与运算的数值用断续的数字量表示，按位运算，并且不连续地跳动计算。其特点是计算精度高、存储量大、通用性强，能胜任科学计算、信息处理、实时控制、智能模拟等方面的工作。人们平时所用的计算机就属于数字电子计算机。模拟电子计算机一般是用连续变化的模拟量（电压）代表被研究物体中的变量来进行操作运算的，参与运算的数值由不间断的连续量表示，其运算过程是连续的。模拟计算机由于受元器件质量的影响，其计算精度较低、信息不易存储、通用性差，应用范围较窄。混合式计算机既有数字量又有模拟量，现已很少生产。

按计算机的用途划分，计算机可分为专用计算机和通用计算机。专用计算机是为解决一个或一类特定问题而设计的计算机，一般配有解决特定问题的固定程序。专用计算机解决特定问题的速度快、可靠性高，但功能单一、适应性差。我们航天航空领域中的飞船和火箭使用的计算机大部分就属于专用计算机。通用计算机是指各行业、各种工作环境都能使用的计算机，它配备各种应用软件，功能齐全、适应性强。我们日常使用的计算机就是通用计算机。

按计算机的运算速度、字长、存储容量等综合性能指标划分，计算机可分为巨型机、大型机、小型机、微型机、服务器及工作站等。巨型机运算速度快，运算速度可达每秒千万亿次，存储容量大，规模大且结构复杂。其主要用于军事技术和尖端科学研究方面，是衡量一个国家科学实力的重要标志之一。性能介于巨型机和微型机之间的是大型机、小型机。大型机主要用于计算中心和计算机网络中。小型机用途广泛，既可用于科学计算、数据处理，也可用于生产过程自动控制、数据采集及分析处理。微型机体积小，价格低，灵活性好，使用方便，广泛应用于办公、学习、娱乐等。台式计算机、笔记本计算机、掌上型计算机等都是微型计算机。服务器是为网上多个用户提供共享信息资源和各种服务的一种高性能计算机，它需要安装网络操作系统和各种网络服务软件，主要为网络用户提供文件、数据库、应用及通信方面的服务。工作站是一种高档的微型计算机，具备强大的数据运算与图形、图像处理能力，主要面向工程设计、动画制作、模拟仿真等专业应用领域。

3. 计算机的应用

计算机强大的功能和良好的通用性，使得计算机的应用领域已扩大到社会各个行业，改变着人们的工作、学习和生活方式，推动着社会的发展。计算机的主要应用如下：

（1）科学计算

充分发挥其高速计算、大存储容量和连续运算的能力，计算机可以完成科学研究和工程技术中复杂数学问题的计算。其主要应用领域有航天工程、气象预报、石油勘探、密码解译及高能物理等。

（2）信息处理

信息处理是计算机对原始数据进行收集、整理、存储、分类、选择、检索和输出等的加工过程，是计算机应用最广泛的领域。计算机能处理的不仅仅是数值、文字信息，还包括图像、音像、视频等多媒体信息。目前，信息处理已被广泛地应用于办公自动化、情报检索、图书管理、电影电视动画设计等各行各业。

（3）过程控制

过程控制是在没有人直接参与的情况下，利用计算机及时采集检测数据，按最优值迅速地对控制对象的某个工作状态或参数进行自动控制或自动调节。利用计算机对工艺过程的温度、压力、流量、成分、电压、几何尺寸等物理量进行控制，不仅可以提高控制的自动化水平，保证生产过程稳定，防止发生事故，而且可以提高控制的及时性和准确性，保证产品质量，降低原料、能源的消耗，降低成本。

（4）计算机辅助工程

计算机辅助工程主要包括计算机辅助设计 CAD（Computer Aided Design）、计算机辅助制造 CAM（Computer Aided Manufacturing）和计算机辅助教学 CAI（Computer Aided Instruction）。

计算机辅助设计是利用计算机系统辅助设计人员进行工程或产品的设计，以实现最佳设计效果的一种技术，它不仅可以加快设计过程，还可以缩短产品研制周期。计算机辅助制造是利用计算机系统进行生产设备的管理、控制和操作的过程。CAD 和 CAM 已经在电子、造船、航空、航天、机械、建筑、汽车等各个领域中得到了广泛的应用。计算机辅助教学是在计算机辅助下进行的各种教学活动。它的使用克服了传统教学情景方式上单一、片面的缺点，能有效地缩短学习时间、提高教学质量和教学效率，实现最优化的教学目标。

（5）人工智能

智能化是计算机发展的一个重要方向。人工智能的主要研究内容包括知识表示、自动推理和搜索方法、机器学习和知识获取、知识处理系统、自然语言理解、计算机视觉及智能机器人、自动程序设计等方面。现在人工智能的研究已取得一定的成果，例如，我国一汽集团和国防科技大学成功合作研制的红旗轿车无人驾驶系统，就是采用了计算机视觉导航方式，采用仿人控制，实现了对轿车的操纵控制。

（6）网络应用

计算机网络技术的发展，将地理位置不同的、具有独立功能的多台计算机及其外部设备，通过通信线路连接起来，在网络操作系统、网络管理软件及网络通信协议的管理和协调下，实现了远程通信、远程信息处理和资源共享，给人们的日常生活带来了很大的便利。例如，人们外出旅游前，可以事先在网上订火车票、飞机票和预订宾馆住宿。计算机网络还广泛应用于办公自动化、远程教育及电子银行、证券交易等各个领域。

1.2.3 计算机系统组成

【提要】

本节介绍计算机系统组成。

计算机是一种用于高速计算的电子计算机器，可以进行数值、逻辑计算，还具有存储记忆功能，能够按照事先编好的程序，自动、高速地处理海量数据。一个完整的计算机系统由硬件系统和软件系统组成，两个部分又由若干个部件组成（见图1-2）。硬件系统和软件系统互相依赖，不可分割，硬件系统是计算机的"躯干"，是物质基础，而软件系统依附于硬件系统，是建立在这个"躯干"上的"灵魂"。

计算机的硬件系统一般由运算器、存储器、控制器、输入设备和输出设备五大部分组成。其功能是输入并存储程序和数据，并在程序的控制下完成数据输入、数据处理和输出结果等任务。主机、显示器、键盘、硬盘及打印机等都属于计算机硬件系统。

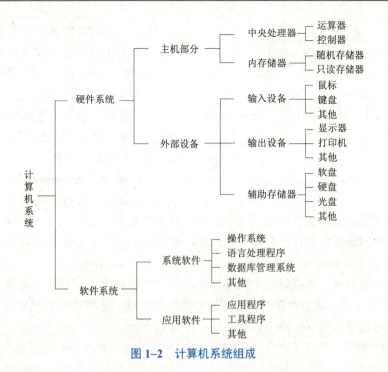

图 1-2 计算机系统组成

计算机软件系统是计算机系统中各类程序、有关文档以及所需要数据的总称，其分为系统软件和应用软件两大类。正是由于软件的高速发展，计算机系统的功能才得以充分发挥，计算机的使用才能越来越方便和普及。

1.3 计算机硬件知识

计算机硬件是指计算机系统中由电子、机械和光电元件等组成的各种物理装置的总称。这些物理装置按系统结构的要求构成一个有机整体，为计算机软件的运行提供了物质基础。

1.3.1 微型计算机硬件组成

【提要】

本节介绍微型计算机硬件组成，主要包括：
- 计算机硬件系统
- 微型计算机硬件组成

孙阳同学准备买一台计算机，电脑店给了他一份清单：

```
CPU：AMD Athlon II X4（速龙 II 四核）651 KB
主板：技嘉 GA-A75M-S2V
内存：金士顿 4 GB 1333
硬盘：希捷 Barracuda 500GB 7200 转 16MB SATA3（ST500DM002）
显示器：显示器 AOC（冠捷）E2252VW 21.5 英寸 LED 背光
机箱：爱国者 CA-E335 PLUS
电源：先马超影 500 主动版
```

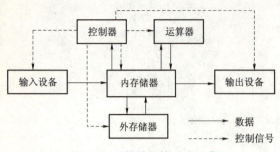

图 1-3 计算机硬件系统组成

清单上面列出的配件，看看你都认识多少？以上列出的都属于硬件，对于计算机来说，硬件系统是由什么组成的呢？

1. 计算机硬件系统

计算机硬件系统主要由控制器、运算器、存储器、输入设备和输出设备五大部分组成，它们的关系如图 1-3 所示。

（1）控制器（Control Unit）

控制器是计算机的指挥系统。控制器通过地址访问存储器，从存储器中取出指令，经译码器分析后，根据指令分析结果产生相应的操作控制信号作用于其他部件，使得各部件在控制器控制下有条不紊地协调工作。

（2）运算器（Arithmetic Unit）

运算器是计算机进行数据处理的核心部件，执行各种算术运算和逻辑运算，由算术逻辑单元（ALU）、累加器、状态寄存器和通用寄存器组等组成。运算器的数据来自于存储器，处理后的结果数据通常送回存储器或暂时存放在运算器中。

运算器和控制器一起组成中央处理器，简称 CPU（Central Processing Unit），在微型计算机中又称为微处理器。它是计算机的核心部件，计算机的所有操作都受它控制。

（3）存储器（Memory）

存储器是计算机中用来存放所有数据和程序的记忆部件，它的基本功能是按指定的地址写入或读出信息。位（bit），也称"比特"，是计算机存储数据的最小单位，只能存储一个二进制数位"0"或"1"。字节（Byte）是计算机数据处理的基本单位，1 个字节等于 8 位。存储器由若干个存储单元组成，每个存储单元都有一个地址，计算机通过地址对存储单元进行读写。一个存储器所包含的字节数称为存储容量，常使用的存储容量单位有 KB、MB、GB 和 TB，其关系为：

$$1\text{ KB}=2^{10}\text{ B}=1\,024\text{ B}$$
$$1\text{ MB}=2^{10}\text{ KB}$$
$$1\text{ GB}=2^{10}\text{ MB}$$
$$1\text{ TB}=2^{10}\text{ GB}$$

这些单位的容量究竟有多大呢？1 KB 可以存储一个短篇故事，1 MB 可以存储一篇短篇小说，1 GB 可以存储贝多芬第五乐章交响曲的全部乐谱内容，1 TB 则可储存一家大型医院中所有的 X 光图片。

计算机中的存储器可分为内部存储器（简称内存）和外部存储器（简称外存）。内存由半导体器件制成，用来存放计算机运行期间的大量程序和数据，计算机执行程序时，CPU 从内存中存取程序和数据。内存存取速度快、容量小，但价格较高。外存用于存放系统程序、大型数据文件、数据库及用户的程序和数据。CPU 不能直接访问外存，当需要执行外存的程序或处理外存中的数据时，必须通过 CPU 输入/输出指令，将其调入内存中才能被 CPU 执行处理。外存具有存储容量大、价格便宜的特点，但存取速度慢。常见的外存有硬盘、光盘、U 盘和磁带机等。

内存又分为只读存储器 ROM（Read Only Memory）和随机读写存储器 RAM（Random

Accessed Memory）。ROM 中的信息由厂家在生产时用专门设备写入,计算机工作时只能读出,不能修改,也不会因断电而丢失,故一般用于存放固定的程序,如用于存储 BIOS 设定。RAM 中的信息可读、可写,但断电后信息会丢失。

（4）输入设备（Input Device）

输入设备是向计算机中输入信息（如程序、数据、声音、文字、图形和图像等）的设备。常见的输入设备有键盘、鼠标、图形扫描仪、触摸屏、条形码输入器和光笔等。

（5）输出设备（Output Device）

输出设备用于接收计算机数据的输出显示、打印、声音及控制外围设备操作等,也是把各种计算结果数据或信息以数字、字符、图像、声音等形式表示出来的设备。常用的输出设备有显示器、打印机、绘图仪和音箱等。

2. 微型计算机硬件组成

从外观上来看,微型计算机由主机箱和外部设备组成。主机箱内主要包括 CPU、内存、主板、硬盘驱动器、光盘驱动器、扩展卡、连接线和电源等;外部设备包括外存储器、显示器、鼠标、键盘和音箱等,这些设备都通过接口和连接线与主机相连。

以下对微型计算机其中一些组成部分做简要介绍：

（1）主机箱

① 主板。

主板（见图 1-4）是固定在主机箱的一块电路板,主板上装有大量的有源电子元件。其中主要组件有互补金属氧化物半导体（CMOS）、基本输入输出系统（BIOS）、高速缓冲存储器（Cache）、内存插槽、CPU 插槽及键盘接口、软盘驱动器接口、硬盘驱动器接口、总线扩展插槽、串行接口、并行接口等。主板是计算机各种部件相互连接的纽带和桥梁。

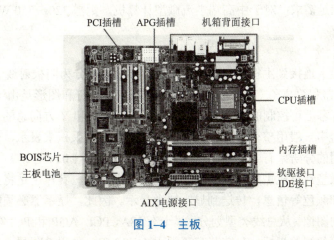

图 1-4 主板

② CPU。

CPU（见图 1-5）是微型计算机的核心,计算机的运转是在它的指挥控制下实现的,微型计算机处理数据的能力和速度主要取决于 CPU。目前市场上最流行的 CPU 主要是 Intel 和 AMD。2001 年,我国自行研制出第一枚实用型 CPU 芯片——方舟 1 号,从此开始了国产 CPU 的历史。2005 年,中国科学院计算技术研究所自主研发的 64 位高性能通用 CPU——龙芯 2 号,其频率最高可达 1 GHz。

③ 内存。

内存（见图 1-6）由半导体器件构成，用于存放当前待处理的信息。计算机在执行程序前必须将程序先装入内存，从存储器取出信息称为读出，将信息存入存储器称为写入。存储器读出信息后，原内容保持不变；向存储器写入信息，则原内容被新内容所代替。内存关机或断电时数据会丢失。内存条与主板的连接方式有 30 线、72 线和 168 线等。目前装机的内存容量一般有 1 G、2 G 和 4 G 等，内存越大的微型计算机，能同时处理的信息量越大。

图 1-5　CPU

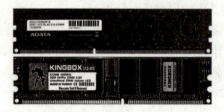

图 1-6　内存

由于内存速度远远慢于 CPU，使得 CPU 与内存交换数据时经常需要等待，影响了微型计算机的性能。现代微型计算机均使用了高速缓冲存储器（Cache）技术。在 CPU 和内存之间配置 Cache，运行时将内存的一部分数据复制到 Cache 中，CPU 访问内存时先访问 Cache，当 Cache 没有所需的数据时才去访问内存。由于 Cache 的速度与 CPU 相当，借助于 Cache，可提高数据的存取速度。

④ 电源。

计算机电源能将外部的交流电转成电脑主机内部所使用的直流电，功率多为 250～400 W。对于入门级微型计算机配置，电源功率 250 W 也够了；对于中端主流微型计算机，300 W 左右即可满足需求；对于中高端主流微型计算机，则需 320～350 W。

（2）外部设备

① 显示器。

显示器通过显卡连接到主机上。微型计算机的显示器可分为阴极射线管（CRT）显示器、液晶（LCD）显示器和等离子（PDP）显示器。显示器上的字符和图形是由一个个像素（Pixel）组成的。显示器屏幕上可控制的最小光点称为像素，X 方向和 Y 方向总的像素点数称为分辨率。显示器的分辨率一般用整个屏幕上光栅的列数与行数的乘积来表示，分辨率越高，图像越清晰。现在常用的分辨率有 800×600、1 024×768 和 1 280×1 024 等。

显卡是插在微型计算机主机箱内扩展槽上的一块电路板，其作用是将主机的输出信息转换成字符、图形和颜色等信息，传送到显示器上显示。因此，显示器必须配置正确的显卡才能得到最佳配合的图像。从总线类型划分，显卡有 ISA、PCI、AGP 和 PCI 等。显示器的 RAM 容量也是一个不可忽视的指标，目前其容量常用 1～8 MB。如果希望显示器具有较强的图形输出功能，则必须选用较大的容量。

② 外存储器。

外存储器包括硬盘、光盘和磁带等，信息存储量大，但由于存在机械运动问题，所以存取速度要比内存慢，通常用来存放操作系统、用户的应用软件和数据等，信息可以在外存储器中长期保留。目前微型计算机常用的外存储器主要是硬盘存储器、光盘存储器和移动存储器。

- 硬盘存储器

硬盘的存储容量很大,它是使用温彻斯特技术制成的驱动器,将硅钢盘片连同读写头等一起封装在真空密闭的盒子内,故无空气阻力、灰尘的影响。使用时应防止振动,所以计算机通电工作时,不能移动,也不能摇晃和撞击,否则磁头容易损坏盘片,造成盘片上的信息读出错误。新的硬盘工作前需要格式化,但使用中的硬盘不能随便格式化,否则将丢失全部数据。硬盘旋转速度快,容量大,目前的微型计算机硬盘容量已发展到几百千兆字节(GB),甚至万亿字节(TB)级。

- 光盘存储器

光盘的读写原理与磁介质存储器完全不同,它是根据激光原理设计的一套光学读写设备,是利用激光技术存储信息的。它利用金属盘片表面凹凸不平的特征,通过光的反射强度来记录和识别二进制数码"0"、"1"的信息。光盘分为只读、一次性写入、可擦式、VCD 及 DVD 等。

只读光盘 CD-ROM(Compact Disk-Read Only Memory)只能读取,用户无法再写入数据。它的使用最广泛,其容量一般为 650 MB,具有制作成本低、不怕热和磁、保存携带方便的特点。

一次性写入光盘 CD-R 不仅可以读出已写入的信息,而且可以在空白的光盘空间上追加写入新的信息,但与只读光盘一样,信息一旦写入就不能修改。写入方法一般是用强激光束对光介质进行烧孔或起泡,从而产生凹凸不平的表面。

可擦式光盘 CD-RW 像磁盘一样允许用户多次写入、删除、修改和读出。

VCD(Video CD)是用来存放采用 MPEG 标准编码的全动态图像及其相应声音的数据光盘,可以在一张普通的 DVD 上记录 70 分钟的音频、视频数据及相关的处理程序。它体积小,价格便宜,且有很好的音频、视频质量和很好的兼容性,在普通的 CD-ROM 驱动器上就能播放。

DVD(Digital Versatile Disc)是当前光盘数据存储的主流介质,人们日常使用的单面单层 DVD 的容量是 4.7 GB,约为 VCD 的 7 倍。在相同的分辨率下,它比 MPEG-1 有高得多的压缩空间,平均压缩量达到 1:40。

- 移动存储器

常用的移动存储器有移动硬盘和 U 盘。移动硬盘可外置于主机箱之外,由外接 DC 电源供电,大多采用 USB、IEEE1394 和 eSATA 接口,能提供较高的数据传输速度。作为便携的大容量存储系统,移动硬盘具有容量大、传输速度快、使用方便和可靠性高的特点。目前移动硬盘容量已达到 TB 级。

U 盘与移动硬盘相比,具有体积小、便于携带、价格便宜的优点。U 盘是采用 Flash 芯片存储,Flash 芯片是非易失性存储器,存储数据不需要电压维持,所消耗的能源主要用于读写数据。U 盘通过 USB 接口连接到计算机中,接口为 USB2.0 和 USB3.0。一般的 U 盘容量有 2 GB、4 GB、8 GB、16 GB 和 32 GB 等。

③ 键盘和鼠标。

键盘属于输入设备,用于输入字符、数字和标点符号,一般由按键、导电塑胶、编码器以及接口电路等组成,它能实时监视按键,将用户按键的编码信息送入计算机中。当用户按下某个按键时,它会通过导电塑胶将线路板上的这个按键排线接通,产生信号,并通过键盘接口传送到 CPU 中。

现在的鼠标可通过 PS/2 鼠标接口或 USB 接口连接到微型计算机。鼠标分机械式和光电式两类。机械式鼠标在桌面上移动时，其下面的滚动小球和桌面摩擦，发生转动，屏幕上的光标也随着鼠标的移动而移动。光电式鼠标用光电传感器代替了滚球，通过检测鼠标器的位移，将位移信号转换为电脉冲信号，再通过程序的处理和转换来控制屏幕上光标箭头的移动。

1.3.2 微型计算机主要性能指标

【提要】

本节介绍微型计算机主要性能指标，其包括：
- 字长
- 主频
- 运算速度
- 存储容量

微型计算机的性能指标一般有：

1. 字长

字长是指 CPU 一次可以同时处理的二进制位数，主要影响计算机的精度和速度，是衡量计算机性能的一个重要标志。不同的计算机字长是不相同的，常用的字长有 8 位、16 位、32 位和 64 位等。字长越长，表示一次读写和处理的数的范围越大，处理数据的速度越快，计算精度越高。

2. 主频

主频是指微型计算机 CPU 工作的时钟频率，单位是 MHz 和 GHz。它是 CPU 性能的一个参数，也是人们购买微型计算机最关心的一个参数，现在家用微型计算机 CPU 的主频已达到 3 GHz。CPU 的主频不直接代表 CPU 的运算速度，因为 CPU 的运算速度还与 CPU 的缓存、指令集、位数等性能指标有关，但提高主频对于提高 CPU 运算速度是至关重要的。

3. 运算速度

运算速度是衡量 CPU 工作快慢的指标，一般以每秒完成多少次运算来度量。当今计算机的运算速度可达每秒万亿次。计算机的运算速度与主频有关，还与内存、硬盘等工作速度及字长等有关。

4. 存储容量

存储容量主要是指内存容量，是衡量计算机记忆能力的指标，也是人们购买微型计算机时关心的一个参数。存储容量越大，它所能存储的数据和运行的程序就越多，程序运行的速度就越高，计算机的解题能力和规模就越大。

1.3.3 微型计算机常用外部设备

【提要】

本节介绍微型计算机常用外部设备，其包括：
- 打印机
- 扫描仪与绘图仪
- 数码相机和数码摄像机

微型计算机常用外部设备有：

1. 打印机

打印机（见图 1-7）是计算机重要的输出设备，与计算机上的并口或 USB 接口相连接。打印机能将结果印刷到纸上，永久保存。按打印方式分类，打印机可分为击打式和非击打式两类。击打式打印机利用机械冲击力，通过打击色带在纸上印上字符或图形。非击打式打印机则用电、磁、光、热、喷墨等物理、化学方法来印刷字符和图形。打印质量用打印分辨率来度量，单位是"点数/每英寸"，即 dpi（dot per inch）。非击打式打印机的打印质量通常比击打式的高，如激光打印机分辨率通常是 300 dpi 以上，而点阵打印机的分辨率不足 100 dpi。

图 1-7 打印机

（1）点阵打印机

点阵打印机由走纸装置、控制和存储电路、插头、色带等组成。打印头是关键部件，由若干根钢针组成，由钢针打印点，再通过点拼成字符。打印时 CPU 通过并行端口送出信号，使打印头的一部分打印针打击色带，使色带接触打印纸进行着色，而另一部分打印针不动，这样便打印出字符。常见的点阵打印机的打印头有 9 针和 24 针。点阵打印机比较灵活，使用方便且质量较高，但噪声比较大，且速度慢。

（2）喷墨打印机

这种打印机不用色带，而把墨水存储于可更换的盒子之中，通过毛细管作用将墨水直接喷到纸上。喷墨打印机的打印质量较高、分辨率高，打印噪声很小，价格适中，家庭环境中常选这种打印机。

（3）激光打印机

激光打印机由激光发生器和机芯组成核心部件。激光头能产生极细的光束，经由计算机处理及字符发生器送出的字形信息，通过一套光学系统形成两束光，在机芯的感光鼓上形成静电潜像，鼓面上的磁刷根据鼓上的静电分布情况将墨粉黏附在表面并逐渐显影，然后印在纸上。激光打印机输出速度快、打印质量高、无噪声，但价格较高，常用于办公场所。

2. 扫描仪与绘图仪

扫描仪（见图 1-8）是一种用来输入图片资料的输入装置，有彩色和黑白两种，一般是作为一个独立的装置与计算机连接。目前市场供应的扫描仪，面积为 A4 纸张大小，分辨率可达 28 800 dpi。

绘图仪（见图 1-8）是计算机的图形输出设备，分为平台式和滚筒式两种。它利用画笔在纸上画线，所以适合于绘制工程图，在气象、地质测绘和产品设计中是重要的输出设备。新型的绘图仪采用无笔的绘制方式，其原理与喷墨、激光打印机的印字方法相类似。

图 1-8 绘图仪与扫描仪

3. 数码相机和数码摄像机

数码相机和数码摄像机（见图 1-9）都是计算机的输入设备。数码相机是一种利用电子传感器把光学影像转换成电子数据的照相机。其拍摄的照片自动存储在相机内部的芯片或存储卡中，然后通过串、并口或者 USB 接口传送到计算机里。

图 1-9 数码相机、数码摄像机

数码摄像机除了可以拍摄照片，还可以拍摄视频影像。当然，现在的数码相机也可以拍摄视频。

1.4 计算机软件知识

只有硬件没有软件支持的计算机称为"裸机"，是无法工作的。计算机软件是指程序以及有关程序的技术文档的总和，它是计算机系统的重要组成部分，是整个计算机的灵魂。软件也是用户与硬件之间的接口界面，用户主要是通过软件与计算机进行交流的。

1.4.1 计算机如何工作

【提要】

本节介绍计算机如何工作，主要包括：
- 计算机工作原理
- 指令与指令系统
- 程序与程序设计语言

孙阳同学买了一台计算机，他很想知道计算机是如何工作的。当我们按下电源开关时，电源就开始向主板和其他设备供电，开机后 BIOS 最先被启动，然后它对电脑的硬件设备（内存、硬盘、串行和并行接口、即插即用设备等）进行彻底的检验和测试。如果没有问题，则按照用户指定的启动顺序进行启动，一般默认从硬盘启动。先是找到硬盘上的主引导记录，找出活动分区，运行启动管理器文件，加载操作系统内核，从而启动操作系统，显示 Windows 登录窗口。

1. 计算机工作原理

当前，我们使用的计算机都属于"存储程序控制"体系结构，这一结构又称为冯·诺依曼结构，是美籍匈牙利数学家冯·诺依曼（John Von Neumann，1903—1957）在1946年提出来的，它确立了现代计算机基本组成的工作方式。首先，用户通过输入设备将程序和数据送入存储器。启动运行后，计算机从存储器中取出程序指令送到控制器去识别，控制器发出相应的命令，将操作数送往运算器进行运算，再将结果送回存储器。当运算任务完成后，将结果输出。通过在计算机中设置存储器，将指令与数据一起存放在存储器中，计算机就能按照程序指定的逻辑顺序依次取出存储内容进行译码和处理，自动完成由程序所描述的处理工作。

2. 指令与指令系统

指令是计算机执行某种操作的命令。一台计算机有许多条作用不同的指令，所有指令的集合称为该计算机的指令系统。指令系统中的指令条数因计算机类型的不同而不同，少则几十条，多则数百条。指令系统是与计算机硬件密切相关的，计算机的CPU不同，其使用的指令系统也不同。通常，一条指令包含操作码和操作数地址码两个基本信息：

操作码	操作数地址码

操作码指明指令要完成的操作类型，如加、减、取数或输出等。操作数地址码指明参与操作的操作数地址及操作的结果存放地址。操作数地址码可以没有，也可以有一个、两个或三个。指令分类如下：

（1）传送指令

传送指令主要作用是将数据从一个地方传送到另一个地方。数据传输常在CPU内部、CPU和存储器之间、CPU和外设之间进行。

（2）运算指令

运算指令主要用于实现基本的算术运算和逻辑运算，如加、减、乘、除运算，逻辑加、逻辑乘、左移、右移等。此外还有比较运算的指令，如比较两个操作数是否相等等。

（3）控制指令

控制指令主要用于控制计算机的执行动作，改变程序的执行顺序，如各种条件转移指令、无条件转移指令和复位指令等。

（4）输入输出指令

输入输出指令主要用于控制各种输入、输出设备的动作。

（5）其他指令

除了以上各类指令外，还有一些特殊指令，如空操作指令等。

3. 程序与程序设计语言

程序由指令组成，是一组计算机指令的有序集合。程序设计语言是人与计算机进行信息交换的工具。随着计算机技术的发展，计算机程序设计语言也在向贴近人的思维方式的方向不断地发展，形成了各种功能、特点不同的程序设计语言。程序设计语言分为机器语言、汇编语言和高级语言3种。计算机程序包括源程序和目标程序。源程序是指用高级语言或汇编语言编写的程序，计算机不能直接识别和执行，必须将其翻译成计算机能识别的目标程序（即机器指令代码），才会被执行。

（1）机器语言

机器语言是唯一能由计算机直接识别和执行的语言，直接用二进制代码指令表达，具有直接执行，运行速度快，占用内存少的优点。但一种机器语言只适用于一类特定的计算机，通用性差且难编、难读、难记忆。早期的计算机都用机器语言编写程序，现已没有人愿意去学习机器语言了。

（2）汇编语言

机器语言程序是二进制代码，难编程，改进的方法是用较容易记忆的文字符号即助记符来表示指令。汇编语言就是采用助记符来编写程序的语言，其程序比机器语言程序易读、易修改，同时又保持了机器语言执行速度快、占用存储空间少的优点。使用汇编语言编写的程序，机器不能直接运行，还需要由汇编程序转换成机器指令。汇编语言仍是面向机器的语言，不具有通用性。

（3）高级语言

由于汇编语言依赖于硬件系统，且助记符太难记，因此人们又发明了高级语言。高级语言是一种与机器指令系统无关、比较接近人类自然语言的计算机程序设计语言，它具有易学、易懂、易修改和通用性强的特点。用高级语言编写的程序，可方便地表示数据的运算和程序的控制结构，使问题的表述更加容易，大大提高编程效率。高级语言程序也需要"翻译"成机器语言程序后才能被执行，执行速度比汇编语言程序慢。常用的高级语言有 Visual Basic、Fortran、C、Java、C++、Delphi、COBOL 和 C#等。

计算机程序设计语言具有高级语言和低级语言之分，主要是根据它们与机器的密切程序来区分的，越接近机器的语言越低级，越远离机器的语言越高级。

1.4.2 软件系统的层次结构

【提要】

本节介绍软件系统的层次结构，主要包括：
➢ 系统软件
➢ 应用软件

孙阳同学将计算机买回来后，很想在 QQ 上和父母聊天，将大学生活的趣事告诉他们，但他发现计算机无法工作。高年级的师兄告诉他，计算机还要安装操作系统后才能运行程序。

通常，人们把计算机硬件以外的所有与计算机相关的文档、程序、语言等都称为软件。软件系统是计算机所有软件的总称，可分为系统软件和应用软件两类。

1. 系统软件

系统软件是计算机系统中最靠近硬件层次的软件，用于计算机内部的管理、维护、控制和运行以及计算机程序的翻译、装入、编辑、控制和运行。系统软件是开发和运行应用软件的平台，其核心是操作系统。系统软件包括：

（1）操作系统

操作系统是管理系统资源，控制程序执行，改善人机界面，提供各种服务，合理组织计算机工作流程和为用户提供良好运行环境的一种系统软件。它是计算机硬件资源的管理者和软件系统的核心，负责管理、监控和维护计算机系统的全部软件资源和硬件资源，合理地组织计算机各部分协调工作，也是用户和计算机之间的接口。操作系统可分为批处理系统、分时系统和实时系统等。目前常见的操作系统有 Windows、UNIX 和 Linux 等。操作系统主要具有以下主要功能：处理机管理、存储管理、设备管理、文件管理和作业管理（在第 2 章会做详细介绍）。

（2）语言处理程序

计算机能够直接识别和执行的是二进制指令，而汇编程序和高级语言源程序不能被计算机直接运行，必须转换成机器语言才能被计算机执行。转换的方法有两种，即编译和解释。语言处理程序是为用户设计的编程服务软件，其作用是将高级语言源程序翻译成机器能识别的目标程序。它包括以下几种：

汇编程序：其作用是将汇编语言源程序翻译成目标程序。

解释程序：其作用是对某种高级语言源程序逐句翻译，边翻译边执行，不生成目标程序。这种方式运行速度慢，但在执行中可以进行人机对话，可以随时改正源程序中的错误。Basic 语言和 Perl 语言就采用这种方式。

编译程序：其作用是将高级语言源程序整个翻译成等价的目标程序，然后通过链接程序将目标程序链接成可执行程序。程序运行时只需直接运行该执行程序即可，运行速度快。但每次修改源程序后，必须重新编译、连接。C 语言就采用这种方式。

（3）系统实用程序

系统实用程序也称为支撑软件，在操作系统支持下运行，同时又支持应用软件的开发和维护。支撑软件包括网络通信程序、多媒体支持软件、硬件接口程序、实用软件工具以及软件开发工具等。网络通信程序完成计算机网络通信的功能。多媒体支持软件协助计算机系统实现对图形、图像、语音和视频等多媒体信息的处理。硬件接口程序提供与各种计算机外部设备的连接支持。

2. 应用软件

应用软件是为解决特定应用领域的具体问题而编制的应用程序，它必须在系统软件支持下才能运行。如编程软件、视频软件、游戏软件和办公软件等都是应用软件。应用软件可分为通用应用软件和专用应用软件。常用的通用应用软件有微软的 Office 办公软件、腾讯 QQ、IE 浏览器等。专用应用软件是为特定用户解决某一具体问题而设计的程序，一般没有现成的软件，需要专门组织人力开发。

1.4.3 算法与程序设计

【提要】

本节介绍算法与程序设计的相关知识，主要包括：
- 算法的概念
- 算法的特性
- 程序设计的三种基本结构

1. 算法的概念

期末考试结束了，老师交给孙阳一个任务，让他统计班上"法律基础"这门课程及格和不及格的人数。孙阳打算是这样操作的：

> 1. 及格人数为 0，不及格人数为 0；
> 2. 取第一个同学的分数；
> 3. 重复执行以下步骤直到分数统计完毕：
>   3.1 若该分数大于等于 60，及格人数加 1；
>   3.2 若该分数小于 60，不及格人数加 1；
>   3.3 取下一个同学的分数。

以上是孙阳解决实际问题的步骤。计算机解决问题和人解决问题一样，需要有清晰的解题步骤。用计算机解题前，需要将解题方法转换成一系列具体的、在计算机上可执行的步骤，这些步骤能清楚地反映解题方法一步步"怎样做"的过程，这个过程就是通常所说的算法。算法是在有限步骤内求解某一问题所使用的具有精确定义的一系列操作规则。它是程序设计的基础，是解决一个问题的方法和步骤，算法要有一个清晰的起始步，表示处理问题的起点，且每一个步骤只能有一个确定的后继步骤，从而组成一个步骤的有限序列；要有一个终止步骤，表示问题得到解决或不能得到解决。算法的执行过程中通常要有数据输入和数据输出的步骤。

2. 算法的特性

一个算法应具有以下 5 个特性：

① 确定性：算法的每一个步骤都必须是确定的，无二义性。

② 可行性：算法每一个步骤都应该被有效地执行，并能得到一个明确的结果。

③ 输入：一个算法有零个或多个输入，在算法运算开始之前给出算法所需数据的初值。

④ 输出：一个算法有一个或多个输出，以反映对输入数据加工后的结果，没有输出的算法是毫无意义的。

⑤ 有穷性：一个算法的步骤应是有限的且在有限的时间内能够执行完毕。

3. 程序设计的三种基本结构

"结构化程序设计"的思想是由荷兰学者 Dijkstra 提出的，它的主要观点是采用自顶向下、逐步求精及模块化的程序设计方法，使用顺序、选择、循环三种基本控制结构构造程序。按照结构化程序设计方法设计出的程序结构良好，具有易读、易维护等优点。

算法的实现过程是由一系列操作组成的，这些操作之间的执行次序就是程序的控制结构。任何算法，都是由顺序结构、选择结构和循环结构构成的。

（1）顺序结构

顺序结构是一种线性、有序的结构，它自上而下依次执行各语句模块。如图 1-10 所示，先执行模块 A 再执行模块 B。

（2）选择结构

选择结构表示程序的处理步骤出现了分支，它需要根据某一特定的条件选择其中的一个分支执行。如图 1-11 所示，当满足条件时执行模块 A，不满足条件时执行模块 B，不管是执行模块 A 还是执行模块 B，接下来都执行模块 C。

（3）循环结构

循环结构表示程序反复执行某个或某些操作，直到某条件为假（或为真）时才可终止循环。循环结构的基本形式有两种：当型（While）循环和直到型（Until）循环，如图 1-12 所示。

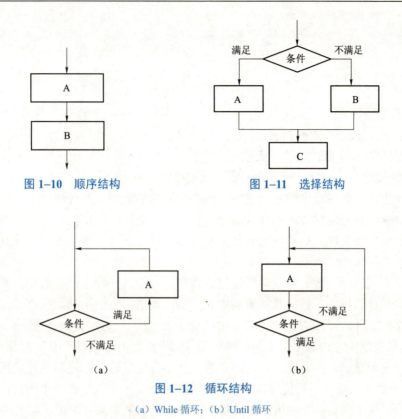

图 1-10 顺序结构　　图 1-11 选择结构

图 1-12 循环结构
（a）While 循环；（b）Until 循环

当型结构：先判断条件，如果条件满足，执行循环体 A 模块，自动返回到循环入口并再次判断条件；如果条件满足，则再次执行 A 模块，如此反复，直到某一次条件不满足时退出循环体，直接到达流程出口处。如果首次判断条件不满足，则不执行 A 模块而直接跳到循环外的后继模块。这种循环结构是先判断后执行。

直到型循环：执行 A 模块，在循环终端处判断条件，如果条件不满足，则继续执行 A 模块，直到条件为真时才退出循环，执行后继模块。这种循环结构是先执行后判断。

三种基本结构都具有以下特点：
① 有唯一一个入口。
② 有唯一一个出口。
③ 结构中每一部分都有被执行到的机会，即每一部分都有一条从入口到出口的路径通过它。
④ 程序不会出现死循环。

结构化程序要求每一基本结构具有单一入口和单一出口，这一点是十分重要的，这是为了便于保证和验证程序的正确性。

1.5 信息表示

数据是信息的符号表示，不同的应用需要的数据类型也不同，分为数字、文字、图形、图像和声音等，无论哪一类数据，在计算机内都统一用二进制数表示。

1.5.1 数制

【提要】

本节介绍二、八、十、十六进制数制,主要包括:
- 各种数制的特点
- 数值的二、八、十六进制表示
- 二进制数算术运算:加法、乘法
- 二进制数的逻辑运算:与、或、非、异或运算

人们现代生活中使用最多的是十进制,但在金器的称量中有的还使用十六进制。由于电子器件大多具有两种稳定状态:晶体管的导通、截止,电压的高、低,磁性的有、无等,二进制在物理上更容易实现,如用电路的开关来描述"1"或"0"等,因此在计算机中采用二进制表示数。

按照进位方式进行计数的数制叫作进位计数制。对于每一种进位计数制,要了解它的数码个数、基数和计数规则。数码是指数制中表示基本数值大小的不同数字符号,例如,十进制有 0、1、2、3、4、5、6、7、8、9 共 10 个数码。通常 R 进制有 R 个数码,数码从 0 到 R−1。基数是指数制中允许选用基本数码的个数,如十进制的基数是"10"。在进位计数制中,每位累计到一定数量后,向高位进一,而本位又从零开始累计。R 进制的计数规则为"逢 R 进一"。同一个数码,处在不同位置,其代表的数值不同。一个数码在某个固定位置上所代表的值是确定的,这个固定位上的值称为位权。权由基数的某个乘方决定,如十进制数 89,数码 8 的权值是 10^1,数码 9 的值是 10^0。

1. 常用数制

(1) 十进制

十进制共有 0~9 十个数码,基数是"10",计数规则为"逢十进一"。

一个十进制数的数值可按权展开计算,例如 231 的数值为:

$$231 = 2 \times 10^2 + 3 \times 10^1 + 1 \times 10^0$$

(2) 二进制

二进制共有 0、1 两个数码,基数是"2",计数规则为"逢二进一"。

二进制数的数值也可按权展开计算,例如 1010 的数值为:

$$(1010)_2 = (1 \times 2^3 + 0 \times 2^2 + 1 \times 2^1 + 0 \times 2^0)_{10} = (10)_{10}$$

(3) 八进制

八进制数共有 0~7 八个数码,基数是"8",计数规则为"逢八进一"。例如,八进制数 653 的数值为:

$$(653)_8 = (6 \times 8^2 + 5 \times 8^1 + 3 \times 8^0)_{10} = (427)_{10}$$

(4) 十六进制

十六进制有 0、1、2、…、9、A、B、C、D、E、F 共十六个数码,基数是"16",计数规则为"逢十六进一"。其中 A、B、C、D、E、F 分别表示 10、11、12、13、14、15。如果十六进制数的最高位是字母,一般还需在该字母前加 0,如 E3 常写作 0E3。例如,十六进制数 3A5 的数值为:

$$(3A5)_{16} = (3 \times 16^2 + 10 \times 16^1 + 5 \times 16^0)_{10} = (933)_{10}$$

表 1–1 给出了上述常用进制的数值对照。

表 1–1 常用的十进制、二进制、八进制、十六进制数制转换表

十进制	二进制	八进制	十六进制
0	0000	0	0
1	0001	1	1
2	0010	2	2
3	0011	3	3
4	0100	4	4
5	0101	5	5
6	0110	6	6
7	0111	7	7
8	1000	10	8
9	1001	11	9
10	1010	12	A
11	1011	13	B
12	1100	14	C
13	1101	15	D
14	1110	16	E
15	1111	17	F

2. 二进制数运算

计算机使用二进制数,并对其进行算术运算、逻辑运算和其他运算。

(1)算术运算

计算机中的数值运算规则主要有加法和乘法,用补码表示时减法可以用加法实现,除法最终也可通过加、减法来实现。

二进制数加法运算规则为: 0+0=0 0+1=1 1+0=1 1+1=10

二进制数乘法运算规则为: 0×0=0 0×1=0 1×0=0 1×1=1

(2)逻辑运算

对逻辑变量进行的运算叫作逻辑运算。逻辑变量只有"真"、"假"两个值,"真"值用二进制数"1"表示,"假"值用二进制数"0"表示。二进制数的逻辑运算主要有"与"运算、"或"运算、"非"运算和"异或"运算。逻辑运算与算术运算的主要区别是:逻辑运算是按位进行的,位与位之间没有进位。

逻辑"与"运算,也用"AND"、"∧"或"·"表示,当两个逻辑变量均为"真"时,则结果为"真",其余均为"假"。其运算规则为:

$$0 \wedge 0=0 \quad 0 \wedge 1=0 \quad 1 \wedge 0=0 \quad 1 \wedge 1=1$$

逻辑"或"运算,也用"OR"、"∨"或"+"表示,当两个逻辑变量均为"假"时,则

结果为"假",其余均为"真"。其运算规则为:
$$0 \vee 0=0 \quad 0 \vee 1=1 \quad 1 \vee 0=1 \quad 1 \vee 1=1$$

逻辑"非"运算,也用"NOT"或"¯"表示,当逻辑变量值为"真"时,结果为"假";当逻辑变量值为"假"时,结果为"真"。其运算规则为:
$$\overline{0}=1 \quad \overline{1}=0$$

逻辑"异或"运算,也用"XOR"或"⊕"表示,当两个逻辑变量值相同时,结果为"假";两个逻辑变量值不同时,结果为"真"。其运算规则为:
$$0 \oplus 0=0 \quad 0 \oplus 1=1 \quad 1 \oplus 0=1 \quad 1 \oplus 1=0$$

表1-2给出了上述四种逻辑运算的真值表。

表1-2 逻辑运算真值表

A	B	A∧B	A∨B	$\overline{A}$	A⊕B
0	0	0	0	1	0
0	1	0	1	1	1
1	0	0	1	0	1
1	1	1	1	0	0

1.5.2 数制转换

【提要】

本节介绍数制转换,主要包括:
➢ 二进制数、八进制数、十六进制数与十进制数间的相互转换
➢ 二进制数与八进制数、十六进制数间的相互转换

人们习惯用十进制数,但计算机使用的是二进制数,二进制数位太长,不便阅读和书写,例如告诉你一台计算机的价格是 111 011 011 000 元,你就很难记住它的价格。计算机内部采用二进制数,而输入和输出采用十进制数,因此需要进行数制转换。本节主要介绍整数的转换。

1. R进制数转换为十进制数

R进制(二进制、八进制和十六进制)整数转换成十进制整数只需按权展开,然后相加,所得结果就是等值的十进制数。例如:

$$(11011)_2=(1\times2^4+1\times2^3+0\times2^2+1\times2^1+1\times2^0)_{10}=(27)_{10}$$
$$(53)_8=(5\times8^1+3\times8^0)_{10}=(43)_{10}$$
$$(3E6)_{16}=(3\times16^2+14\times16^1+6\times16^0)_{10}=(998)_{10}$$

2. 十进制数转换为R进制数

十进制整数转换为R进制(二进制、八进制和十六进制)整数采用"除R取余法",将十进制整数除以R(即二进制是除以2、八进制是除以8、十六进制是除以16),记下余数,将商再除以R,记下余数……直到商为0,将每次所得余数按相除过程反序排列,即得到的结果就是对应的R进制数。

十进制数59转换为二进制数:$(59)_{10}=(111011)_2$

```
2 | 59
2 | 29    ……商 29    余 1        最低位
2 | 14    ……商 14    余 1
2 |  7    ……商 7     余 0
2 |  3    ……商 3     余 1
2 |  1    ……商 1     余 1
    0     ……商 0     余 1        最高位
```

3. 二进制数与八进制数间的转换

二进制数转换为八进制数时，采用"三位一并法"，将二进制数从小数点开始分别往左、右每相邻三位组成一组，不足三位的则用 0 补足三位（整数部分前补 0，小数部分后补 0），每组用一位对应的八进制数码来表示。例如，将 10011100.1111 转换为八进制数：$(10011100.1111)_2 = (234.74)_8$。

```
 010   011   100 . 111   100     二进制数
  ↓     ↓     ↓     ↓     ↓
  2     3     4  .  7     4      八进制数
```

八进制数转换为二进制数时，采用"一分为三法"，将每位八进制数用对应的三位二进制数表示。例如，将 521.34 转换为二进制数：$(521.34)_8 = (101010001.0111)_2$。

```
  5     2     1  .  3     4      八进制数
  ↓     ↓     ↓     ↓     ↓
 101   010   001 . 011   100     二进制数
```

4. 二进制数与十六进制数间的转换

二进制数转换为十六进制数时，采用"四位一并法"，将二进制数从小数点开始分别往左、右每相邻四位组成一组，不足四位的则用 0 补足四位（整数部分前补 0，小数部分后补 0），每组用一位对应的十六进制数码来表示。例如，将 1011001.01111101 转换为十六进制数：$(1011001.01111101)_2 = (59.7D)_{16}$。

```
 0101  1001 . 0111  1101         二进制数
   ↓     ↓     ↓     ↓
   5     9  .  7     D           十六进制数
```

十六进制数转换为二进制数时，采用"一分为四法"，将每位十六进制数用等价的四位二进制数表示。例如，将 93.F2 换为二进制数：$(93.F2)_{16} = (10010011.11110010)_2$。

```
   9     3  .  F     2           十六进制数
   ↓     ↓     ↓     ↓
 1001  0011 . 1111  0010         二进制数
```

Windows 7 操作系统中附带的"计算器"软件，可以完成简单的进制转换，如图 1-13 所示。

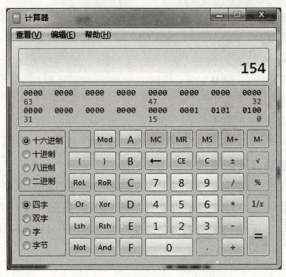

图 1-13 Windows 7 的"计算器"

1.5.3 英文符号的表示

【提要】

本节介绍英文字符的表示，主要包括：

➤ ASCII 码

英文字符使用的编码是 ASCII（American Standard Code for Information Interchange，美国信息互换标准代码）码，它由美国国家标准局（ANSI）制定。标准 ASCII 编码由 7 位二进制数组成，因此基本的 ASCII 字符集共有 128 个字符，其中 96 个是可打印字符，包括常用的英文字母 A-Z 和 a-z、数字 0-9、标点符号等，另外 32 个是控制字符。1 个字节可以存储一个字符。ASCII 码具有以下四个特点：

① 0~9 数字字符的 ASCII 码按数字大小顺序从小到大编排。
② 英文字母的 ASCII 码按字母顺序从小到大编排。
③ 大写英文字母的 ASCII 码小于小写英文字母的 ASCII 码。
④ 数字字符的 ASCII 码小于英文字母的 ASCII 码。

1.5.4 汉字的表示

【提要】

本节介绍汉字处理的相关知识，主要包括：
➤ 汉字信息的处理过程
➤ 汉字输入技术、汉字处理技术、汉字输出技术
➤ 国标码、机内码、汉字字模库

1. 汉字在计算机中的处理过程

在计算机中，英文字符是用 ASCII 码表示，7 位的 ASCII 码，只能表示 128 个字符，汉字字数多，字型复杂，在计算机中该如何表示呢？用键盘很容易输入英文字符，但汉字怎么输入到计算机中呢？

计算机要处理中文信息，必须解决三个问题：汉字信息的输入、汉字信息的处理和汉字信息的输出。通常，人们是使用键盘来录入汉字，汉字输入设备及其设备驱动程序负责把汉字的外部码转换为处理系统识别的机内码。计算机通过特定的程序对汉字信息进行加工，最后将汉字机内码转换成汉字外部字型输出到显示器或打印机中。

汉字编码又可分为三种：输入码（如拼音码、五笔码）、机内码和输出码（字库）。它们的关系如图 1–14 所示。

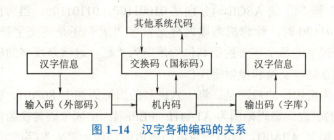

图 1–14 汉字各种编码的关系

2. 汉字的输入

汉字数量数以万计，计算机键盘不可能为每一个汉字而造一个按键，所以必须给汉字编输入码，用几个键来输入一个汉字。常用的汉字输入法主要有音码和型码。音码是按照汉字的读音来对汉字进行编码，如全拼、智能 ABC 输入法、紫光拼音和搜狗拼音等。型码是按照汉字的字型来对汉字进行编码，通常将汉字分解成若干笔画或部件的排列序列，以此来对汉字进行编码，典型的型码是五笔字型码。

除了利用键盘输入汉字外，还可以通过语音输入和手写输入。计算机通过特定程序进行语音识别和手写汉字识别，得出相应汉字的机内码。

3. 汉字在计算机中的表示

汉字输入后，计算机必须将汉字输入码转换成汉字机内码，进行信息处理及存储。

（1）国标码

1980 年我国国家标准总局颁布了"信息交换用汉字编码字符集"基本集（GB 2312–80），这是汉字编码的国家标准，简称国标码，也称为交换码。在这基本集里，共收录 6 763 个汉字，合计字符 7 445 个。国标码将整个字符集分成 94 行，每行有 94 个汉字，每个汉字或符号均由两字节代码表示，高字节对应编码表中的行号，低字节对应编码表中的列号。每一个字节的编码取值范围都是从 21 H（H 位于数字后表示该数是十六进制数）到 7 EH，即十进制的 33 到 126，都是 94 个。每个字节内占用 7 位信息，最高位补 "0"。国标码常用一个四位十六进制数表示。如"厂"字位于 19 行 7 列，其第一字节为"0110011"，第二字节为"0100111"，国标码为 3327H。

（2）区位码

在 GB 2312–80 代码表中，每一行称为一个"区"，每一列称为一个"位"，将"区"和"位"用十进制数字进行编号，区号和位号均为 01～94。一个汉字所在的区号和位号的组合就构成了该汉字的"区位码"。其中，高两位为区号，低两位为位号。区位码是一个四位的十进制数，它的编码范围是 0101～9494。区位码不是汉字在计算机内的编码，它曾作为汉字输入的编码。

区位码是国标码的另一种表现形式。如果知道某个汉字的区位码，只要将区位码的区号和位号转换成十六进制数,再加上十六进制数 2020H,就得到该汉字的国标码。如"厂"字的区位码是 1907,将区号和位号转换成十六进制数得 1307H,加上 2020H 就得到国标码,即 3327H。

(3) 机内码

ASCII 码是英文字符的机内码,用一个字节表示,最高位是"0"。汉字国标码每个字节的最高位也是"0",这与 ASCII 码难以区分。例如,"天"的国标码为 01001100 01101100,而英文字符的"L"和"1"的 ASCII 码分别是 01001100、01101100。当内存中两个字节的值是 01001100、01101100 时,计算机难以区分是汉字"天"还是英文字符的"L"和"1"。因此,将国标码中汉字的两个字节的最高位均规定为"1",这就是汉字的机内码。汉字机内码用于汉字信息的存储、交换和检索等操作。

由国标码转换为机内码的规则是:将十六进制的国标码加上 8080H,就得到对应的机内码,GB 2312-80 的机内码编码范围为 A1A1H~FEFEH;由区位码转换为机内码的规则是将十六进制的区位码加上 A0A0H,就得到对应的机内码。例如"大"字的区位码为 2083,国标码为 3473H,国标码加上 8080H 就得到机内码 B4F3H。

4. 汉字的输出

输出汉字,还需要配备汉字字模库。每个汉字在字库中是以点阵字模形式存储的。将汉字放入 n 行×n 列的正方形内,每行有 n 个小方格。每个小方格用"0"或"1"表示,凡是笔画经过的方格值为"1",未经过的值为"0"。点阵字模就是用"0"、"1"来表示汉字的字形。字模库里保存了每个字符的点阵信息。图 1-15 是汉字"中"的 16×16 点阵表示,右边是该字模对应的字节值,存储时需要 32 个字节。

字模库分成 94 个区,每个区有 94 个汉字。需要显示汉字时,根据汉字内码向字模库检索出该汉字的字形信息,如果值为"1",则在屏幕上显示一个点,值为"0"的点则不显示。这样显示器上就会出现对应的汉字。

汉字点阵字模有 16×16 点阵、24×24 点阵、32×32 点阵、48×48 点阵等,每个汉字字模分别需要 32、72、128、288 个字节存放,点数越多,输出的汉字越细微,但占用的存储空间也越大。

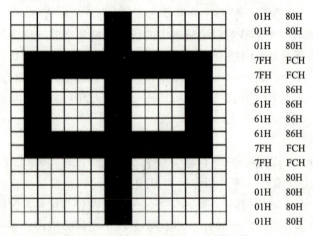

图 1-15 "中"字的 16×16 点阵字模

1.6 能力拓展

【提要】
本节主要介绍物联网的发展及其应用。
- 物联网的定义
- 物联网的发展现状
- 物联网体系架构
- 物联网应用

在单位工作的时候，打开手机，你便可看到家中的一切，机器人正帮你巡查房间，防止小偷进来，让你工作时无须牵挂。下班前，你用手机下达命令，家中的电饭锅便开始工作。而当你回到家门口，大门自动开锁；进入房间，只要轻轻一点开关，房内灯光自动调节亮度，窗帘自动调节打开的角度。此时，电饭锅里阵阵的米饭香味正迎面扑来。甚至你出差在外，家中的安全设备都能掌控在手。这样的情景，将很快出现在人们的日常生活中。物联网技术的发展，为我们的生活带来了全新的体验。

1. 物联网的定义

物联网（The Internet of Things），即物物相连的互联网。2005年，国际电信联盟（ITU）将它定义为：物联网是通过二维码识别设备、射频识别（RFID）装置、红外感应器、全球定位系统和激光扫描器等信息传感设备，按约定的协议，把任何物品与互联网相连接，进行信息交换和通信，以实现智能化识别、定位、跟踪、监控和管理的一种网络。物联网是在互联网基础上的扩展，其用户端扩展到任何物品与物品之间，从而实现了物理空间与数字空间的无缝连接。物联网被称为继计算机、互联网之后，世界信息产业的第三次浪潮。目前，美国、欧盟和中国等都在投入巨资深入探索研究物联网。

2. 物联网发展现状

物联网的概念，早在1995年时比尔·盖茨就在其《未来之路》一书中提及。中国在1999年提出了传感网，并启动了传感网的研究和开发。2005年11月，在突尼斯举行的信息社会世界峰会上，国际电信联盟正式给物联网一个确定的定义。

作为物联网发展排头兵的 RFID 技术，美国早在第二次世界大战时期就开始应用。1991年美国提出普适计算的概念，它具有两个关键特性：一是随时随地访问信息的能力；二是不可见性。通过在物理环境中提供多个传感器和嵌入式设备，在用户不察觉的情况下进行计算和通信。其首次提出了感知、传送和交互的三层结构，是物联网的雏形。1998年，美国麻省理工学院创造性地提出当时被称作 EPC 系统的"物联网"概念。1999年，在美国召开的移动计算和网络国际会议中提出了传感网的概念。2008年11月，IBM 对外公布了"智慧地球（Smarter Planet）"战略，其中提到，在信息文明发展的下一个阶段，人类将实现智能基础设施与物理基础设施的全面融合。

我国在物联网领域的布局较早，中科院早在1995年前就启动了传感网研究。在物联网这个全新的产业中，我国技术研发水平处于世界前列，与德国、美国、韩国一起，成为国际标准制定的四个发起国和主导国之一。2009年8月，温家宝总理在无锡视察工作时指出，要在激烈的国际竞争中，迅速建立中国的传感信息中心或"感知中国"中心。物联网被正式列为国家五大新兴战略性产业之一,并写入政府工作报告中。2009 年 11 月,总投资超过 2.76 亿元的 11 个物联网项目在无锡成功签约。2010 年,我国出台了系列政策支持物联网产业化发展,到 2020 年之前我国已经规划了 3.86 万亿元的资金用于物联网产业的发展。

3. 物联网体系架构

物联网体系架构可分为三层:感知层、网络层和应用层。其架构图如图 1-16 所示。

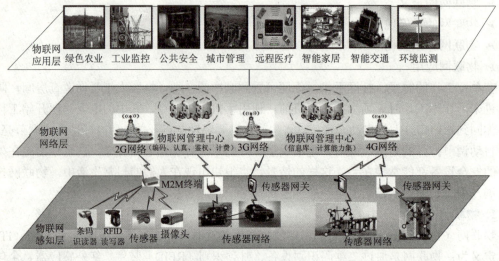

图 1-16 物联网体系架构图

物联网感知层:感知层像是物联网的面部皮肤和五官,主要任务是识别物体和搜集信息。感知层包括二维条形码标签和读出器、RFID 电子标签和读写器、相机、GPRS、传感器、终端和传感网络。

物联网网络层:网络层就像物联网的大脑和神经网络,它的主要任务是传递和处理从感知层得到的信息。网络层包括一个通信融合网和互联网、网络管理中心、信息中心和智能处理中心等。

物联网应用层:应用层综合了物联网的社会分工和产业需求。根据行业特点,借助互联网技术手段,将物联网与行业的生产经营、信息化管理和组织调度结合起来,形成各类的物联网解决方案,构建智能化的行业应用。

4. 物联网应用

(1)城市管理

物联网应用于城市管理,可以更透彻地感应和度量、更全面地互联互通和更深入地智能洞察,发展城市基础设施,为城市范围内的活动和事件提供协调优化的响应及意识。

(2)定位导航

物联网与卫星定位技术、移动通信技术和 GIS 地理信息系统相结合,能够在互联网和移动通信网络覆盖范围内使用 GPS 技术,使得使用和维护成本大大降低,并能实现端到端的多向互动。

(3)现代物流管理

通过在物流商品中植入传感芯片,供应链上的购买、生产制造、包装/装卸、堆栈、运输、配送/分销、出售和服务等每一个环节都能无误地被感知和掌握。这些感知信息与后台的

GIS/GPS 数据库无缝结合，成为强大的物流信息网络系统。

（4）食品安全控制

食品安全是国计民生的重中之重。通过标签识别和物联网技术，可以随时随地对食品生产过程进行实时监控，对食品质量进行联动跟踪，对食品安全事故进行有效预防，极大地提高食品安全的管理水平。

（5）零售领域

RFID 取代零售业的传统条码系统（Barcode），使物品识别的穿透性（主要指穿透金属和液体）、远距离以及商品的防盗和跟踪有了极大改进。

（6）医疗卫生

以 RFID 为代表的自动识别技术可以帮助医院实现对病人不间断地监控、会诊和共享医疗记录，以及对医疗器械的追踪等，而物联网将这种服务扩展至全世界范围。RFID 技术与医院信息系统（HIS）及药品物流系统的融合，是医疗信息化的必然趋势。

（7）安全监控

通过成千上万个覆盖地面、栅栏和低空探测的传感节点，防止入侵者的翻越、偷渡和恐怖袭击等攻击性入侵。上海机场和上海世界博览会已成功采用了该应用。

思考与练习

一、思考题

1. 计算机系统由哪两个部分组成，请简单说明它们之间的关系。
2. 计算机硬件组成分为哪 5 个部分，各部分的功能是什么？
3. 计算机的应用领域有哪些？
4. 冯·诺依曼对计算机发展做出的贡献主要是什么？
5. 计算机的发展经历了哪几代？它们各使用何种电子器件？
6. 二进制数和十进制数互相转换的规律是什么？
7. ASCII 编码的特点是什么，它与汉字编码有什么不同？
8. 计算机主要性能指标有哪几个？
9. 源程序和目标程序有什么不同？
10. 机器语言、汇编语言、高级语言各有什么特点？
11. 解释程序和编译程序有什么不同？
12. 计算机软件系统包括哪几部分？
13. 什么是操作系统？操作系统有哪几个核心功能模块？
14. 请说出几种计算机外部设备。
15. 计算机是如何处理汉字的？我国颁布的第一个汉字编码的国家标准是什么？
16. 程序设计的三种基本结构是什么？

二、练习题

1. 将下列二进制数分别转换成十进制数、八进制数和十六进制数。

（1）01　　　（2）101　　　（3）1101　　　（4）110100　　　（5）10010011

2. 将下列十进制数分别转换为二进制数。

（1）5　　　（2）32　　　（3）134　　　（4）269

3. 将下列十六进制数分别转换为二进制数和八进制数。

（1）16　　　（2）5B　　　（3）73C　　　（4）4F.3

4. 分别写出下列两个二进制数加法、乘法、逻辑与、逻辑或、异或运算的结果。

（1）X=1001，Y=1100

（2）X=00111011，Y=11001011

第 2 章

Windows 7 操作系统

 教学目标

本章通过介绍 Windows 7 操作系统的相关知识，使读者掌握 Windows 7 操作系统的安装、桌面图标的设置，开始菜单、任务栏、文件夹和文件以及常用附件的相关操作。

 教学重点和难点

（1） Windows 7 操作系统的安装。
（2） 文件夹与文件的操作。
（3） 常用附件的相关操作。

 引言

孙阳同学买了一台新电脑，如何安装操作系统呢？如何安装和使用其他应用软件呢？怎样管理自己的文件夹和文件呢？

Windows 操作系统是目前使用率最高的一种操作系统，使用安装光盘安装操作系统后，可以方便地安装其他软件，并能对计算机进行管理以及各种个性化的设置。除此之外，还可以很方便地进行用户账户的设置以及安全设置。

2.1 常见 PC 操作系统概述

操作系统是管理和控制计算机硬件与软件资源的计算机程序，是直接运行在"裸机"上的最基本的系统软件，是计算机的灵魂，用户对计算机的操作都是通过操作系统来完成的。

1. 操作系统的概念

操作系统（Operating System，OS）是一种管理、调度计算机的软硬件资源，并使其协调工作的一种系统软件。操作系统是最基本的系统软件，它对底层的各种硬件进行管理和调度，同时为上层的驱动程序、各种编译程序、数据库管理软件以及用户应用程序提供接口，并且为用户提供一种友好的交互方式，方便用户操作计算机，它是软件系统的核心。因此，操作系统能为用户提供功能强大、安全可靠的服务。

2. 操作系统的分类

根据操作系统功能，可以把操作系统分为批处理系统、分时操作系统、实时操作系统、网络操作系统和分布式操作系统。

（1）批处理操作系统

批处理（Batch Processing）操作系统的工作方式是：用户将作业交给系统操作员，系统操作员将许多用户的作业组成一批作业，之后输入到计算机中，在系统中形成一个自动转接的、连续的作业流，然后启动操作系统，系统自动、依次地执行每个作业。最后由操作员将作业结果交给用户。

（2）分时操作系统

分时（Time Sharing）操作系统的工作方式是：一台主机连接了若干个终端，每个终端有一个用户在使用。用户交互式地向系统提出命令请求，系统接受每个用户的命令，采用时间片轮转方式处理服务请求，并通过交互方式在终端上向用户显示结果。用户根据上步结果发出下道命令。分时操作系统将CPU的时间划分成若干个片段，称为时间片。操作系统以时间片为单位，轮流为每个终端用户服务。每个用户轮流使用一个时间片而使用户感受不到有别的用户存在。分时系统具有多路性、交互性、"独占"性和及时性的特征。常见的通用操作系统是分时系统与批处理系统的结合。其原则是：分时优先，批处理在后。"前台"响应需频繁交互的作业，如终端的要求；"后台"处理时间性要求不强的作业。

（3）实时操作系统

实时操作系统（Real Time Operating System，RTOS）是指使计算机能及时响应外部事件的请求、在规定的严格时间内完成对该事件的处理，并控制所有实时设备和实时任务协调一致地工作的操作系统。实时操作系统要求追求的目标是：对外部请求能在严格时间范围内做出反应，有高可靠性和高完整性。其主要特点是资源的分配和调度首先要考虑实时性，然后才是效率。此外，实时操作系统应有较强的容错能力。

（4）网络操作系统

网络操作系统是基于计算机网络的，在各种计算机操作系统上按网络体系结构协议标准开发的软件，包括网络管理、通信、安全、资源共享和各种网络应用。其目标是相互通信及资源共享。在其支持下，网络中的各台计算机能互相通信和共享资源。其主要特点是与网络的硬件相结合来完成网络的通信任务。

（5）分布式操作系统

分布式操作系统是为分布计算机系统配置的操作系统。大量的计算机通过网络被联结在一起，可以获得极高的运算能力及广泛的数据共享。这种系统被称为分布式系统（Distributed System）。它在资源管理、通信控制和操作系统的结构等方面都与其他操作系统有较大的区别。由于分布计算机系统的资源分布于系统的不同计算机上，操作系统对用户的资源需求不能像一般的操作系统那样等待有资源时直接分配的简单做法，而是要在系统的各台计算机上搜索，找到所需资源后才可进行分配。对于有些资源，如具有多个副本的文件，还必须考虑一致性。所谓一致性，是指若干个用户对同一个文件同时读出的数据是一致的。为了保证一致性，操作系统须控制文件的读、写操作，使得多个用户可同时读一个文件，而任一时刻最多只能有一个用户在修改文件。分布式操作系统的通信功能类似于网络操作系统。由于分布计算机系统不像网络分布得很广，同时分布式操作系统还要支持并行处理，因此它提供的通信机制与网络操作系统提供的有所不同，它要求通信速度高。分布式操作系统的结构也不同于其他操作系统，它分布于系统的各台计算机上，能并行地处理用户的各种需求，有较强的容错能力。

2.1.1 常见 PC 操作系统简介

【提要】

本节介绍常见 PC 操作系统简介，主要包括：
➢ 常见 PC 操作系统
➢ Windows 系列操作系统概述

在计算机的发展过程中，出现过许多不同的操作系统，其中最为常用的有 DOS、Windows、UNIX、Linux、Mac OS 和 NetWare 等，下面介绍常见微型计算机操作系统的发展过程和功能特点。

1. 常见 PC 操作系统

（1）DOS

DOS（Disk Operation System），即磁盘操作系统，是 PC（Personal Computer）上使用的一种单用户、单任务操作系统，以使用和管理磁盘存储器为核心任务而得名。从 1981 年问世至今，DOS 经历了 7 次大的版本升级，从 1.0 版到现在的 7.0 版，不断地改进和完善。但是，DOS 系统的单用户、单任务、字符界面和 16 位的大格局没有变化，因此它对于内存的管理也局限在 640 KB 的范围内。DOS 最初是微软公司为 IBM–PC 开发的操作系统，因此它对硬件平台的要求很低，适用性较广。常用的 DOS 有三种不同的品牌，它们是 Microsoft 公司的 MS–DOS、IBM 公司的 PC–DOS 以及 Novell 公司的 DR–DOS，这三种 DOS 相互兼容，但仍有一些区别，三种 DOS 中使用最多的是 MS–DOS。MS–DOS 主体部分的三个程序，统称为系统文件（启动文件），分别是引导程序（BOOT RECORD，也称为引导记录）、输入输出处理程序（IO.SYS）和文件处理程序（MSDOS.SYS）。

（2）Windows

Windows 是 Microsoft 公司在 1985 年 11 月发布的一种窗口式多任务系统，它使 PC 机开始进入了图形用户界面时代。在图形用户界面中，每一种应用软件（即由 Windows 支持的软件）都用一个图标（Icon）表示，用户只需把鼠标移到某图标上，连续两次单击鼠标左键即可进入该软件，这种界面方式为用户提供了很大的方便，把计算机的使用提高到了一个新的阶段。目前 Windows 最新版本是 Windows 8，本章将重点介绍 Windows 7 的基本操作方法。

（3）UNIX

UNIX 系统是 1969 年在贝尔实验室诞生的，最初在中小型计算机上运用。最早移植到 80286 微型计算机上的 UNIX 系统，称为 XENIX。XENIX 系统的特点是短小精干、系统开销小和运行速度快。UNIX 为用户提供了一个分时的系统以控制计算机的活动和资源，并且提供一个交互、灵活的操作界面。UNIX 被设计成能够同时运行多进程、支持用户之间共享数据的系统。同时，UNIX 支持模块化结构，当你安装 UNIX 操作系统时，你只需要安装工作需要的部分。例如，UNIX 支持许多编程开发工具，但是如果你不从事开发工作，你只需要安装最少的编译器。用户界面同样支持模块化原则，互不相关的命令能够通过管道相连接用于执行非常复杂的操作。UNIX 有很多种，许多公司都有自己的版本，如 AT&T、Sun 和 HP 等。

（4）Linux

Linux 是目前全球最大的一个自由免费软件，其本身就是一个功能可与 UNIX 和 Windows 相媲美的操作系统，具有完备的网络功能，它的用法与 UNIX 非常相似，因此许多用户不再购买昂贵的 UNIX，转而投入 Linux 等免费系统的怀抱。Linux 最初由芬兰人 Linus Torvalds 开发，其源程序在 Internet 网上公开发布，由此，引发了全球电脑爱好者的开发热情，许多人下载该源程序并按自己的意愿完善某一方面的功能，再发回网上，Linux 也因此被雕琢成为一个全球最稳定的、最有发展前景的操作系统。

（5）Mac OS

Mac OS 系统是苹果电脑专用系统，是基于 UNIX 内核的图形化操作系统，由苹果公司自行开发。Mac OS 操作系统最新版本已经升级到第十代，代号为 MAC OS X（X 为 10 的罗马数字写法），这是 MAC 电脑诞生 15 年来最大的变化。新系统非常可靠，它的许多特点和服务都体现了苹果公司的理念。

（6）NetWare

Novell 网是美国 Novell 公司于 20 世纪 80 年代初开发的一种高性能局域网。Novell 网是基于客户机—服务器模式的，每个用户有一台 PC 机作为客户机，另外有一些功能强大的 PC 机作为服务器，为客户机提供文件服务、数据库服务及其他服务。NetWare 是 Novell 网的操作系统，也是 Novell 网的核心，它属于层次式的局域网操作系统，是基于与其他操作系统（如 DOS 操作系统、OS/2 操作系统）交互工作来设计的，并不是取代了其他操作系统。NetWare 控制着网络上文件传输的方式以及文件处理的效率，并且作为整个网络与使用者之间联系的界面。

2. Windows 系列操作系统概述

（1）Windows 的发展历史

自 Microsoft 公司于 20 世纪 80 年代推出基于图形界面的单用户多任务操作系统 Windows，Windows 操作系统至今已有十几个版本。从运行在 DOS 下的 Windows 1.0、Windows 3.x，到后来风靡全球的 Windows 9x、Windows 2000、Windows XP、Windows Vista、Windows 7 及 Windows 8，它以压倒性的商业成功确立了 Windows 系统在 PC 领域的垄断地位，几乎代替了 DOS 曾经担当的位置，成为新一代的操作系统大亨。

Windows 3.1 及以前版本均为 16 位系统，因而不能充分利用硬件迅速发展后的强大功能。同时，它们只能在 MS-DOS 上运行，必须与 MS-DOS 共同管理系统资源，故它们还不是独立的、完整的操作系统。1995 年推出的 Windows 95 已摆脱 MS-DOS 的控制，它在提供强大功能和简化用户操作两方面都取得了突出成绩，因而一上市就风靡世界。Windows 95 提供了全新的桌面形式，使用户对系统各种资源的浏览和操作变得合理而容易。Windows 95 提供硬件"即插即用"功能和允许使用长文件名，大大提高了系统的易用性，Windows 95 是一个完整的集成化的 32 位操作系统，采用抢占多任务的设计技术，对 MS-DOS 的应用程序和 Windows 应用程序提供了良好的兼容性。

继 Windows 95 之后，Microsoft 推出了面向个人用户的 Windows 98、Windows Me 和面向商业应用的 Windows NT 两大系列产品。Windows NT 采用客户机—服务器与层次式相结合的结构，可以在多处理器的网络服务器等系列机器上运行。它支持多进程并发工作，为它所包含的 Win32、MS-DOS、OS/2 以及 POSIX 子系统提供了优越的应用程序兼容性，这是此前任何操作系统所无法相比的。

较之 Windows NT，Windows 2000 吸收了更多"消费类客户"的需求，在稳定可靠的内核与消费类应用软件的需求之间达成平衡，使两大产品线并存的状况趋于合二为一，为下一代 Windows XP 的"一统天下"打下了坚实的基础。

Windows XP 是 Microsoft 公司于 2001 年推出的产品。2001 年 8 月 24 日，Microsoft 公司正式发布 Windows XP。2005 年，Microsoft 公司发布 64 位的 Windows XP，支持 Intel 和 AMD 的 64 位桌面处理器。Windows XP 启动更快，休眠过程更短；提供更加友好的用户界面，以及为桌面环境开发主题的架构支持快速切换用户；允许一个用户存储当前状态及已打开的程序，同时允许另一用户在不影响前一用户的情况下登录；支持远程桌面功能，允许用户通过网络远程连接一台运行 Windows XP 的机器操作应用程序、文档、打印机和设备。Windows XP 是 Microsoft 公司有史以来最经典的操作系统，至今仍然被广大用户所接受，这也直接影响了其下一代产品 Windows Vista 的推广。

2006 年 11 月 8 日，Windows Vista 开发完成并正式批量生产。2007 年 1 月 30 日，Windows Vista 正式对普通用户出售。Windows Vista 包含了多种新功能，其中较特别的是新版的图形用户界面和全新界面风格、加强后的搜寻功能、新的多媒体创作工具等功能。

Windows 7 是 Windows Vista 的后续版本，于 2009 年 10 月 22 日在全球同步上市。Windows 7 的设计主要围绕五个重点：针对笔记本电脑的特有设计；基于应用服务的设计；用户的个性化；视听娱乐的优化；用户易用性的新引擎。

2011 年 6 月，微软首次向外界展示了 Windows 8 系统。通过 Windows 8，微软将对已经面市 25 年的 Windows 系统进行重大调整。Windows 8 的基本目标是在平板和桌面电脑上创造同样好的用户体验。Windows 8 用户界面的核心是新的开始页面，类似于 Windows Phone 7，用户所有的程序都以卡片的形式被展示出来，并可以通过触摸单击来启动。

（2）Windows 7 的特点

① 更易用。Windows 7 做了许多方便用户的设计，如快速最大化，窗口半屏显示，跳跃列表和系统故障快速修复等，这些新功能令 Windows 7 成为最易用的 Windows。

② 更快速。Windows 7 大幅缩减了 Windows 的启动时间，据实测，在 2008 年的中低端配置下运行，系统加载时间一般不超过 20 秒，这比 Windows Vista 的 40 余秒相比，是一个很大的进步。

③ 更简单。Windows 7 将会让搜索和使用信息更加简单，包括本地、网络和互联网搜索功能，直观的用户体验将更加高级，还会整合自动化应用程序提交和交叉程序数据透明性。

④ 更安全。Windows 7 包括了改进了的安全和功能合法性，还会把数据保护和管理扩展到外围设备。Windows 7 改进了基于角色的计算方案和用户账户管理，在数据保护和坚固协作的固有冲突之间搭建沟通桥梁，同时也会开启企业级的数据保护和权限许可。

⑤ 更低的成本。Windows 7 可以帮助企业优化它们的桌面基础设施，具有无缝操作系统、应用程序和数据移植功能，并简化 PC 供应和升级，进一步朝完整的应用程序更新和补丁方面努力。

⑥ 更好的连接。Windows 7 进一步增强了移动工作能力，无论何时、何地、任何设备都能访问数据和应用程序，开启坚固的特别协作体验，无线连接、管理和安全功能也得到了进一步扩展。令性能和当前功能以及新兴移动硬件得到优化，拓展了多设备同步、管理和数据保护功能。最后，Windows 7 带来了灵活计算基础设施，包括胖、瘦、网络中心模型。

⑦ 更人性化的 UAC（用户账户控制）。Windows Vista 的 UAC 可谓令 Vista 用户饱受煎熬，但在 Windows 7 中，UAC 控制级增到了四个，通过这样来控制 UAC 的严格程度，令 UAC

安全又不烦琐。

⑧ 支持原生触摸输入功能。Windows 7 包括了原生触摸功能，但这取决于硬件生产商是否推出触摸产品。系统支持 10 点触控，Windows 不再是只能通过键盘和鼠标才能接触的操作系统了。

⑨ 更绚丽界面。Windows 7 的 Aero 效果更华丽，有碰撞和水滴效果，还有丰富的桌面小工具。Windows 7 及其桌面窗口管理器能充分利用 GPU 的资源进行加速，而且支持 Direct3D 11 API。这些都比 Vista 增色不少。但是，Windows 7 的资源消耗却是最低的。不仅执行效率快人一筹，笔记本的电池续航能力也大幅增加。微软总裁称，Windows 7 是最绿色、最节能的系统。

2.1.2 案例：Windows 7 常规设置

【提要】

本节介绍 Windows 7 的常规设置。

本节后面将介绍 Windows 7 操作系统的安装、桌面图标的设置、开始菜单、任务栏、文件夹和文件以及常用附件的相关操作。本案例的效果图如图 2-1 所示。

图 2-1　Windows 7 常规设置样例图

★ 请读者注意：在本书后面的章节中，讲述操作步骤时使用到一些图标，其代表的含义如下：

钮—按钮　　卡—选项卡　　框—对话框　　组—选项组/功能组　　菜—菜单
复—复选框　　项—菜单项　　列—列表框　　窗—窗口

2.2 初识 Windows 7

子案例：Windows 7 桌面图标的设置。

本子案例的效果图如图 2-2 所示。

完成图 2-2 效果图使用了 Windows 7 以下几点应用：

➢ Windows 7 的安装

➢ Windows 7 的桌面

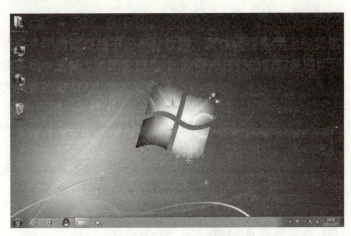

图 2–2　Windows 7 桌面图标的设置

2.2.1　Windows 7 的安装、启动和退出

【提要】

本节介绍 Windows 7 的安装、启动和退出，主要包括：
➢ Windows 7 的安装方法
➢ Windows 7 的启动方法和退出方法

1. 安装 Windows 7

要安装 Windows 7，计算机系统至少要具备以下的基本配置：

① 1 GHz 以上的 32 位或 64 位处理器。
② 1 GB 以上的内存（32 位或 64 位）。
③ 16 GB 以上的可用硬盘空间。
④ VDDM1.0 的驱动程序的 DirectX 9.0 的图形设备或更高兼容版本。
⑤ 一个 CD–ROM、鼠标、网卡（如需上网）或其他兼容的定点设备。

要安装 Windows 7 操作系统，用户可以选择将当前系统升级为 Windows 7 操作系统，也可以自定义安装，同时安装两个系统。

（1）全新安装

如果新购买的计算机还未安装操作系统，或者机器上原有的操作系统已格式化，可以采用全新安装。

全新安装 Windows 7 操作系统会将原系统所在的磁盘分区中的所有数据删除，并且在安装前要检查硬件设备的兼容性，避免安装失败。全新安装 Windows 7 操作系统包含 4 个过程：检查硬件设备的兼容性、导出原系统的重要数据、格式化磁盘分区、开始全新安装。

① 检查硬件设备的兼容性。由于 Windows 7 操作系统对硬件有要求，所以在安装前检查电脑的硬件设备是否满足安装的最低要求。

② 导出原系统的重要数据。如果在电脑的系统分区中有重要数据，在安装新的操作系统前应该将这些数据导出到其他存储介质上。

③ 格式化磁盘分区。在安装新的操作系统时，会将原操作系统所在的磁盘分区中的内容全部删除，如果原来装有 Windows 7 操作系统的话，必须使用 NTFS 格式对系统磁盘分区进

行格式化。

④ 开始全新安装。在进行全新安装时要在 DOS 状态下进行,这需要使用启动盘进行引导,当刚开机启动计算机时,要在键盘上按【Delete】键,这时会进入 BIOS 设置界面,用户需要把第一启动顺序改为从光盘驱动器启动,然后保存退出,把光盘放入光盘驱动器中,这时将从 DOS 状态启动。

在光盘驱动器中放入 Windows 7 的安装光盘,按【Ctrl】+【Alt】+【Del】组合键重新启动电脑,在屏幕上出现"提示时按任意键",电脑开始自动加载安装文件。

加载完成后,启动安装文件,弹出如图 2-3 所示界面,选择操作系统的语言类型、时间和货币格式以及键盘和输入法等,单击"下一步"钮。并单击"现在安装"钮,正式启动安装程序。根据提示进行选择直到安装完成,在此过程中会要求用户输入各种信息,如区域和语言选项、个人信息、计算机名称、日期和时间设置等。

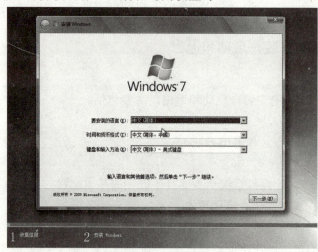

图 2-3 输入语言和其他首选项

接下来弹出许可条款窗口,勾选"我接受许可条款"选项,单击"下一步"钮。如图 2-4 所示。

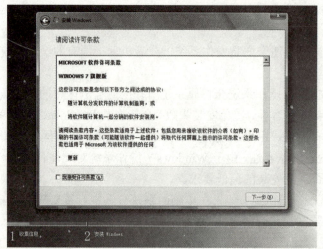

图 2-4 许可条款窗口

接下来弹出如图 2-5 所示窗口，选择把 Windows 7 安装到一个硬盘驱动器。如果硬盘驱动器没有分区，单击"新建"选项。

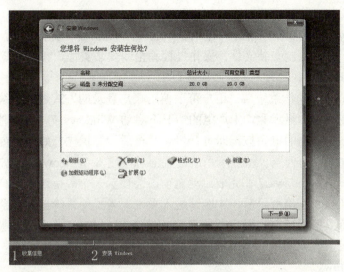

图 2-5 Windows 7 安装位置选择

接下来按提示先把硬盘分区，根据需要设置每个分区的空间大小。本案例把硬盘驱动器分成 3 个区，如图 2-6 所示。其中分区 1 为"系统保留"，不能安装 Windows 7，单击"磁盘 0 分区 2"选项，选择把 Windows 7 安装到分区 2，再单击"下一步"钮。要注意的是，安装 Windows 7 系统的分区必须有足够的空间，而且磁盘分区必须格式化为 NTFS 格式。

图 2-6 硬盘驱动器分区结果

接下来安装程序进行文件复制，并进行安装 Windows 7 的各功能模块，安装过程中自动重启两次后完成安装过程。第二次启动后按提示设置用户名、密码和时间等信息后即可登录到 Windows 7 系统。

（2）升级安装

如果正在使用 Windows XP 或更早版本的 Windows 操作系统,是无法直接升级到 Windows 7 操作系统的,必须使用全新安装方式。如果正在使用的是 Windows Vista 操作系统,则可以进行升级安装。安装过程可参照以下方法进行:

使用 Windows Vista 操作系统时,在光驱中放入 Windows 7 安装光盘,在安装窗口中单击"现在安装",开始复制安装文件,操作过程和全新安装类似,按提示逐步操作即可。

2. 启动 Windows 7

安装好 Windows 7 操作系统后,用户可以使用账户登录的方式进入系统。这种登录方式又称为冷启动,在主机和显示器均未加电的情况下启动 Windows 7。启动时先按下显示器和电源按键,再按下主机箱的电源按键即可开机。开机后计算机先开始测试内存、磁盘驱动器和键盘等硬件,如果没有问题,就显示系统配置信息表进入 Windows 7。如果在 Windows 7 中设置了多用户,则 Windows 7 在完成启动之前,会显示一个等待选择用户名和密码的对话框,选择用户名和输入正确密码后,才能够进入系统。为了使系统更加安全,超级管理员账户被禁用。用户可以使用标准的账户进行登录。在登录过程中,单击用户账户的图标,并输入密码,即可登录系统。

3. 退出 Windows 7

当要结束对计算机的操作时,一定要先退出 Windows 7 系统,然后再关闭显示器,否则会丢失文件或破坏程序,如果在没有退出 Windows 7 系统的情况下就关机,系统将认为是非法关机,当下次再开机时,系统会自动执行自检程序。

(1)注销

由于 Windows 7 是一个支持多用户的操作系统,当登录系统时,只需要在登录界面上单击用户名前的图标,即可实现多用户登录,各个用户可以进行个性化设置而互不影响。为了便于不同的用户快速登录使用计算机,Windows 7 提供了注销的功能,应用注销功能,使用户不必重新启动计算机就可以实现多用户登录。Windows 7 的注销,应执行下列操作:

单击"🖼"→单击"关机"钮后的箭头→"注销"命令,会出现重新选择要登录账户的界面。

(2)切换用户

Windows 7 是一个支持多用户的操作系统,如果设置有多个用户账户,当有另一个用户需要登录该计算机时,则不用通过注销或关闭的方式,而直接使用"快速切换用户"功能登录系统。

单击"🖼"→单击"关机"钮后的箭头→选择"切换用户"命令。

(3)锁定

如果用户正在使用计算机时,有事离开但不希望关闭计算机中的程序,可以将计算机锁定。计算机进入锁定状态后,会返回到用户登录前的界面,如果需要解开锁定,则必须输入正确的用户密码,否则一直处于锁定状态。

单击"🖼"→单击"关机"钮后的箭头→选择"锁定"命令。

(4)重新启动

此选项将重新启动计算机。重新启动又称为热启动,是指 PC 已加电且已运行 Windows 7,在通电的情况下,重新启动 Windows 7。通常热启动用于改变系统设置或软硬件配置,或运行软件出现故障以及死机等情况。出现死机而无法使用上述方法热启动时,可按一下主机箱前方面板的重启按键【Reset】，就可以重新启动，但应用程序未保存的信息重启后会丢失。重新启动的方法如下：

单击"![]"→单击"关机"钮后的箭头→选择"重新启动"命令。

※ 提示：当出现某个应用程序或软件出现故障导致死机时，可以按【Ctrl】+【Alt】+【Del】组合键或在任务栏空白处单击右键→选择"启动任务管理器"→单击"应用程序"卡→单击"结束任务"钮，如图2-7所示。

（5）睡眠

用户可以将计算机设置为睡眠状态。进入睡眠状态后，显示器将关闭，计算机的风扇也停止运行，计算机将转入低功耗状态。当主机箱外侧的指示灯闪烁或变黄说明计算机正处于睡眠状态。

单击"![]"→单击"关机"钮后的箭头→选择"睡眠"命令。

图 2-7　Windows 任务管理器

"睡眠"是一种节能状态，当用户希望再次开始工作时，可使计算机快速恢复全功率工作（通常在几秒钟之内）状态。如果要"唤醒"计算机，可以按下主机箱上的电源按钮。此时不用等待系统启动，可以在数秒钟内"唤醒"计算机，用户可以立刻恢复工作，此时屏幕显示将与启动睡眠前的屏幕完全一样。

（6）休眠

"休眠"是一种主要为便携式计算机设计的电源节能状态。睡眠通常会将工作和设置保存在内存中并消耗少量的电量，而休眠则将打开的文档和程序保存到硬盘中，然后关闭计算机。在 Windows 7 使用的所有节能状态中，休眠使用的电量最少。对于便携式计算机，如果用户知道将有很长一段时间不使用它，并且在那段时间内不可能给电池充电，则应使用休眠模式。

（7）关闭计算机

当用户不再使用计算机时，可选择"![]"→选择"关机"钮，如果还有程序正在运行，系统会提示用户是否强制关机。如果确定不再是使用该程序，则单击"强制关机"钮。

例 2.1　对比 Windows 7 与 Windows XP，选择"关闭"后有哪些不同？

提示：在 Windows XP 中，选择"关闭"后会有对话框提示，Windows 7 中除非程序正在运行，系统会提示用户是否强制关机，否则没有对话框提示而直接关闭。

2.2.2　认识 Windows 7 的桌面

【提要】

本节介绍 Windows 7 的桌面，主要包括：

➢ Windows 7 桌面图标和显示属性的操作

1. 桌面图标

"桌面"是打开计算机并登录到 Windows 之后看到的主屏幕区域，它是用户工作的平面，由桌面图标和桌面下方的任务栏组成。桌面图标是指用户经常用到的应用程序和文件夹图标，用户可以根据需要在桌面上添加各种快捷图标，这些图标各自都代表着一个程序，用鼠标双击图标就可以运行相应的程序。

图标是指文件、文件夹、程序或其他项目的小图片。安装好中文版 Windows 7 并登录系统后，可以看到一个非常简洁的画面，在桌面上看到至少一个图标，即回收站的图标。如图2-8所示。

图 2-8　Windows 7 桌面

图标包含图形、说明文字两部分，如果用户把鼠标放在图标上停留片刻，就会出现对图标的说明或文件存放的路径，双击图标就可以打开该对象。以下是对常用的桌面图标的介绍。

① "Administrator"：个人文件夹，是这个用户的根文件夹。里面包含该用户的软件、配置信息和临时文件夹等。

② "计算机"：用于浏览计算机磁盘的内容并进行文件的管理工作，还可以更改计算机软硬件设置和管理打印机及其他硬件等有关信息。

③ "网络"：如果计算机连接到网络，可以访问网络上其他计算机上文件夹和文件，用户也可以进行查看工作组中的计算机和添加网络位置等工作。

④ "回收站"：用来存放用户临时删除的文档资料，存放在回收站的文件可以恢复。

2. 新建桌面图标

桌面上的图标实质上就是打开各种程序和文件的快捷方式，用户也可以根据需要在桌面上创建自己经常使用的程序或文件的图标。创建桌面图标的操作方法为：

右击桌面上的空白处→选择"新建"命令→选择需要的选项（如文件夹、快捷方式及文本文档等），如图 2-9 所示。

选择了要创建的选项后，在桌面上会出现相应的图标，为了便于识别，可以将它重命名。

3. 添加或删除常用桌面图标

右击桌面空白区→"个性化"命令→打开"个性化"窗→在左侧窗格中选择"更改桌面图标"→打开"桌面

图 2-9　新建命令

图标设置"框→启用或禁用桌面图标复选框→单击"确定"钮。如图 2-10 所示。

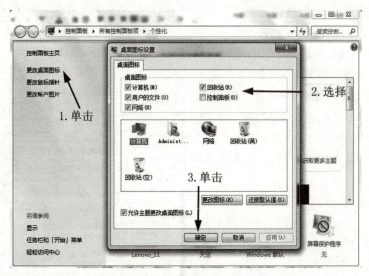

图 2-10 添加或删除常用桌面图标

如果想将桌面上的图标删除,右击该图标,选择"删除"命令即可。如果该图标为快捷方式,则只会删除快捷方式,源程序不会被删除。

4. 显示和隐藏桌面图标

用户可以临时隐藏桌面上的所有图标,而并不是删除它们,可执行下列操作:

右击桌面→选择"查看"项→选择"显示桌面图标"复选标记。如图 2-11 所示。

5. 排列图标

当用户在桌面上创建了多个图标时,可以对图标进行排列,使桌面看上去更加整洁有条理,也便于文件或文件夹的查找。

在桌面上的空白处单击鼠标右键,在弹出的快捷菜单中选择"排列方式"命令,在子菜单项中包含了四种排列方式,如图 2-12 所示。

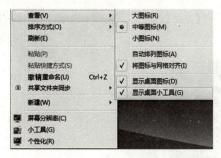

图 2-11 显示和隐藏桌面图标

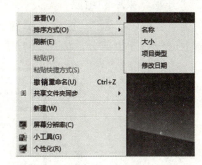

图 2-12 "排列方式"命令

① "名称":按图标名称开头的字母或拼音顺序排列。
② "大小":按图标所代表文件的大小的顺序排列。
③ "项目类型":按图标所代表的文件的类型排列。
④ "修改日期":按图标所代表文件的最后一次修改日期排列。

6. 调整桌面图标大小

Windows 7 提供了调整桌面图标大小的功能，用户可以使用不同的视图进行调整。

方法一：右击桌面空白处→打开"查看"⑨→选择"大图标"、"中等图标"或"小图标"命令。

方法二：按住【Ctrl】键并滚动鼠标滚轮也可以放大或缩小图标。

例 2.2　在桌面上创建 Word 2010 快捷方式图标。

操作步骤：单击"![]"→选择"所有程序"⑨→选择"Microsoft Office"⑨→右键单击"Microsoft Word 2010"→选择"发送到"⑨→选择"桌面快捷方式"⑨。如图 2–13 所示。

例 2.3　将桌面图标按照修改日期排列。

操作步骤：右击桌面空白处→在弹出的快捷菜单中选择"排列方式"⑨→在子菜单项中选择"修改日期"⑨。

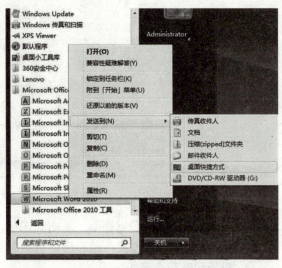

图 2–13　创建桌面快捷方式图标

2.2.3　使用"开始"菜单和任务栏

【提要】

本节介绍"开始"菜单和任务栏，主要包括：

- 开始菜单的组织形式
- 开始菜单的操作方法
- 任务栏的使用方法

"开始"菜单在中文版 Windows 7 中占有重要的位置，存放操作系统或设置系统的绝大多数命令，还可以使用安装到当前系统里面的所有程序。在默认状态下，开始按钮位于屏幕的左下方，开始按钮是一颗圆形 Windows 标志。

1. "开始"菜单的组成

在桌面上单击"![]"，或者在键盘上按【Ctrl】+【Esc】键，可打开开始菜单，其中的选项大体上可分为 3 个部分，如图 2–14 所示。

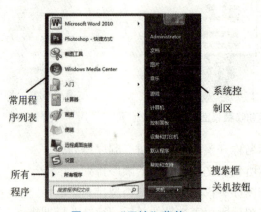

图 2–14　"开始"菜单

① 左边的大窗格显示计算机上程序的短列表,此列表包含了常用程序和所有程序。
② "所有程序"菜中显示计算机系统中安装的全部应用程序。
③ 左边窗格的底部是搜索框,可以通过输入搜索项查找计算机上的文件或程序。
④ 右边窗格是系统控制区,可以对常用文件夹、文件和其他功能的访问,还可以设置计算机和安装与卸载程序等。最下方包括"关机"钮,用户可以在此进行注销用户或关闭计算机的操作。

2. "开始"菜单的使用

(1) 启动应用程序

当用户启动应用程序时,可单击"🟢"→选择"所有程序"项,这时会进入到"所有程序"的子菜单中,在其子菜单中可能还会有下一级的子菜单,单击程序名,即可启动此应用程序。

(2) 运行命令

在此 Windows 7 中,"运行"命令未显示在"🟢"上。"🟢"上的搜索框提供了很多与"运行"命令相同的功能。但是,如果用户需要,仍可以使用"运行"命令。也可以将其添加到"🟢"以方便使用。

将"运行"命令添加到"开始"菜单的方法如下。

单击"🟢"→选择"控制面板"项→选择"外观和个性化"项→选择"任务栏和「开始」菜单"项→打开"任务栏和「开始」菜单属性"框→单击"「开始」菜单"卡→单击"自定义"钮→在「开始」菜单选项列表中,选中"运行命令"复→单击"确定"钮。如图 2-15 所示。这时"运行"命令将显示在「开始」菜单的右侧。

※ **提示**:还可以通过按【win】+【R】来访问"运行"命令。

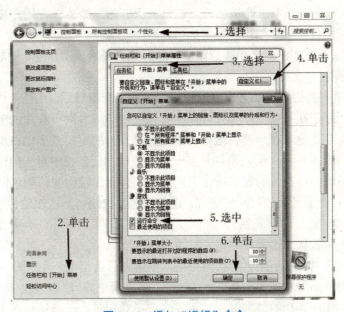

图 2-15 添加"运行"命令

按住键盘的【Win】+【R】组合键,可以打开"运行"框,如图 2-16 所示,利用该对话框用户可以打开程序、文件夹、文档或者是网站,使用时需要在"打开"文本框中输入完

图 2-16 "运行"对话框

整的程序文件名以及文件路径或相应的网站地址,当用户不清楚程序文件名或文件路径时,也可以单击"浏览"钮,在打开的"浏览"窗中选择要运行的可执行程序文件,然后单击"确定"钮,即可打开相应的对象。

"运行"框可以自动存储用户曾经输入过的程序文件名或文件路径,当用户再次使用时,只要在"打开"文本框中输入开头的一个字母,在其下拉列表框中即可显示以这个字母开头的所有程序文件的名称,用户可以从中进行选择,从而节省时间,提高工作效率。

例 2.4 用"运行"命令打开桌面上的 Photoshop 应用程序。

操作步骤:按住键盘的【Win】+【R】组合键打开"运行"框→单击"浏览"钮,在打开的"浏览"窗中选择桌面的 Photoshop 快捷方式图标→单击"确定"钮。

3. 使用"任务栏"

任务栏是位于桌面最下方的一个小长条,它显示了系统正在运行的程序和打开的窗口、当前时间等内容,用户通过任务栏可以完成许多操作,而且也可以对它进行一系列的设置。

(1) 任务栏的组成

任务栏从左至右主要可分为"⊙"菜单按钮、快速启动工具栏、任务按钮栏和通知区域等几部分,如图 2-17 所示。

图 2-17 任务栏

① "⊙"菜单按钮:单击此按钮,可以打开"开始"菜单,在用户操作过程中,要用它打开大多数的应用程序,详细内容在前面的内容中已讲过。

② 快速启动工具栏:由一些小按钮组成,单击可以快速启动程序,一般情况下,它包括 Internet Explorer 图标、文件夹图标等。

③ 任务按钮栏:当用户启动某项应用程序而打开一个窗口后,在任务栏上会出现相应的按钮,表明当前程序正在被使用。当打开多个文件夹窗口或者同一程序的多个窗口时,同类型的窗口会错落有序地叠堆在一起,这样可以避免已打开的窗口过多地占用任务栏的面积。同一种类型的窗口最多显示 3 层。当打开某一个窗口时,任务栏中对应的图标呈现立体的效果。当鼠标在任务栏中已打开的窗口按钮上划过时,会有比较绚丽的颜色出现。

④ 通知区域:显示日期和时间的地方,也可以包含快速访问程序的快捷方式,例如"音量控制"和"电源选项"。时间左侧有一个小的三角按钮,单击该按钮会弹出一个列表,显示了隐藏起来但处于运行状态的程序图标。

音量控制器:即桌面上小喇叭形状的按钮,单击它后会出现一个"音量控制"框,用户可以通过拖动上面的小滑块来调整扬声器的音量,当选择"静音"复后,扬声器的声音消失。

日期指示器:在任务栏的最右侧,显示了当前日期和时间,把鼠标在上面停留片刻,会出现当前日期,单击后出现"更改日期和时间设置"框,在"时间和日期"卡中,用户可完成时间和日期的校对,在"时区"卡中,用户可进行时区的设置,而使用"与 Internet 时间同步"可以使本机上的时间与互联网上的时间保持一致。

⑤ 语言栏：在此用户可以选择各种语言输入法，单击"EN"钮，在弹出的菜单中进行选择，可以切换为中文输入法。语言栏可以最小化以按钮的形式在任务栏显示，单击右上角的还原小按钮，可以使之独立于任务栏之外。

进入中文输入法的具体操作如下：

打开或关闭中文输入法的命令：【Ctrl】+【Space】

各种中文输入法之间的切换命令：【Ctrl】+【Shift】

此外，可用鼠标单击"任务栏"上的"输入法指示器"，屏幕上会弹出当前系统已安装的输入法菜单，然后选择要使用的输入法。

⑥ "显示桌面"图标：位于任务栏的最右边，操作起来更方便。鼠标停留在该图标上时，所有打开的窗口都会透明化。

（2）任务栏的操作

① 锁定及解锁任务栏。

在 Windows 7 中可以将程序锁定到任务栏，这样避免了在开始菜单中查找程序的麻烦。如果程序正在运行，右击"任务栏"中的程序图标，从列表中选择"将此程序锁定到任务栏"命令即可。如果要解锁该程序，则选择"将此程序从任务栏解锁"命令即可。

※ **提示**：也可以从开始菜单中对程序进行锁定，但是不能将任务栏中的程序锁定到开始菜单中。

② 调整任务栏大小。

当用户打开很多程序时，任务栏会显得特别拥挤，这时可以调整任务栏大小。右击任务栏空白处→清除"锁定任务栏"复选标记→鼠标指向"任务栏"边缘，当鼠标变成双箭头时，按住鼠标左键拖动鼠标调整大小。

③ 自动隐藏任务栏。

右键单击任务栏→选择"属性"项→打开"任务栏和开始菜单属性"框→切换到"任务栏"卡→在"任务栏外观"中选择"自动隐藏任务栏"复→单击"确定"钮。

当任务栏被隐藏后，将鼠标移到最底部，任务栏会自动显示出来。

例 2.5 分别打开多个不同类型的文件，观察任务栏的变化，尝试在任务栏上关闭这些文件。

操作步骤：打开附件中的记事本文件和 Word 2010 应用程序或其他文件，任务栏上显示应用程序图标，单击图标右键→单击"关闭窗口"项，即可将这些应用程序或文件关闭。

2.2.4 了解帮助系统

【提要】

本节主要介绍 Windows 7 帮助系统，主要包括：

➢ Windows 7 帮助系统

Windows 7 提供了功能强大的帮助系统，当用户在使用计算机的过程中遇到疑问无法解决时，可以在帮助系统中寻找解决方法，其中不仅有关于 Windows 7 操作与应用的详尽说明，而且可以在其中直接完成对系统的操作。比如，使用系统还原工具可以撤销用户对计算机的有害更改。不仅如此，基于 Web 的帮助还能使用户从互联网上享受 Microsoft 公司的在线服务。

1. 通过"开始"菜单的"帮助与支持"命令获得帮助

单击"⊞"→选择"帮助与支持"项,出现如图 2–18(a)所示的"Windows 帮助和支持"窗。该窗口为用户提供帮助主题、指南、疑难解答和其他支持服务。

Windows 7 的帮助系统以 Web 页的风格显示内容,以超级链接的形式打开相关的主题,用户通过帮助系统,可以快速了解 Windows 7 的新增功能及各种常规操作。

2. 从对话框直接获得帮助

在 Windows 7 中,所有对话框都有"帮助"钮,单击相关主题的"帮助"钮,可以直接获得帮助。

3. 通过应用程序的"帮助"菜单获得帮助

Windows 7 应用程序一般都有"帮助"菜。打开应用程序的"帮助"菜,其中列出了几种关于本应用程序的帮助信息。

4. 利用【F1】键

当某应用程序处于当前状态时,按【F1】功能键,可启动该应用程序的帮助系统。

例 2.6 使用 Windows 7 中的"帮助与支持"命令搜索"文件夹"的相关问题。

操作步骤:单击"⊞"→选择"帮助与支持"项→弹出"Windows 帮助和支持"窗(见图 2–18(a))→在搜索框中输入"文件夹"→窗口中出现与"文件夹"相关的结果信息。如图 2–18(b)所示。

(a)

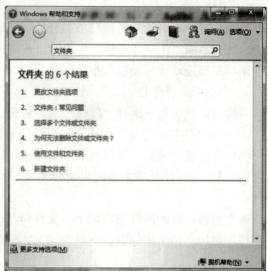
(b)

图 2–18 Windows 7 帮助系统
(a)"Windows 帮助和支持"窗口;(b)搜索"文件夹"

2.3 Windows 7 的基本操作

子案例:文件及文件夹的组织与管理。
本案例效果图如图 2–19 所示。

图 2-19 文件及文件夹的组织与管理样图

完成图 2-19 效果图使用了 Windows 7 以下几点应用：
➢ 创建文件夹
➢ 文件夹的共享

2.3.1 了解窗口

【提要】

本节介绍窗口的基本操作，主要包括：
➢ 窗口的分类
➢ 窗口的组成
➢ 窗口的基本操作

窗口是 Windows 7 系统中最重要的内容之一。当用户打开一个文件或应用程序时都会出现一个窗口，窗口也是用户进行操作时的重要组成部分，熟练地掌握窗口的基本操作，会提高用户的工作效率。

1. 窗口的分类

Windows 的中文含义为"窗口"。窗口是用户界面中最重要的部分。当用户开始运行一个应用程序时，应用程序就创建并显示一个窗口。窗口分为文件夹窗口、应用程序窗口和文档窗口，它们的外观及操作方法基本相同。图 2-20 所示为 Word 应用程序窗口。

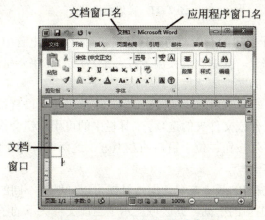

图 2-20 Word 应用程序窗口

(1) 文件夹窗口

文件夹窗口是指一个打开的文件夹，可以放在桌面上任意位置。

(2) 应用程序窗口

应用程序窗口表示一个正在运行的应用程序。应用程序窗口可放在桌面上的任意位置。一般来说，一个应用程序总是在一个或多个窗口中工作。

(3) 文档窗口

将应用程序窗口中出现的、用来显示文档或数据文件的窗口称为文档窗口。文档窗口顶部有相应的名字，但没有相应的菜单栏，它共享应用程序窗口的菜单栏，影响应用程序窗口的命令也将影响文档窗口。

一般将正在编辑和操作的窗口称为当前窗口，其标题在标题栏的显示状态存在差异，且显示在最前面。系统有且只有一个当前窗口。

2. 窗口的组成

Windows 7 中有许多种窗口，其中大部分都包括了相同的组件，如图 2-21 所示为 Windows 7 的一个标准窗口，它由导航窗格、工具栏、地址栏、搜索框、工作区域等组成。

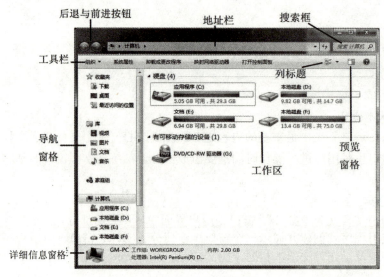

图 2-21 窗口示例

① "导航窗格"：位于窗口的左侧，使用导航窗格可以访问电脑中的任何位置。它包含收藏夹、库和计算机三个部分。其中收藏夹用于打开最常用的文件夹和搜索；库用于打开库；计算机则用于浏览电脑中的文件或文件夹。

② "工具栏"：包括了一些常用的功能按钮，用户在使用时可以直接从上面选择各种工具。其最主要的用途是设置文件或文件夹的选项，工具栏中的可用按钮会根据窗口的不同而改变。

③ "后退" 和 "前进" 按钮：位于窗口的左上方，这两个按钮就像浏览网页一样，可以保存最近打开的页面内容。

④ "地址栏"：位于窗口的最上方，使用地址栏可以导航到不同的文件夹。

⑤ "工作区"：位于窗口的中间，此区域显示了当前文件夹下的子文件夹和文件。

⑥ "列标题"：可以使用列标题对文件列表进行排序。

⑦"搜索框":用于快速地搜索到需要的内容。

⑧"预览窗格":开启预览窗格后,用户单击一个文件时,会在预览窗格中显示此文件中的内容。此功能适用于大多数类型的文件,如文本文件、图片文件等。如果要打开预览窗格功能,可以单击工具栏中的"预览窗格"钮。

⑨"详细信息窗格":位于窗口的最底部,在这个选项中显示了所选对象的名称、大小、类型、修改日期和其他信息。

读者通过观察可以发现,在应用程序窗口中比文件夹窗口多了一些工具按钮和编辑栏等,而这些视每个应用程序的不同而异。

3. 窗口的操作

窗口操作在 Windows 7 系统中是很重要的,不但可以通过鼠标使用窗口上的各种命令来操作,而且可以通过键盘来使用快捷键操作。其基本的操作包括打开、移动和缩放等。

(1) 打开窗口

当需要打开一个窗口时,用户可以通过下面两种方式来实现:

方法一:双击要打开的窗口图标。

方法二:右击选中的图标→左击"打开"命令。

(2) 移动窗口

用户打开一个窗口后,既可以通过鼠标来移动窗口,也可以通过鼠标和键盘的配合来完成。

用户只需要在标题栏上按下鼠标左键,拖动到合适位置后再松开即可移动窗口。如果需要精确地移动窗口,可以右击标题栏→"移动",当屏幕上出现"✜"标志时,再通过按键盘上的方向键来控制移动,移到合适的位置后用鼠标单击或按【Enter】确认。

(3) 缩放窗口

窗口不但可以移动到桌面上的任何位置,而且还可以随意改变大小将其调整到合适的尺寸。

方法一:如果只需要改变窗口的宽度,可把鼠标放在窗口的垂直边框上,当鼠标光标变成双向箭头时,可以任意拖动;如果只需要改变窗口的高度,可把鼠标放在水平边框上,当光标变成双向箭头时进行拖动;当需要对窗口进行等比缩放时,可把鼠标放在边框的任意角上进行拖动。

方法二:用户也可以用鼠标和键盘的配合来完成,右击标题栏→"大小",屏幕上出现"✜"标志时,通过键盘上的方向键来调整窗口的高度和宽度,调整至合适位置时,用鼠标单击或按【Enter】结束。

(4) 最大化、最小化窗口

用户在对窗口进行操作的过程中,可以按使用的情况,把窗口最小化、最大化或还原等。

① 最小化按钮 ▬ :在暂时不需要对窗口操作时,可把它最小化以节省桌面空间,用户直接在标题栏上单击此按钮,窗口会以按钮的形式缩小到任务栏上。

※ **提示**:Windows 7 中还可以使用 Shake 功能快速地将其他所有打开的窗口最小化,此功能又称为晃动功能。如果用户仅希望保留一个窗口,而其他窗口全部最小化,但又不希望逐个去最小化其他窗口,可以先保持打开某窗口,按住鼠标左键在该窗口的标题栏上来回快速晃动即可,此时其他所有窗口都最小化了。如果需还原最小化的窗口,可以再次晃动该窗

口的标题栏。

② 最大化按钮 ▭：窗口最大化时铺满整个桌面，这时不能再移动或者是缩放窗口。用户在标题栏上单击此按钮即可使窗口最大化。或者将鼠标放在标题栏后，按住鼠标左键将标题栏拖动到屏幕的顶部，也可以将该窗口最大化。

③ 还原按钮 ▭：把窗口最大化后想恢复原来打开时的状态，单击此按钮即可使窗口还原，或者双击标题栏也可以使窗口还原。

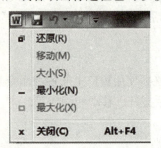

图 2-22 单击控制菜单按钮效果图

此外，在标题栏上双击可以进行最大化与还原两种状态的切换。每个窗口标题栏的左方都有一个控制菜单按钮，单击即可打开控制菜单，它和在标题栏上右击所弹出的快捷菜单的内容是一样的。如图 2-22 所示。

（5）切换窗口

当用户打开多个窗口时，需要在各个窗口之间进行切换，下面是几种切换的方式。

① 使用任务栏：当窗口处于最小化状态时，用户可单击任务栏上所要操作窗口的按钮，即可完成切换；当窗口处于非最小化状态时，用户可以在所选窗口的任意位置处单击，当标题栏的颜色变深时，表明完成对窗口的切换。

② 使用快捷键：用【Alt】+【Tab】来完成切换。用户可以在键盘上同时按下【Alt】和【Tab】两个键，屏幕上会出现"切换任务栏"，其中列出了当前正在运行的窗口，用户这时可以按住【Alt】键，然后再按【Tab】键，从"切换任务栏"中选择所要打开的窗口，选中后再松开两个键，选择的窗口即可成为当前窗口，如图 2-23 所示。

※ 提示：用户也可以按【Alt】+【Esc】组合键，完成窗口之间的切换。

图 2-23 窗口切换

（6）自动排列窗口

当用户打开多个窗口时，可以通过手动拖动窗口，或者按照自己喜欢的方式排列窗口。右击"任务栏"空白区域，从中选择层叠窗口、堆叠显示窗口、并排显示窗口命令。如图 2-24 所示。

（7）关闭窗口

用户完成对窗口的操作后，在关闭窗口时有下面几种方式。

方法一：打开"文件"菜→"关闭"。

方法二：直接单击标题栏右边"关闭" ▭ 。

方法三：双击控制菜单按钮。

方法四：单击控制菜单按钮→"关闭"。

图 2-24 排列窗口

方法五：使用【Alt】+【F4】组合键。

此外，如果所要关闭的窗口处于最小化状态，可以在任务栏上选择该窗口的按钮，然后在右击弹出的快捷菜单中选择"关闭窗口"。如果用户打开的窗口是应用程序，可以在文件菜单中选择"退出"来关闭窗口。

例 2.7 打开多个不同类型的文件，观察这些文件窗口的不同之处和相同之处。

操作步骤：分别打开 Word 2010 与记事本应用程序，两个窗口的相同之处在于都包含标题栏，不同之处在于 Word 2010 窗口中增加了选项卡和功能组，而记事本应用程序窗口中为菜单和下拉菜单。

2.3.2 对话框的操作

【提要】

本节介绍对话框的基本操作，主要包括：
- 对话框的基本组成元素
- 对话框的基本操作

对话框在 Windows 7 中占有重要的地位，它是一种特殊类型的窗口，是人机交流的一种方式。用户对对话框进行设置，计算机就会执行相应的命令。

1. 对话框的组成

对话框的组成和窗口有相似之处，如都有标题栏，但对话框与窗口有区别，它没有最大化按钮和最小化按钮，大多不能改变形状大小。它一般包含标题栏、选项卡与标签、文本框、下拉列表框、命令按钮、单选按钮和复选框等部分。

① 标题栏：位于对话框的最上方，系统默认的是深蓝色，上面左侧标明了该对话框的名称，右侧有关闭按钮，有的对话框还有帮助按钮。

② 选项卡和标签：在系统中有很多对话框都是由多个选项卡构成的，选项卡上写明了标签，以便于进行区分。用户可以通过各个选项卡之间的切换来查看不同的内容，在选项卡中通常有不同的选项组。

例如，在"文本服务和输入语言"对话框中包含了"常规"、"语言栏"和"高级键设置"三个选项卡，在"常规"选项卡中又包含了"默认输入语言"、"已安装的服务"两个选项组，如图 2-25 所示。

③ 文本框：在有的对话框中需要用户手动输入某项内容，还可以对各种输入内容进行修改和删除操作。一般在其右侧会带有向下的箭头，可以单击箭头在展开的下拉列表中查看最近输入过的内容。比如，在桌面上单击" "菜单按钮，选择"运行"，可以打开"运行"框，这时系统要求用户输入要运行的程序文件名，如图 2-26 所示。

④ 下拉列表框：是一种类似于菜单的选择选项，下拉列表关闭后，只显示当前选择的选项。有的对话框在选项组下列出了已有选项，用户可从中选取，但通常不能更改。

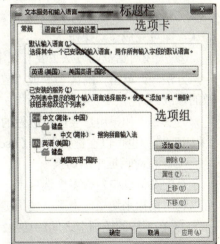

图 2-25 "文本服务和输入语言"对话框

图 2-26 "运行"对话框

⑤ 命令按钮：是指对话框中为圆角矩形并且带有文字的按钮，常见的有"确定"、"应用"和"取消"等。

⑥ 单选按钮：通常是一个小圆形，其后面有相关的文字说明，选中后，在圆形中间会出现一个蓝色的小圆点，在对话框中通常是一个选项组中包含多个单选按钮，选择其中一个后，别的选项是不可选的。

⑦ 复选框：通常是一个小正方形，在其后面也有相关的文字说明，当用户选择后，在正方形中间会出现一个绿色的"√"标志，它是可以任意选择的。

图 2-27 "插入表格"对话框

⑧ 微调框：用于调节数字或其他参数，它由向上和向下两个箭头组成，用户在使用时分别单击箭头即可增加或减少数字。图 2-27 所示为"插入表格"对话框。

2. 对话框的操作

对话框的操作主要包括对话框的移动、关闭，对话框中的切换、使用对话框中的参数设置以及对话框的帮助等。

（1）对话框的移动和关闭

① 用户要移动对话框时，可以在对话框的标题栏上按下鼠标左键拖动到目标位置再松开，也可以在标题栏上右击，选择"移动"，然后在键盘上按方向键来改变对话框的位置，到目标位置时，用鼠标单击或按【Enter】确认，即可完成移动操作。

② 关闭对话框的方法主要有以下两种方式。

方法一：单击"确认"钮或"应用"钮，可在关闭对话框的同时保存用户在对话框中所做的修改。

方法二：如果用户要取消所做的改动，可以单击"取消"钮，或者直接在标题栏上单击"关闭"钮，也可以在键盘上按【Esc】键退出对话框。

（2）在对话框中的切换

有的对话框中包含多个选项卡，在每个选项卡中又有不同的选项组，在操作对话框时，可以利用鼠标来切换，也可以使用键盘来实现。

① 在不同的选项卡之间的切换：

方法一：可以直接用鼠标来进行切换，也可以先选择一个选项卡，即该选项卡出现一个虚线框时，然后按键盘上的方向键来移动虚线框，这样就能在各选项卡之间进行切换。

方法二：利用【Ctrl】+【Tab】组合键从左到右切换各个选项卡，而【Ctrl】+【Tab】+

【Shift】组合键为反向顺序切换。

② 在相同的选项卡中的切换：

方法一：在不同的选项组之间切换，可以按【Tab】键以从左到右或从上到下的顺序进行切换，而【Shift】+【Tab】键则按相反的顺序切换。

方法二：在相同的选项组之间切换，可以使用键盘上的方向键来完成。

（3）使用对话框中的帮助

对话框不能像窗口那样任意改变大小，在标题栏上也没有最小化、最大化按钮，取而代之的是帮助按钮，当用户在操作对话框时，如果不清楚某选项组或按钮的含义，可以在标题栏上单击帮助按钮，这时在鼠标旁边会出现一个问号，然后用户可以在自己不明白的对象上单击，就会出现一个对该对象进行详细说明的文本框，在对话框内任意位置或在文本框内单击，文本框则会消失。

例 2.8 在 Word 2010 中打开字体对话框，通过键盘操作修改"字体颜色"为红色。

操作方法：启动 Word 2010→"字体"框→按【Tab】键到达"字体颜色"列→按【Tab】键到达红色→按【Tab】键到达"确定"钮→回车。

2.3.3 菜单的操作

【提要】

本节介绍菜单的基本知识，主要包括：
- 菜单的分类
- 菜单的操作方法

1. 菜单的分类

Windows 7 操作系统中菜单可以分成两类：一类为普通菜单，又称为下拉菜单；另一类为右键快捷菜单。

普通菜单：一般放在窗口的菜单栏中，通过选择菜单栏上的某个菜单项即可弹出普通菜单。

右键快捷菜单：当选择某些文件、文件夹或其他图标时，单击鼠标右键后弹出的菜单，其中包含一些该选中对象的操作命令。

在菜单中经常会看到一些特殊的符号标记，这些符号标记的含义如下。

① √标记：当有此标记时说明该菜单项正在被使用，当再次选择该菜单项时该标记会消失。

② 三角形标记：当有此标记时说明该菜单项还有级联菜单。

③ 圆形标记：菜单中的某些项作为一个组放在一起，当有此标记时说明在该组中正在使用该菜单功能。

④ …标记：当选择该标记时会弹出一个对话框。

⑤ 灰色菜单项标记：表示该菜单项目前无法使用。

⑥ 菜单项后面的字符：表示当该菜单项功能打开后，可以使用后面的字符键直接执行菜单项命令。

2. 菜单的操作

在菜单中包含各种命令，用户执行这些命令后会完成相应的任务。一般使用鼠标进行选择即可，也可以通过键盘操作，如使用键盘上的左右方向键选择菜单，上下方向键选择子菜单项，还可以使用某些快捷键选择菜单项。

例 2.9 打开记事本应用程序，查看其菜单，除了使用鼠标对菜单进行操作外，还有哪些方法可以选择菜单？

操作方法：从附件启动记事本程序→按【Alt】+【F】组合键可以弹出"新建"菜，使用左右方向键选择其他菜单，或者按【Alt】+菜单项后面的热键进行选择。

2.3.4 应用程序的基本操作

【提要】

本节介绍应用程序的基本操作，主要包括：
- ➢ 应用程序的安装和卸载
- ➢ 应用程序的运行和关闭

Windows 7 操作系统很完美，但它仅仅是一个平台，是一个提供运行字处理、电子表格和图像处理等各类应用程序的操作平台，然而这些应用程序没有包含在 Windows 7 的操作系统中。用户可以根据需要，单独安装新的应用软件，也可以将不需要的应用程序删除，以节省硬盘空间。

1. 应用程序的安装

Windows 7 操作系统是微软公司较新的桌面操作系统，所以很多应用程序与操作系统之间可能存在兼容问题，所以用户应该根据实际需要，选择相应的应用程序。如果当前操作系统是 64 位操作系统，则需要应用程序也能支持 64 位操作系统，否则该程序在此操作系统上不能正常运行。

另外，不建议在电脑上安装过多的应用程序，用户可以根据自身需要，选择合适的软件，因为目前很多应用软件会更改注册表，这样会造成电脑的运行速度减慢。还有一些软件会随着系统开机默认启动，这样也会延长系统开机的时间。

应用程序安装方法：

选择应用程序的安装文件"setup.exe"，双击鼠标左键，按提示向导即可完成安装。

2. 应用程序的卸载

如果用户安装的一些应用程序已经没有用，或者由于程序出错导致不能用，这时可以将应用程序从电脑中卸载掉。

卸载应用程序的方法：

单击" "→选择"控制面板"项→选择"程序与功能"项→弹出"程序与功能"窗→选择要卸载的应用程序名称→单击"卸载"命令，并按提示进行操作。

3. 应用程序的运行

Windows 7 启动并运行应用程序，有以下方法：

（1）从桌面启动程序

Windows 7 系统把图标放置在桌面上的目的，就是为了提供一个简单明了、快速方便的操作方式。可以从桌面上看得见的图标中，用鼠标双击该图标可直接运行该应用程序。

（2）从开始菜单启动程序

单击" "→"所有程序"项，从中选择需启动运行的应用程序。

(3）使用"资源管理器"启动程序

单击"资源管理器"图标，从"资源管理器"窗内找到需启动的应用程序并双击启动运行。

（4）从"计算机"启动程序

单击"计算机"图标，从"计算机"中找到需启动的应用程序并单击启动运行。

（5）从"运行"对话框中启动程序

单击"![]"→选择"运行"项→打开"运行"框，在"打开"文本框中输入要运行的程序名（包括文件的路径），单击"确定"钮即可。如果不知道程序的位置或不知道如何指定路径，则可以单击"浏览"钮，屏幕会显示当前路径下所有程序名称，用户可以在其中找到需要的程序，然后单击"确定"运行。

4. 应用程序的关闭

关闭应用程序通常有以下方法：

方法一：单击应用程序窗口右上角的"关闭"钮。

方法二：单击应用程序窗口"文件"菜→选择"退出"。

方法三：右击任务栏上对应的应用程序按钮→选择"关闭窗口"。

方法四：同时按下【Ctrl】+【Alt】+【Del】组合键（右击任务栏的空白位置，在弹出快捷菜单中选择"启动任务管理器"）→弹出"Windows 任务管理器"框→单击"应用程序"卡→选择要结束的应用程序→单击"结束任务"钮，如图 2-28 所示。

例 2.10 试安装压缩解压工具 WinRAR。

操作方法：双击 WinRAR 安装包文件→按照提示设置安装路径→按提示单击"下一步"钮→安装完成。

2.3.5 输入法的设置

【提要】

本节介绍输入法的设置，主要包括：

➢ 输入法的设置方法

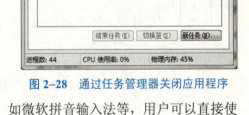

图 2-28 通过任务管理器关闭应用程序

当安装好操作系统后，系统会自带几种输入法，如微软拼音输入法等，用户可以直接使用。用户也可以根据需要安装一些输入法来输入文字，或者将一些无用的输入法删除。

1. 添加输入法

Windows 7 中文版提供了多种汉字输入法，用户可以使用 Windows 7 缺省的输入法 GB 2312-80 的区位、全拼、双拼、智能 ABC、微软拼音、郑码输入法和表形码输入法，也可选用支持汉字扩展内码规范 GBK 的内码、全拼、双拼、郑码和表形码输入法。添加输入法分为系统自带的与非系统自带的输入法两种。添加系统自带的输入法的操作方法如下：在语言栏单击鼠标右键→从弹出的快捷菜单中选择"设置"→弹出"文本服务和输入语言"框→单击"添加"钮→选择要添加的语言→单击"确定"钮。

安装中文输入法后，用户可以使用键盘命令或鼠标操作来启动或关闭中文输入法。

如果用户还需要添加某种语言，可在语言栏任意位置右击，在弹出的快捷菜单中选择"设置"命令,即可打开"文本服务和输入语言"框,用户可以进行设置"默认输入语言",对已安装的输入法进行添加、删除,添加世界各国的语言以及设置输入法切换的快捷键等操作。如图2-29所示。

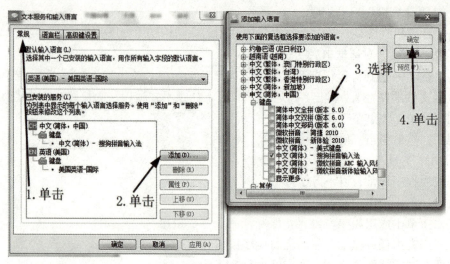

图2-29 添加输入法

添加非系统自带的输入法的操作方法与安装应用程序的方法大体相似,这里不做介绍。

2. 删除输入法

在语言栏单击鼠标右键→从弹出的快捷菜单中选择"设置"项→弹出"文本服务和输入语言"框→选择"常规"卡→选择要删除的语言选项→单击"删除"钮。

2.3.6 文件和文件夹的管理

【提要】

本节介绍文件和文件夹的管理,主要包括:
➢ 文件和文件夹的概念
➢ 管理文件和文件夹的各种操作

文件就是用标识符标示并存储在存储介质上的信息的集合,标示文件的标识符称为文件名,用于区分不同的文件。文件可以是用户创建的文档和数据,也可以是可执行的应用程序或图片、声音等。

文件夹是方便用户查找、维护而分类存放相关文件的有组织的实体,是系统组织和管理文件的一种形式。Windows 7 文件夹采用树形结构。Windows 7 的"资源管理器"和"计算机"是管理文件和文件夹的两个重要的工具。

1. 文件命名规则

DOS 操作系统规定文件名由文件主名和扩展名组成,文件主名由 1~8 个字符组成,扩展名由 1~3 个字符组成,主名和扩展名之间由一个小圆点隔开,一般称为"8.3 规则"。文件主名不可省略,而扩展名可以省略,如果文件主名后面跟有间隔符".",则扩展名不可省略。文件名不区分大小写。Windows 操作系统已经突破了"8.3 规则",可以使用长文件名,长文件名最多可用 255 个字符,并允许使用空格、加号(+)、句点(.)、分号(;)、等号(=)和方括号（[]）。

组成文件名的字符，可以是大、小写英文字母，也可以是数字 0～9 和其他特殊符号 &、@、()、_、<>、~、|、^等。注意，以下字符不能作为文件名：

* 文件通配符	，并列参数分隔符	> 操作重定向
? 文件通配符	. 扩展名前导符	< 操作重定向
: 磁盘定义符	= 赋值符	+ COPY 命令连接符
\ 目录路径分隔符	/ DOS 命令开关前导符	空格 命令与参数的分隔符

系统对一些标准的外部设备指定了一个特殊的名字，被称为设备名。设备名不能作为用户的文件名，主要有：

CON   AUX   COM1   COM2   COM3
PRN   NUL   LPT1   LPT2   LPT3

在为文件命名时，文件主名一般用来表示文件的名称，扩展名则表示文件的类型。常见的扩展名类型有：

.EXE（可执行文件）   .COM（命令文件）   .TXT（文本文件）
.DOC（Word 文档）   .XLS（Excel 文档）   .PPT（PowerPoint 文档）
.WAV（声音文件）   .BMP（位图文件）   .MDB（Access 数据库文件）

2. 目录结构

一个磁盘上可能会存放许多文件，为了查找起来更加方便，通常会分门别类地存放。用户可以根据一定特征或需要，将文件分配在不同的目录（也称文件夹）下存放。文件目录用于存放文件的名称、类型、长度、创建或修改的时间等信息，以便文件的管理。现在的文件管理一般采用树形目录结构。

树形目录结构的最上层称为根目录。对于磁盘而言，每一个盘中最开始的那个目录，如 C 盘的根目录就是 "C:\"，即打开 C 盘就显示的目录。系统不仅允许在目录中存放文件，还允许在一个目录中建立它的下级目录，称为子目录；如果需要，用户可以在子目录中再建立该子目录的下级目录。这样在一个磁盘上，它的目录结构是由一个根目录和若干层子目录构成的。

在 DOS 中，根目录用反斜杠（"\"）表示。一个磁盘只有一个根目录，它是在磁盘格式化时自动建立的。根目录所包含的目录或文件数目是有限的，它受磁盘空间的限制。子目录则是由用户建立。目录的取名规则与文件名取名规则相同。一般情况下，在目录名中不使用扩展名。每层目录中均可放置文件或下级目录。同级目录中的文件不能同名，不同目录中允许存在相同名字的文件。子目录不能与同级文件名重复。

有了树形目录结构，我们常把同一应用系统的文件集中在一个子目录中，或者把同一类型的文件集中在一个子目录中，或者为不同的用户设立不同的子目录，各人使用各自的子目录，互不干涉。

当前目录是指当前正在使用的目录，是默认的操作目录。当系统启动后或将另一个磁盘置为活动磁盘后，系统自动将磁盘的根目录作为当前目录。对位于当前目录下的文件操作，可省去当前目录名。

3. 文件和文件夹的操作

（1）创建新文件夹

创建新文件夹的操作步骤如下：
① 双击"计算机"图标![]，打开"计算机"。
② 双击要新建文件夹的磁盘，打开该磁盘。
③ 新建文件夹。
方法一：单击"新建文件夹"。
方法二：单击右键→"新建"项→"文件夹"项。
④ 在新建文件夹名称框中输入文件夹的名称，按【Enter】键或用鼠标单击其他地方即可。

（2）选定文件或文件夹

要对文件或文件夹操作，首先要对其进行选定。选定文件或文件夹可以根据情况使用不同的方法。

① 选定多个相邻的文件或文件夹：选择第一个文件或文件夹，按【Shift】键选择最后一个文件或文件夹。
② 选定多个不相邻的文件或文件夹：可按【Ctrl】键选择多个不相邻的文件或文件夹。
③ 选择所有的文件或文件夹：可按【Ctrl】+【A】。
另外，当要选定的文件或文件夹很多时，还可以使用编辑菜单中的反向选择功能。

（3）移动和复制文件或文件夹

移动与复制操作在对文件或文件夹操作中是使用较多的操作，因此应该熟练掌握这几种操作方法。移动文件或文件夹就是将文件或文件夹转移到其他地方，移动后的结果是原位置的文件或文件夹被删除，出现在目标位置；复制文件或文件夹则是将文件或文件夹复制一份，放到其他地方，复制后的结果是原位置和目标位置均有完全相同的复制品。移动（或复制）文件或文件夹的操作方法有以下几种：

① 使用拖动法。
移动：打开两个文件夹窗口→选中原位置的文件→按住鼠标左键拖动到目标位置。
复制：打开两个文件夹窗口→选中原位置的文件→按住【Ctrl】键再拖动到目标位置。
② 使用剪切—复制—粘贴法。
移动：选择要进行移动的文件或文件夹→单击右键→选择"剪切"项→选择目标位置→单击右键→选择"粘贴"项。
复制：选择要进行复制的文件或文件夹→单击右键→选择"复制"项→选择目标位置→单击右键→选择"粘贴"项。
③ 使用快捷键。
移动：选择要进行移动的文件或文件夹→按【Ctrl】+【X】组合键→选择目标位置→按【Ctrl】+【V】组合键。
复制：选择要进行复制的文件或文件夹→按【Ctrl】+【C】组合键→选择目标位置→按【Ctrl】+【V】组合键。

※ 提示：通过"发送到"命令也可以移动文件或文件夹。
选择要进行移动（或复制）的文件或文件夹→右键单击，在弹出的快捷菜单中选择"发送到"项，选择要移动（或复制）到的计算机位置。

在移动或复制信息时，需要使用剪贴板。剪贴板是Windows系统用来临时存放交换信息的临时存储区域，它是在内存中开辟的一个区域，不但可以储存文字，还可以存储图像、声音等其他信息。它好像是信息的中转站，可在不同的磁盘或文件夹之间移动或复制信息，也可在不同的 Windows 程序之间交换数据。它每次只能存放一种信息，新的信息会覆盖旧的信息。但是在某些应用程序中，剪贴板可以保存多次复制或剪切的内容。

（4）重命名文件或文件夹

对文件或文件夹重命名后，新的名称要符合文件的命名规则。重命名文件或文件夹的操作步骤如下：

选择要重命名的文件或文件夹→单击右键→选择"重命名"项→当文件或文件夹的名称处于编辑状态（蓝色反白显示），可直接键入新的名称→按回车键或在编辑框外单击鼠标确认输入名称。

也可在文件或文件夹名称处直接单击两次（两次单击间隔时间应稍长一些，以免使其变为双击），使其处于编辑状态，键入新的名称完成重命名操作。

※ 提示：批量重命名文件或文件夹的方法。

当用户需要对大量的文件重新命名时，如果一个个进行，会花费很多时间，这样可以使用批量修改文件名的方法操作。

在某一个文件夹中新建一个文本文档，命名为"新建文本文档"，然后执行多次复制、粘贴操作。选中所有的文档，右击鼠标，执行"重命名"命令，此时一个文件名为可编辑状态，将文件名修改为"重命名的文档"，然后单击任意地方，此时所有文件的名称全部修改为"重命名的文档（n）"。

（5）删除文件或文件夹

当有的文件或文件夹不再需要时，用户可将其删除掉，以利于管理。删除后的文件或文件夹将被放到"回收站"中，用户可以选择将其彻底删除或还原到原来的位置。

删除文件或文件夹的操作如下：

选定要删除的文件或文件夹→单击右键，选择"删除"或按【Delete】键→弹出"文件夹删除"框→单击"是"命令按钮，如图 2-30 所示。

如果不希望删除的文件或文件夹放入回收站，而是彻底删除，可以按住【Shift】键的同时，再按【Delete】键。如图 2-31 所示，当单击"是"命令按钮后，文件夹将永久删除。

 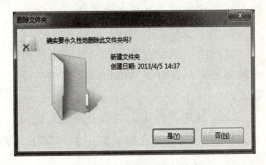

图 2-30 "删除文件夹"对话框　　　　　　图 2-31 永久删除文件夹

从网络位置删除的项目、从可移动媒介（如 U 盘）删除的项目或超过"回收站"存储容量的项目将不被放到"回收站"中，而被彻底删除，不能还原。

（6）删除或还原"回收站"中的文件或文件夹

"回收站"为用户提供了一个安全的删除文件或文件夹的解决方案,用户从硬盘中删除文件或文件夹时,Windows 7 会将其自动放入"回收站"中,直到用户将其清空或还原到原位置。

删除或还原"回收站"中文件或文件夹的操作步骤如下:

双击桌面上的"回收站"图标→打开"回收站"界面→右击要删除或还原的文件或文件夹→选择"删除"或"还原"。

也可以选中要删除的文件或文件夹,将其拖到"回收站"中进行删除。若想直接删除文件或文件夹,而不将其放入"回收站"中,可在拖动对象到"回收站"的同时按住【Shift】键,或在"回收站"中选中该文件或文件夹,按【Shift】+【Delete】组合键。

删除"回收站"中的文件或文件夹,意味着将该文件或文件夹彻底删除,无法再还原;若还原已删除文件夹中的文件,则将其在原来的位置重建,即还原文件。

(7) 查看文件或文件夹的属性

通过查看文件和文件夹的属性,可以了解此文件或文件夹的类型、大小和修改日期等相关信息。文件或文件夹包含两种属性:只读和隐藏,如图 2-32 所示。若为"只读"属性,则该文件或文件夹不允许更改,但可以删除;若为"隐藏"属性,则该文件或文件夹在常规显示中将不被看到。可以通过以下几种方式查看文件或文件夹的属性:

① "属性"命令方式:选中要查看属性的文件或文件夹→单击右键→选择"属性"。

② 状态栏方式:单击要查看属性的文件或文件夹,在状态栏中可以看到该文件的大小、类型及相关信息。

③ 快速查看方式:按住【Alt】键,并双击要查看属性的文件或文件夹,也可以查看该文件或文件夹的属性。

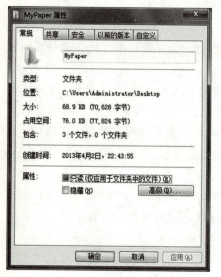

图 2-32 文件夹属性对话框

※ 提示:隐藏文件夹可以将平时不用的文件夹隐藏起来以减少混乱,但是隐藏起来的文件仍然在硬盘上,并且也占用硬盘空间。

4. 查找文件和文件夹

有时用户需要查看某个文件或文件夹的内容,却忘记了该文件或文件夹存放的具体位置或具体名称,这时候 Windows 7 提供的搜索文件或文件夹功能就可以帮用户查找该文件或文件夹。

(1) 使用"开始"菜单上的搜索框

单击" "→在搜索框中输入文字→输入后,与输入内容相匹配的项会出现在开始菜单上。

(2) 使用文件夹或库中的搜索框

双击"计算机"→在搜索框中输入搜索条件→系统将筛选文字或库中的内容,以对应输入的每个连续字符。如果查找到了所需要的文件,停止输入即可。

DOS 为文件名设定了两个通配符"*"和"?",均可用于文件主名或扩展名中。其中"*"

代表若干个不确定的字符,"?"代表一个不确定的字符。例如:

.　　　　表示所有文件。

A*.DOCX　　表示文件主名以 A 开头,扩展名为 DOCX 的所有文件。

AB?.*　　表示文件主名前两个字符为 AB,第三个字符任意,且文件主名只有三个字符,扩展名为任意的所有文件。

5. 压缩文件和文件夹

当存储器上的文件或文件夹占用较大空间,或者在使用电子邮件附加文件功能的时候,最好能事先对文件或文件夹进行压缩处理,以便更加节省空间。要对文件和文件夹压缩,首先要安装压缩软件,现在比较流行的是 Windows 压缩工具 WinRAR 软件,它是一个能够创建、管理和控制压缩文件的强大工具。使用 WinRAR 能备份数据,减少文件占用空间的大小等。WinRAR 是共享软件,任何人都可以在 40 天的测试期内使用它。如果希望在测试期过之后继续使用 WinRAR,则必须注册。目前网络上还有两种常见的压缩格式:一种是 Zip;另一种是 EXE。其中 Zip 的压缩文件可以通过 WinZip 这套解压缩工具进行解压缩,而 EXE 则是属于自解压文件,只要用鼠标双击这类下载后的文件图标,便可以自动解压缩。因为在 EXE 文件内含有解压缩程序,因此会比 Zip 略大一些。

(1) 文件和文件夹的压缩

对文件和文件夹进行压缩的操作步骤如下:

方法一:选定文件或文件夹→单击右键→选择"添加到压缩文件(A)…"项→弹出"压缩文件名和参数"对话框→单击"浏览"按钮,设置压缩文件的保存位置、压缩文件名等信息→单击"确定"钮,屏幕上还会出现压缩进度状态条。

方法二:选定文件或文件夹→单击右键→选择"添加到***.RAR"项,则在当前路径创建同名压缩文件,其中"***"为当前文件或文件夹名称。

(2) 压缩文件的解压

对于使用 WinRAR 压缩的 RAR 压缩文件,双击它就可以使 WinRAR 进入压缩文件内部,和打开普通文件夹差不多。WinRAR 也提供了非常简单的解压缩方法:鼠标右键单击压缩文件→从弹出的快捷菜单中选择 解压文件(A)... / 解压到当前文件夹(X) / 解压到 新建文本文档(E) 。

选择 解压文件(A)... 会弹出"解压路径和选项"对话框,可设置解压后的目标路径和相应选项。

选择 解压到当前文件夹(X) 表示扩展压缩包文件到当前路径。

选择 解压到 新建文本文档(E) 表示在当前路径下创建与压缩包名字相同的文件夹,然后将压缩包文件扩展到这个路径下。

6. 设置共享文件夹

Windows 7 网络方面的功能设置更加强大,其中"网络发现"功能,能让本地计算机与网络中的其他计算机相互识别,并可以实现数据的共享。打开"网络和共享中心"窗,在"更改高级共享设置"中设置"网络发现"的网络类型,并根据需要选择"启用网络发现"或"关闭网络发现"。当启用了网络发现功能后,如果要访问不同计算机中的数据,需要设置文件夹的共享状态。另外,文件是不能共享的,需要将文件放到文件夹中,再将此文件夹共享。

设置用户自己的共享文件夹的操作如下:

选定要设置共享的文件夹→右击该文件夹→从弹出的快捷菜单中选择"共享/特定用户"

命令→打开"文件共享"框,从下拉列表中选择用户名称,选择权限级别→单击"共享"命令。如图2-33所示。

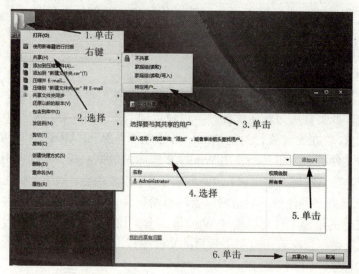

图2-33 设置文件夹共享

设置好后,网络中的该用户就可以访问到该计算机中的共享文件夹了。

7. 使用资源管理器

资源管理器是系统提供的资源管理工具,用户可以使用资源管理器查看计算机内所有文件的详细图表。另外使用资源管理器还可以更方便地实现浏览、查看、移动和复制文件或文件夹等操作,用户可以不必打开多个窗口,而只在一个窗口中就可以浏览所有的磁盘和文件夹。

打开资源管理器的步骤如下:

方法一:单击" "→选择"所有程序"项→"附件"项→"Windows 资源管理器"项,打开"Windows 资源管理器"窗。

方法二:右击" "→"打开 Windows 资源管理器"项。如图2-34所示。

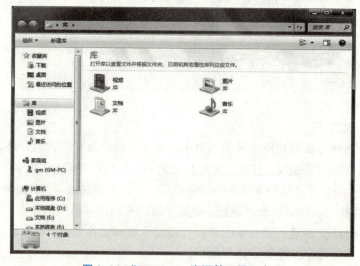

图2-34 "Windows 资源管理器"窗口

在该对话框中，地址栏中显示了当前文件目录的路径。其路径由不同的按钮组成，直接单击各个按钮可以切换到其所在的目录中。左边的窗口显示了所有磁盘和文件夹的列表，右边的窗口用于显示选定的磁盘和文件夹中的内容，中间的窗口中列出了选定磁盘和文件夹可以执行的任务、其他位置及选定磁盘和文件夹的详细信息等。

在左边的窗口中，若驱动器或文件夹前面有空心三角形符号"▷"，表明该驱动器或文件夹有下一级子文件夹，单击"▷"符号可展开其所包含的子文件夹，当展开驱动器或文件夹后，"▷"符号会变成"◢"符号，表明该驱动器或文件夹已展开，单击"◢"符号，可折叠已展开的内容。例如，单击左边窗格中"计算机"前面的"▷"符号，将显示"计算机"中所有的磁盘信息，选择需要的磁盘前面的"▷"符号，将显示该磁盘中所有的内容。

若要移动或复制文件或文件夹，可选中对象，然后单击右键→选择"剪切"或"复制"→单击要移动或复制到的磁盘前的"▷"符号，打开该磁盘，选择要移动或复制到的文件夹→单击右键→选择"粘贴"。

例 2.11 在 E 盘创建一个文件夹"MyDoc"，在此文件夹中创建四个子文件夹"My_WORD"、"My_EXCEL"、"My_Powerpoint"、"My_ACCESS"，并将"My_WORD"设置为共享。

操作方法：双击"计算机"图标→打开"计算机"→双击 E 盘→在空白处单击右键→选择"新建"项→"文件夹"项，并重新命名为"MyDoc"，双击"MyDoc"文件夹图标→在空白处单击右键→选择"新建"项→"文件夹"项，并重新命名为"My_WORD"，按照此方法依次创建"My_EXCEL"、"My_Powerpoint"和"My_ACCESS"文件夹。

右击"My_WORD"→单击"共享"命令→选择"特定用户"项→打开"文件共享"框，从下拉列表中选择用户名称，选择权限级别→单击"共享"命令。

2.4 Windows 7 附件中常用的工具软件

子案例：常用工具软件的使用。

本子案例的效果图如图 2-35 所示。

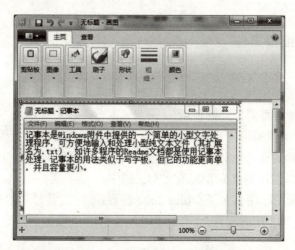

图 2-35 画图程序效果图

完成图 2-35 效果图使用了 Windows 7 附件中的以下工具：

➢ 记事本
➢ 画图
➢ 截图工具

Windows 7 附件提供了许多实用性的工具软件，如记事本、画板和截图工具等。本小节将介绍这些常用工具软件的使用方法。

2.4.1 文字编辑工具

【提要】

本节介绍文字编辑工具的使用，主要包括：
➢ Windows 7 附件中文字编辑工具的使用

记事本是 Windows 附件中提供的一个简单的小型文字处理程序，可方便地输入和处理小型纯文本文件（其扩展名为.txt），如许多程序的 Readme 文档都是使用记事本处理。记事本的用法类似于写字板，但它的功能更简单，并且容量更小。

记事本只记录纯文本，保存的文本文件不包含特殊格式代码或控制码，利用这一特点，可以将网上复制的资源中的非文本信息过滤掉，只剩下文本信息。另外，可以利用记事本编辑网页代码，并可以快速地编辑网站。

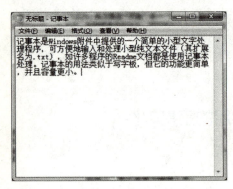

图 2-36 "记事本"窗口

记事本窗口打开的方式为：依次单击"⊕"→选择"所有程序"项→"附件"项→"记事本"项。记事本界面如图 2-36 所示。利用菜单中的命令，可实现对文本的简单编辑处理。

例 2.12 打开记事本文件，输入文字，效果如图 2-36 所示，并保存在"E:\MyDoc"中，重命名为"我的记事本"。

操作方法：单击"⊕"→选择"所有程序"项→"附件"项→"记事本"项→输入图 2-36 效果图中的文字。

2.4.2 图片查看与编辑工具

【提要】

本节介绍图片查看与编辑工具的使用，主要包括：
➢ Windows 7 附件中画图工具的使用

"画图"程序是一个位图编辑器，可以对各种位图格式的图画进行编辑，用户可以自己绘制图画，也可以对扫描的图片进行编辑修改，在编辑完成后，可以用 BMP、JPG 和 GIF 等格式存档，用户还可以发送到桌面和其他文本文档中。

Windows 7 中的画图程序引入了 Office 2007 的界面特点,其外观给个人更新的视觉感受。通过单击"⊕"→选择"所有程序"项→"附件"项→"画图"项，即可打开画图程序，其界面如图 2-37 所示。

"画图"程序界面由以下几部分构成：

① 标题栏：标明了用户正在使用的程序和正在编辑的文件名称，默认显示标题为"无标题"。

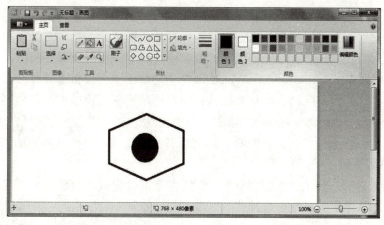

图 2–37 "画图"窗口

② 工具栏：位于窗口的左上方，默认情况下，包含"保存"钮、"撤销"钮、"重做"钮与"自定义快速访问工具栏"钮。

③ 功能区：包含了"画图"卡，"主页"卡、"查看"卡以及各个功能组。

④ "画图"选项卡：单击"画图"钮后可以打开画图文件，或对图片进行其他操作。

⑤ "主页"选项卡：包含"剪贴板"功能组、"图像"功能组、"工具"功能组、"形状"功能组、"颜色"功能组和"刷子"图标与"粗细"图标。

其中，"剪贴板"功能组中包含了"剪切"、"复制"与"粘贴"三项功能。

"图像"功能组中包含了"选择"、"裁剪"、"调整大小和扭曲"等功能。

"工具"功能组中包含了一些绘图功能与文本工具。

"形状"功能组中包含了"形状"选项卡、"形状轮廓"选项卡和"形状填充"选项卡。

"颜色"功能组中，默认提供了 10 种颜色，也可以单击"编辑颜色"来选择用户满意的颜色。

⑥ "查看"选项卡：包含"缩放"、"显示或隐藏"、"显示"三个功能组 。

用户可以使用画图程序中的工具对图片进行相应操作，还可以将图片转换成其他格式。Windows 中默认的图片文件格式是位图格式，即后缀名为.bmp 的文件，此格式占用体积较大，用户可以将其保存为 GIF 或 JPG 网页图片格式。

画图程序还可以充当截图工具，按下【Print Screen】键截取屏幕画面，在画图程序中执行"粘贴"操作即可将屏幕画面粘贴到画布中。

例 2.13 将图 2–36 的记事本文件窗口粘贴在画图程序中，并保存在"E:\MyDoc"中，重命名为"我的画图文件"。

操作方法：打开图 2–36 的记事本文件→按下【Alt】+【Print Screen】键截取屏幕画面→打开画图程序→按【Ctrl】+【V】键粘贴即可。

2.4.3 截图工具

【提要】

本节介绍截图工具的实验，主要包括：

➢ Windows 7 附件中截图工具的使用

Windows 7 中自带了截图工具，使用这一工具可以自由设置任何图片范围，截取后还可以给图片添加文字，并可以将图片以常用格式保存。使用这一工具通常包含 4 项工作：设置截图区域、截取图片、编辑截图及保存截图。

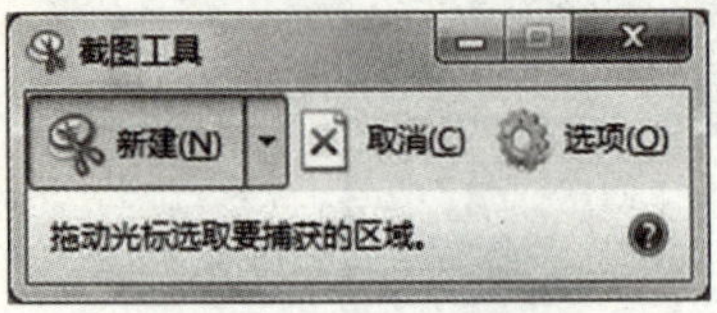

Windows 7 中的截图工具提供了 4 种截取区域的方法，即任意格式截取、矩形截图、窗口截图与全屏幕截图。通过单击""→选择"所有程序"项→"附件"项→"截图工具"项，即可打开截图工具窗口，其界面如图 2-38 所示。

图 2-38 截图工具

1. 设置截图区域

启动截图工具后，默认进入截图状态，此时整个屏幕变成灰白色，单击"新建"钮右侧的三角形按钮，从弹出的菜单中选择截取区域类型。如果要取消截图，可以按【Esc】键或单击"取消"钮。

2. 截取图片

按照上面的方式设置好截取区域后，移动鼠标到某个窗口范围，此时窗口呈高亮显示，其余区域变成灰白色，单击鼠标左键即可截取选择的窗口。

3. 编辑截图

单击鼠标左键截取好区域后，会自动进入图片编辑窗口，用户可以根据需要使用工具栏中的工具进行编辑，如添加文字、批注或使用橡皮擦对错误内容进行清除。

4. 保存截图

图片编辑工作完成后，可以对截图进行保存。单击工具栏中的"保存"钮，从弹出的对话框中选择保存的文件名、保存类型等，单击"保存"钮即可。如图 2-39 所示。

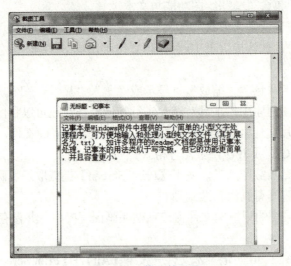

图 2-39 截图效果图

例 2.14 使用截图工具截取图 2-36 中的记事本文件窗口，并保存在"E:\MyDoc"中，重命名为"截图文件"。

操作方法：打开图 2-36 的记事本文件→单击""→"所有程序"项→"附件"项→"截图工具"项→当鼠标光标变成"十"字形时，在记事本文件窗口上拖动鼠标即可→单击"文件"菜→选择"保存"命令，保存在"E:\MyDoc"中。

2.5 能力拓展

子案例：Windows 7 多用户的个性化设置。
本子案例效果图如图 2-40 所示。

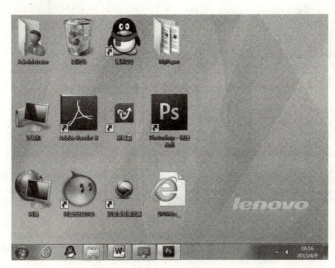

图 2-40　Windows 7 个性化设置效果图

完成图 2-40 效果图使用了 Windows 7 的以下功能：
➢ Windows 7 个性化设置

2.5.1 用户账户和安全设置

【提要】
本节介绍用户账户和安全设置的基本内容，主要包括：
➢ 用户账户的设置以及安全设置

Windows 7 具有强大的账户管理功能，对于多名用户使用同一台电脑的情况，可以根据使用者创建不同的用户账户，这样每个独立的账户可以由于个性化的设置而互不影响。

1. 账户

在操作系统中，账户是用来确认用户合法身份的唯一标识，通过用户名和密码等信息将用户的文件夹、系统设置等数据相互隔离，使多名用户共用一台计算机并且保持信息独立。根据用户对计算机需求的不同，系统将用户账户分为 3 种类型：Administrator 管理员账户、标准账户和 Guest 来宾账户。

管理员账户：此类账户具有对系统内的任何操作权，能对电脑进行任何设置，访问所有文件夹并可以对其进行重命名或删除操作等。

标准账户：即用户自己创建的账户，可以使用计算机的大多数功能，但对系统进行某些关键设置时，则需要经过管理员的许可。

来宾账户：此类账户主要用于不是经常使用该电脑的用户，即临时用户所设立的账户类型。其访问权限最低，只能使用普通的应用程序，不能对系统进行设置。

2. 创建账户

创建新账户的操作方法如下：

打开"控制面板"项→选择"用户账户和家庭安全"项→选择"添加或删除用户账户"项→选择"管理账户"项→选择"创建一个新账户"项→输入新账户名称，选择账户类型→单击"创建账户"钮。如图 2-41 所示。

图 2-41 创建新账户

3. 更改账户

更改账户包括更改账户名称、账户图片和账户类型，其操作方法如下：

打开"控制面板"项→选择"用户账户和家庭安全"项→选择"添加或删除用户账户"项→选择"管理账户"项→选择"更改账户"项→根据需要进行选择即可。

4. 设置账户密码

如果为账户设置了密码后，每次在登录系统时都会要求输入密码进行登录，这样可以确保未经授权的用户不能访问该用户账户。

为账户设置密码的操作方法如下：

打开"控制面板"项→选择"用户账户和家庭安全"项→选择"添加或删除用户账户"项→选择"管理账户"项→单击要设置密码的账户→选择"更改账户"项→打开"创建密码"窗→输入密码并确认→单击"创建密码"钮。

如果要删除密码，单击"用户账户"窗左侧的"删除密码"选项，在弹出的对话框中输入密码，并单击"删除密码"钮即可。

※ 提示：在 Windows 7 中，密码可以包含字母、数字、符号和空格，并且区分大小写。

2.5.2 Windows 7 个性化设置

【提要】

本节介绍 Windows 7 的个性化设置，主要包括：

➢ Windows 7 的个性化设置

Windows 7 系统中为用户提供了设置个性化桌面的空间，通过设置显示属性，用户可以将系统自带的精美图片设置为墙纸；还可以改变桌面的外观，选择屏幕保护程序，为背景加上声音,以使用户的桌面更加赏心悦目。

1. 更改主题

Windows 7 系统为用户提供了多个主题供用户选择,用户可以使用系统的内置主题,还可以到微软的官方网站去下载更多的主题以达到更好的个性化效果。

修改主题的操作方法如下:

在桌面上的空白处右击→在弹出的快捷菜单中选择"个性化"命令→打开"个性化"窗→选择一个主题。

2. 更改显示设置

显示设置包括设置系统的桌面背景和屏幕分辨率等。

(1) 设置桌面背景

在桌面上的空白处右击→在弹出的快捷菜单中选择"个性化"命令→打开"个性化"窗→选择"桌面背景"选项→选择需要的图片,单击"保存修改"钮即可。

(2) 设置屏幕分辨率

屏幕分辨率是指屏幕上显示图像和文本的清晰程度,用户可以根据显示器的尺寸设置相应的屏幕分辨率以达到最佳的视觉效果。

方法一:打开"控制面板"项→"外观和个性化"项→"调整屏幕分辨率"项→在打开的"调整屏幕分辨率"窗中单击"分辨率"下拉按钮→拖动滑块选择所需的分辨率→单击"确定"钮。

方法二:右击桌面空白处→选择"屏幕分辨率"命令,也可以打开,如图 2-42 所示的窗口。

常见的屏幕大小适合的分辨率如表 2-1 所示。

图 2-42 调整屏幕分辨率

表 2-1 屏幕大小与分辨率参照表

屏幕大小/英寸	分辨率/像素
19	1 280×1 024
20	1 600×1 200
22	1 680×1 050
24	1 900×1 200

※ 提示:用户在进行调整时,要注意自己的显卡配置是否支持高分辨率,如果盲目调整,可能会导致系统无法正常运行。

3. 设置屏幕保护程序

当用户暂时不对计算机进行任何操作时,可以使用"屏幕保护程序"将显示屏幕屏蔽掉,这样可以节省电能,有效地保护显示器。打开"个性化"窗,选择"屏幕保护程序"卡,在"屏幕保护程序"下拉按钮中选择一种屏幕保护程序。如果想关闭屏幕保护程序,只需要在"屏幕保护程序"下拉按钮中选择"无"命令即可。

例 2.15 将屏幕分辨率设置为"800 像素×600 像素",查看屏幕效果。

操作方法:右击桌面空白处→选择"屏幕分辨率"命令→在打开的"调整屏幕分辨率"窗中单击"分辨率"下拉按钮→拖动滑块至"800 像素×600 像素"→单击"确定"钮。

<h2 style="text-align:center">思考与练习</h2>

一、简答题

1. Windows 7 与 Windows XP 的桌面有哪些不同?
2. Windows 7 与 Windows XP 附件中的画图程序有哪些区别?
3. 如何在 Windows 7 环境中进行文件及文件夹的复制、移动、删除和重命名?
4. "添加/删除程序"与直接删除程序文件有什么区别?

二、操作练习

1. 在 D:\下新建一个文件夹"MyDoc",在文件夹"MyDoc"下,建立一个子文件夹"TX1"。
2. 启动附件里的画图软件,画一填充色为红色的矩形,并保存该图片到"D:\MyDoc\TX1"下,文件主名为"TU1"、保存类型为 GIF(*.GIF),然后将文件"TU1.GIF"的文件属性设为"只读"。
3. 打开"计算机",搜索"TU1.GIF"。
4. 使用"附件"中的"计算器"计算 123×456,然后通过任务管理器将其关闭。
5. 将屏幕分辨率调整为"800 像素×600 像素",颜色质量调整为"中(16 位)"。

第 3 章

Word 2010 文字处理
——案例：课程论文

教学目标

本章通过介绍课程论文的制作过程，使读者掌握 Word 2010 文字处理软件中文档的基本操作、文本的输入、字符及段落格式化设置、页面设置、表格的操作以及图文混排操作等。

教学重点和难点

（1）字符及段落格式化设置。
（2）页面设置。
（3）表格操作。
（4）图文混排操作。

引言

老师布置作业：交一篇课程论文。孙阳同学如何制作自己的课程论文？如何对课程论文进行排版？如何在课程论文中插入表格和图片？

将需要录入的文字输入到文字处理软件中，使用字符格式设置和段落格式设置功能可以方便地对文字及段落格式进行编排。在文字处理软件中，还能方便地进行表格操作和图文混排操作等工作。在日常生活中也有很多问题可以使用文字处理软件来解决，如制作校运会板报、宣传册和个人简历等。

3.1 Office 办公软件概述

3.1.1 Office 办公软件简介

【提要】

本节介绍 Office 办公软件的重要组件。

Microsoft Office 是美国 Microsoft 公司推出的办公自动化软件包，常见的中文版有 1997 年 5 月发布的 Office 97 中文版、1999 年 8 月发布的 Office 2000 中文版、2001 年 6 月发布的 Office XP 中文版及 2003 年发布的 Office 2003 等几个版本。2010 年，Microsoft 公司还推出了新一代办公软件 Microsoft Office 2010 套件，这一套件也是目前市场上广受欢迎的办公软件。

Office 2010 套件中包括 Word、Excel、PowerPoint、Access、Outlook 及 FrontPage、OneNote、PuNisher 等组件。它提供了多项全新功能，能帮助用户处理各类电子文档。在原有功能的基础上，新增了粘贴预览功能，还提供了屏幕截图功能以及更强大的图片编辑功能等。以下是它包含的几个重要组件。

① Word 2010：文字处理软件，用于处理文字、制作表格和文档的图文混排以及打印等。
② Excel 2010：电子表格软件，用于处理大量计算的事务，可制作数据表、进行数据管理和分析及制作图表。
③ PowerPoint 2010：演示文稿软件，用于制作多媒体演示文稿、幻灯片及投影片等。
④ Access 2010：数据库管理软件，用于建立和维护数据库管理系统。
⑤ Outlook 2010：信息管理软件，用于电子邮件、工作日程安排、通信簿等个人信息管理。
⑥ FrontPage 2010：网页制作软件，用于制作和发布 Web 页面、建立并管理 Web 网站。

Microsoft Office 除了 2010 版本外，目前新推出了 Microsoft Office 2013 版，又称为 Office 2013 和 Office 15，是运用于 Microsoft Windows 视窗系统的一套办公室套装软件，是继 Microsoft Office 2010 后的新一代套装软件。2012 年 7 月份，微软发布了免费的 Office 2013 预览版版本。Office 2013 于 2013 年 1 月 29 日正式上市。

目前常用的办公自动化套装软件除了 Microsoft Office 之外，还有我国金山公司推出的 WPS Office。从第一代 WPS for DOS、第二代基于 Windows 系统的 WPS 97 和 WPS 2003、第三代套装软件 WPS Office 2002、WPS Office 2003 的研制到跨平台办公软件 WPS Office 2005 的正式发布，金山公司走过了国产办公软件开发的坎坷之路，成功地占领了国内市场，并与风靡世界的 Microsoft Office 分庭抗礼，成为中国软件业的一面旗帜。WPS Office 套装软件包含四大功能模块，基本涵盖了办公领域的主要应用，分别为金山文字、金山表格、金山演示和金山邮件。

3.1.2 Office 2010 的安装

【提要】

本节介绍 Office 2010 的安装，主要包括：
➢ 配置要求
➢ 安装 Office 2010

在使用 Office 2010 办公软件前要先将其安装到电脑中。本小节将介绍在 Windows 7 环境下安装 Office 2010 的过程。

1．配置要求

要安装 Office 2010，计算机系统至少要具备以下的基本配置：
① 500 MHz 以上的处理器。
② 256 MB 以上的内存。
③ 3.5 GB 以上可用硬盘空间。
④ 分辨率能达到 1 024×768 像素或更高。
⑤ 一个 CD–ROM、鼠标、网卡（如需上网）或其他兼容的定点设备。

2．安装 Office 2010

不同版本的 Office 2010 安装方法大体上相同，将 Office 2010 安装光盘放入光驱，自动弹出安装向导，然后根据提示进行安装即可。如果在电脑上复制了安装文件，也可以直接双击安装文件 Setup.exe 图标，再根据弹出的安装向导进行安装。其安装过程如下：

（1）启动安装，初始化安装完成后，按提示输入安装序列号，弹出对话框如图 3–1 所示。

（2）单击"立即安装"钮，直接把 Office 2010 安装到操作系统所在磁盘，单击"自定义"钮，弹出对话框，如图 3–2 所示。单击"安装选项"卡，单击各项目前的"+"号，展开子项目，选择需要安装的功能模块。

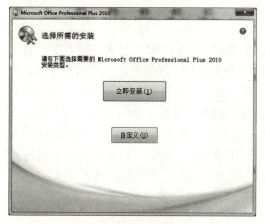

图 3–1　选择所需的安装类型

图 3–2　自定义安装选项

（3）单击"文件位置"卡，在文本框中输入安装目标位置，或者单击"浏览"钮，选择所需的安装位置。如图 3–3 所示。

（4）单击"用户信息"卡，弹出如图 3–4 所示界面，根据提示输入用户名称和公司/组织名称，单击"立即安装"钮，进入文件复制过程，如图 3–5 所示。文件复制完成后，单击"关闭"按钮，结束安装过程。

图 3–3　设置文件位置

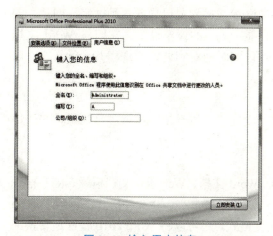

图 3–4　输入用户信息

图 3–5　安装进度

3.1.3 Word 2010 简介

【提要】

本节介绍 Word 2010，主要包括：
➢ Word 2010 概述
➢ Word 2010 的工作环境

1. Word 2010 概述

Word 2010 是微软公司开发的 Office 2010 办公组件之一，主要用于文字处理工作。Word 2010 提供了非常好的文档格式设置工具，利用它可以更加轻松、高效地组织和编写文档，更加迅速、轻松地查找所需的信息，将阴影、凹凸效果、发光、映像等格式效果轻松应用到文档文本中；还可以对使用了可视化效果的文本执行拼写检查，并将文本效果添加到段落样式中；还能将很多用于图像的相同效果同时用于文本和形状中，能使文档增加更强的视觉效果。此外，Word 2010 还增加了 SmartArt 图形功能，可以构建精彩的图表，从而编排出各种格式的文档，如公文、报告、论文、试卷、备忘录、日历、名片、简历、杂志和图书等。Word 2010 的主要特点如下：

（1）新增的功能区

Word 2010 用各种功能区代替了传统的菜单操作方式，在 Word 2010 窗口上方看起来像菜单的名称其实是功能区的名称，当单击这些名称时并不会打开菜单，而是切换到与之相对应的功能区面板。每个功能区根据功能的不同又分为若干个组，使得子菜单的显示方式更加直观。

（2）定制个人风格

Word 2010 提供了更加丰富表现形式及绘图工具，用户可根据个人的喜好和需要对文档、图表、图片、超级链接等对象进行处理，通过边框、底纹、色彩、字形字体、阴影及三维效果、不同的图文环绕方式等不同效果的设置，制作出极具个性色彩的作品。另外，用户还可以根据自己的需求，制作自定义的工具栏。

（3）更强大的图文编辑功能

与旧版本的 Word 相比，Word 2010 能做出更具专业水准的图表文档，还可以使用其中的 SmartArt 图形功能，使创建图形操作变得更加简单，SmartArt 图形能自动与文档所选的主题匹配，使整个文档更加精美。Word 2010 支持由剪贴板或插入菜单导入各种文字、图片、图表或数据资料等。用户可以对这些资料进行剪裁和显示效果的调整设置，它们与 Word 文档之间的融合混排是在动态的情况下完成的，用户可以实时地看到调整的进程并进行修改，以便达到完美的效果。

（4）新增的截图功能

Word 2010 新增加了屏幕截图功能，使用这一功能，可以轻松地截取屏幕图像，快速地将插图插入到文档中。

（5）良好的兼容性

Word 2010 具有良好的兼容性，可以支持包括 Word 文档、Web 页、文档模板、RTF 格式文件、纯文本、编码文本、MS-DOS 文本、Word 2.X/6.0/7.0/97/2000 文件格式、Word Perfect 文件及中文 Windows 书写器文件等在内的多种文件格式，还可以将 Word 2010 轻松地转换成 Word 2003 文件格式等。

（6）强大的帮助系统

Word 2010 的帮助功能也非常丰富，它提供了更加方便的帮助，当用户在遇到问题时，能够轻松找到解决问题的方法，为用户自学提供了方便。

（7）Web 工具支持

随着互联网（Internet）的发展，Word 软件也提供了 Web 的支持，用户可以根据 Web 页向导方便地制作出 Web 页，还可以利用其自带的 Web 工具栏，迅速地打开、查找或浏览包括 Web 页和 Web 文档在内的各种文档。

Word 2010 的主要功能有文档的录入与编辑，文本的查找与替换，字体和段落格式的设置，文档的分栏和首字下沉，分页、页面设置和打印，制作表格，绘制图形，插入艺术字和文本框；还可以对多个图形对象进行组合，插入剪贴画和屏幕截图，以及插入电脑里面的其他图片和 SmartArt 图形的高级应用。

利用 Word 2010 强大的编辑、排版功能，我们可以制作毕业论文、宣传册和校园板报等。本章将通过实例让你在了解某些知识点的同时，掌握大量的操作技巧，使你每操作一步，都能享受到成功的喜悦。

2. Word 2010 的工作环境

启动 Word 2010 后，Microsoft Word 2010 应用程序则显示在窗口屏幕上，如图 3–6 所示。窗口包括标题栏、功能区、标尺、编辑区、状态栏和滚动条等。

图 3–6　Word 2010 工作界面

（1）窗口组件及功能

① 标题栏：位于程序窗口的最上方，从左到右依次有控制菜单、快速访问工具栏、文档名称、最小化、最大化和关闭按钮。其中，快速访问工具栏用于显示常用的工具按钮，默认显示保存、撤销、恢复按钮。

② 功能区：Word 2010 用功能区代替了传统的菜单。功能区位于标题栏下方。默认情况下包含"文件"、"开始"、"插入"、"页面布局"、"引用"、"邮件"、"审阅"和"视图"8 个选项卡。每个选项卡由多个组组成，当单击某个选项卡时，可以将它展开。

③ 功能扩展按钮：某些组的右下角包含功能扩展按钮，用鼠标指向该按钮时，可以预览对应的对话框或者窗格，当单击该按钮时，可以弹出对应的对话框或窗格。

④ 标尺：水平标尺用于设置制表位的位置、设置段落的缩进、调节文本的左右边界、改变分栏的宽度及改变表格的列宽。垂直标尺用于调节文本的上下边界、改变表格的行高。用户可设置或取消标尺。

⑤ 编辑区：位于窗口中央的白色区域，可以建立、编辑排版和查看文档。

⑥ 滚动条：当文档内容超出窗口显示的范围时会出现水平和垂直滚动条，通过滚动可以查看文档的其他内容。

⑦ 状态栏：位于窗口底端，显示文档的页数、总页数、字数、输入语言及输入状态等信息。状态栏的右端还包含视图切换按钮及显示比例调节工具，分别用来切换文档的视图方式以及用于调整文档的显示比例。

图 3-7 自定义快速访问工具栏

（2）自定义快速访问工具栏

快速访问工具栏不是固定不变的，用户可以根据自己的需要增加或删除命令按钮。方法如下：

① 添加命令按钮。

操作方法：右击"自定义快速访问工具栏"→选择要添加的命令→将该命令按钮添加到快速访问工具栏中，如图 3-7 所示。

如果要添加的命令按钮不在功能区中，可以通过以下操作方法进行添加：

单击"文件"卡→选择"选项"项→打开"选项"框→在左侧窗格单击"快速访问工具栏"选项→将"从下列位置选择命令"选项改为"不在功能区中的命令"→从列表框中选择要添加的命令按钮→单击"添加"钮。如图 3-8 所示。

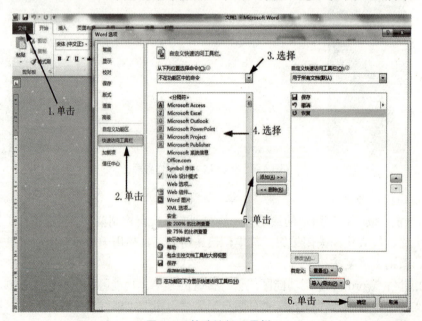

图 3-8 快速访问工具栏

② 删除命令按钮。

操作方法：右击要删除的按钮→选择"从快速访问工具栏删除"项。

3.1.4 案例：课程论文

【提要】

本节介绍 Word 文档样例图。

本小节将以课程论文的设计为主线介绍 Word 2010 的主要功能，案例效果图如图 3-9 所示。

图 3-9　Word 文档样例图

3.2 子案例一：课程论文的文本输入与编辑

子案例一效果图如图 3-10 所示。

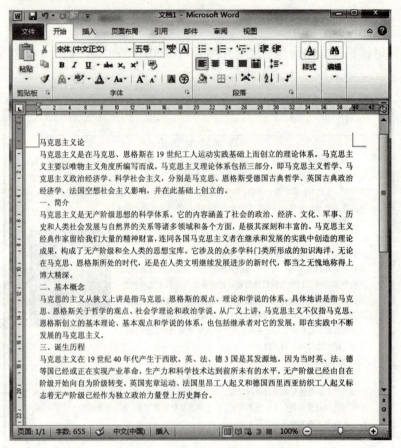

图 3-10 课程论文中文本输入效果

完成图 3-10 效果图使用了 Word 2010 的以下主要功能：
- Word 文档的创建
- 文档的保存
- 文本的录入
- 文档的排版与格式化

3.2.1 文档的基本操作

【提要】

本节介绍文档的基本操作，主要包括：
- 文档的新建、保存、加密保护、关闭及打开
- 文档的格式转换方法
- 文档的视图及显示比例

1. Word 文档的创建

在 Word 2010 中建立新文档的方法有很多种，常用的方法有以下几种：

方法一：单击"![]"→选择"所有程序"项→"Microsoft Office"项→"Microsoft Word 2010"项，启动 Word 2010 后，将自动创建一个名为"文档 1.docx"的空白文档。

方法二：通过双击快捷方式启动 Word 2010。

方法三：在桌面、文件夹窗口或资源管理器窗口中单击鼠标右键→选择"新建"项→"Microsoft Word 文档"项，得到一个名为"新建 Microsoft Word 文档"的空白文档（只有文件名，没有内容）。

方法四：当打开了一个 Word 文档时，可以单击"文件"卡→"新建"项→"空白文档"→单击"创建"钮→创建一个名为"文档 1"的空白文档。操作方法如图 3-11 所示。

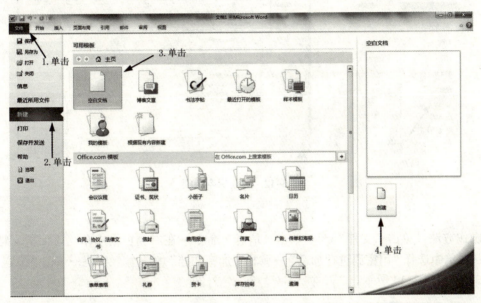

图 3-11 新建文档

2. 文档的保存

要保存编辑后的文档内容，必须将文档存储到硬盘等外存储器中。在编辑过程中，可随时执行保存文档的操作。文档只有进行保存，才可以再次对它进行相应操作。文档的保存操作有以下四种方法：

方法一：通过文件选项卡保存文档。选择"文件"卡→单击"保存"命令。如果当前文档是新文档，则会弹出"另存为"框，需要设置保存位置、文档名称和保存类型等信息。

方法二：通过工具栏保存文档。

方法三：通过"另存为"命令保存。

方法四：通过自动保存功能保存。单击"文件"卡→单击"选项"项→打开"Word 选项"框→在左侧窗格中单击"保存"项→在右侧窗格中设置文档类型、自动保存时间间隔等相关信息→单击"确定"钮。在设置自动保存的时间间隔时，默认的时间是 10 分钟，可以通过输入数字来改变存盘的间隔时间，如图 3-12 所示。

※ 提示：自动保存可以存储最后一次手动存盘到最后一次自动保存之间所输入的信息，

在发生非正常退出后,当再次打开原文件时,会同时出现一个恢复文档,此文档保存的就是上次断电时自动保存的所有信息,用户可以将原来的文档关闭,再将恢复文档保存为原来的文档就可以最大限度地减小损失了。

3. 文档的加密保护

如果要防止他人查看或修改重要文档,可以对文档进行密码保护。文档加密方法如下:

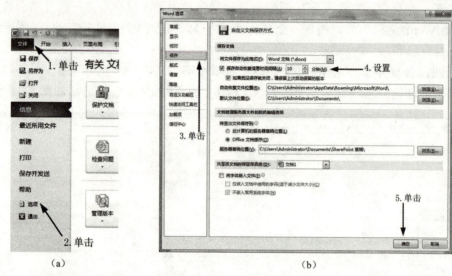

图 3-12 自动保存选项
(a)"文件"选项卡;(b) Word 选项

操作方法:单击"文件"卡→单击"信息"命令→在右侧窗格中单击"保护文档"选项→从菜单中选择"用密码进行加密"→弹出"加密文档"框→输入密码→单击"确定"钮,如图 3-13 和图 3-14 所示。

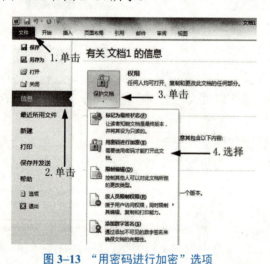

图 3-13 "用密码进行加密"选项

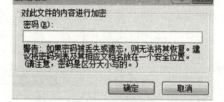

图 3-14 "加密文档"对话框

※ 提示:在"打开文件时的密码"框中输入密码后,可禁止不知道密码者打开文档;在"修改文件时的密码"框中输入密码,不知道密码者只能打开文档而不能把修改后的文档保存,

设置完毕后,单击"确定"钮,要求再次输入同样的密码加以确认。

4. 文档的关闭

关闭文档的常用方法有以下几种:

方法一:单击文档窗口右上角的"关闭"钮。

方法二:在文档窗口中选择"文件"卡→选择"关闭"命令。

5. 文档的打开

Word 文档的打开,是指把已存盘的文档从外存储器装入内存,使其在屏幕上显示并处于编辑状态。打开 Word 文档的方法有以下几种:

方法一:使用"打开"对话框。选择"文件"卡→单击"打开"命令→在"打开"框中选择要打开的文件,单击"打开"钮。

方法二:直接双击需要打开的文档。

例 3.1 创建新文档"课程论文.docx",并保存在"E:\ MyDoc\My_WORD"文件夹下。

操作方法:启动 Word 2010→单击"文件"卡→选择"另存为"项→设置"保存位置"为"E:\ MyDoc\My_WORD",文件名为"课程论文"→单击"保存"钮,如图 3-15 所示。此时,标题栏中的文件名由"文档 1"变成了"课程论文"。

6. 文档格式的转换

Word 2010 支持多种格式的转换,当文档编译完成后,可以根据用户需求将文档转换成所需要的格式,比如 doc 格式、Web 页面格式和 PDF/XPS 文档等。

将文档转换为 doc 格式的操作如下:

选择"文件"卡下的"另存为"框→在弹出的"另存为"框中的保存类型下拉框中选择"Word 97-2003"即可。如图 3-16 所示。

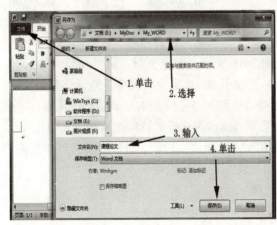

图 3-15 保存文档

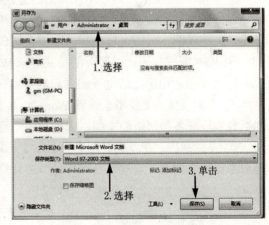

图 3-16 转换为 doc 格式

通过"文件"卡下的"另存为"框来保存。在弹出的"另存为"框中的保存类型下拉框中选择"网页"即可。

用户还可以将文档转化为 PDF 格式,具体的操作如下:

操作方法:在文档窗口中选择"文件"卡→选择"保存并发送"命令→在窗格中选择"创建 PDF/XPS 文档"命令→在弹出的对话框中设置保存类型为"PDF",并设置文件名和保存路径,单击"保存"钮。如图 3-17(a)和图 3-17(b)所示。

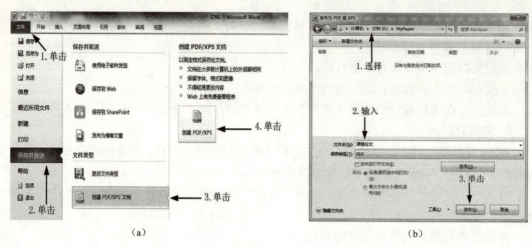

图 3–17 转换为 PDF 格式

(a) 创建 PDF/XPS 文档；(b) "另存为 PDF 或 XPS" 对话框

7. 文档的视图及显示比例

（1）文档的视图

在 Word 2010 中文档的显示模式有页面视图、阅读版式视图、Web 版式视图、大纲视图及草稿视图。

① 页面视图：可以显示 Word 2010 文档的打印结果外观，主要包括页眉、页脚、图形对象、分栏设置和页面边距等元素，是最接近打印结果的页面视图。在该视图中可以进行输入和编辑操作，所有的编辑命令和格式化命令均可以使用。它是 Word 程序默认的视图方式。

② 阅读版式视图：该视图以图书的分栏样式显示 Word 2010 文档，"文件"按钮、功能区等窗口元素被隐藏起来。在阅读版式视图中，用户还可以单击"工具"按钮选择各种阅读工具。在该视图下，还可以选择以文档在打印页上的显示效果进行查看。

③ Web 版式视图：以网页的形式显示 Word 2010 文档，隐藏页眉、页脚和类似的元素。Web 版式视图适用于发送电子邮件和创建网页，更便于 Word 用户在屏幕上阅读信息。

④ 大纲视图：主要用于设置 Word 2010 文档的设置和显示标题的层级结构，并可以方便地折叠和展开各种层级的文档。大纲视图广泛用于 Word 2010 长文档的快速浏览和设置中。

⑤ 草稿视图：在草稿视图中只显示了标题和正文，而页面边距、分栏、页眉页脚及图片等信息都被取消了。该视图是一种最节省计算机硬件系统资源的视图。

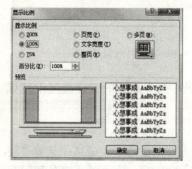

图 3–18 "显示比例"对话框

（2）显示比例

在同一种视图下，用户可以根据自己的需要设置不同的显示比例，通过显示比例来控制文档在屏幕中显示的大小。具体的操作方法如下：

方法一：单击"视图"卡→在"显示比例"组中单击"显示比例"钮→弹出"显示比例"框→设置显示比例，单击"确定"钮。如图 3–18 所示。

方法二：也可以在文档窗口的状态栏中，通过拖动控制显示比例的滑块来修改文档的显示比例。

8. 文档窗口的管理

Word 2010 的文档窗口管理主要包含窗口拆分和取消拆分等。

（1）窗口拆分

当需要在一个篇幅很长的文档中查看两个不同位置的内容时，通过鼠标上下移动很不方便，那么可以使用拆分窗口功能将文档拆分成两个窗口，便于用户查看。其具体的操作方法如下：

方法一：单击"视图"卡→单击"窗口"组中的"拆分"钮→出现灰色的线条，移动鼠标选择拆分位置，然后单击即可。如图 3-19 所示。

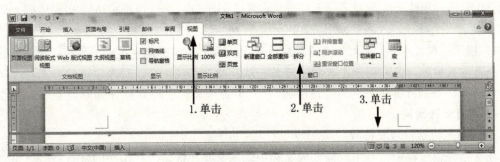

图 3-19 窗口拆分

方法二：在文档窗口右侧的滚动条上方有一个小方块，将鼠标光标放在小方块上，当鼠标光标变成上下双箭头时向下拖动鼠标，选择拆分位置，然后单击鼠标左键。

（2）取消拆分

当选择了拆分窗口命令后，原来的"拆分"钮就会变成"取消拆分"钮。如果要取消拆分窗口，只需要单击"取消拆分"钮即可。

3.2.2 文本的录入与编辑

【提要】

本节介绍文本的录入与编辑，主要包括：
- 文本输入的方法
- 汉字、数字、日期和各种符号等不同类型字符的录入方法
- 文本选择、复制、剪切、粘贴等操作
- 文本查找与替换操作

1. 文本输入

（1）输入文字

启动 Word 2010 后，在空白的工作区左上角有一个闪烁的竖条，指明了文本插入的位置。在文档窗口中单击鼠标左键，显示光标后，切换到中文输入法状态，就可以输入汉字了。Word 2010 默认的输入法为英文输入法，切换到中文输入法的方法有以下几种：

① 单击输入法工具栏中的"中文"按钮。

② 单击任务栏右边的输入法图标，再选择输入法。

③ 按【Ctrl】+【Space】启用默认的中文输入法，如果有多种输入法，可按【Alt】+【Shift】或【Ctrl】+【Shift】键在各种输入法之间进行切换。

※ 提示：

① 当输入文本到一行的最右端时，继续输入，Word 将自动换行，而不要通过键入回车来使插入点回到下一行的行首。如果要在某一段落中强行换行，则应使用组合键【Shift】+【Enter】，但两部分内容仍属于一个段落进行排版。

② 只有在输入到段落结尾处，才按回车键，表示该段落的结束，按两次回车键则可在段落之间插入一个空行。

（2）输入中文标点符号

启动中文输入法后，标点符号的输入有全角和半角两种不同方式。全角字符按照国标 GB 2312-80 编码，用两个字节表示一个符号，占两个显示位。半角字符按 ASCII 码编码，用一个字节表示一个符号，占一个显示位。

※ 提示：在文本中，中文标点符号应该在中文状态下以全角方式输入，英文标点符号应该以半角方式输入，且在同一个文档中应该一致。操作系统命令、程序语句的标点符号必须用半角符号，否则计算机将判为"语法错误"。单击语言栏中的全角/半角切换按钮，可在全角/半角之间进行切换。

（3）输入特殊符号及符号

在文档编辑过程中，若用户需要向文档中输入某些在键盘上找不到的特殊符号，可以通过下列方法来插入特殊符号。

① 插入符号：选择"插入"卡的"符号"组→单击"符号"钮→从打开的菜单中选择"其他符号"命令（如图 3-20 所示），选择要插入的符号并单击"插入"钮，选中的字符就插入到了文档中。如图 3-21（a）所示。

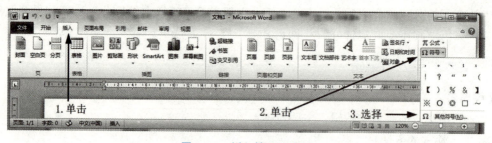

图 3-20　插入符号示意图

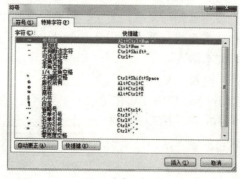

(a)　　　　　　　　　　　　　(b)

图 3-21　"符号"对话框

(a)"符号"选项卡；(b)"特殊字符"选项卡

② 插入特殊符号：打开"符号"框→选择"特殊字符"卡→选择要插入的特殊字符并单击"插入"钮，选中的字符就插入到了文档中。如图 3-21（b）所示。

（4）输入当前日期和时间

传统的手动输入日期和时间已经成为过去式了。在 Word 2010 文档中，可以输入日期和时间，并可以使这些日期和时间在每次打开文档时都自动更新。

操作方法：单击"插入"卡的"文本"组→单击"日期和时间"钮→打开"日期和时间"框→在"语言"列中选择"中文"→在"可用格式"列表中选择日期和时间格式→文档中出现 Windows 7 系统的中文日期。如图 3-22 所示。

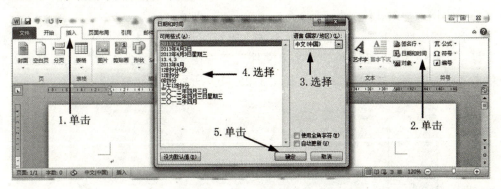

图 3-22　插入日期和时间示意图

※ 提示：在"语言"列中选择"英文"时，在"可用格式"列表中日期和时间的格式就都变成了英文的，文档中就插入了一个"英文"的日期和时间，如图 3-23 所示。若选择"自动更新"复，将以域的形式插入日期和时间，当再次打开该文档时，日期和时间会自动更新为当前的日期或时间。

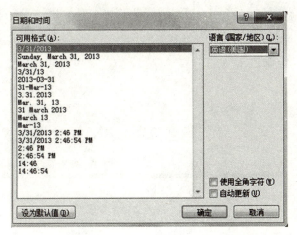

图 3-23　英文"可用格式"列表

（5）插入数字

插入一些比较特殊数字的方法：单击"插入"卡→单击"符号"组中的"编号"→弹出"编号"框→从"编号类型"列表中选择"甲，乙，丙…"项→在"编号"输入框中输入"1"→在文档中插入一个"甲"字。如图 3-24 所示。

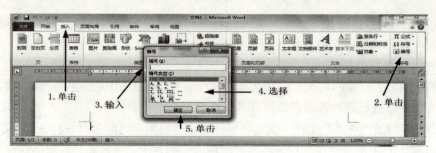

图 3-24　插入数字

（6）在文档中插入其他文件

在某个文档中插入其他文件的方法：单击"插入"卡→"文本"组→在"对象"下拉列表中选择"文件中的文字"→弹出"插入文件"框→在"插入文件"框中找到要插入的文件→单击"插入"钮。如图 3-25（a）和图 3-25（b）所示。

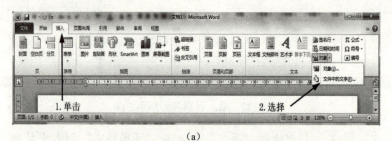

（a）

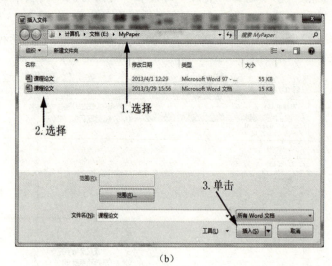

（b）

图 3-25　插入文件示意图

(a) 插入文件；(b) "插入文件"对话框

（7）插入模式与改写模式的切换

在插入模式下，输入的数据在插入点处插入，插入点右边的文字将自动右移。而在改写模式下，输入的数据将覆盖插入点右边的数据。当"改写"框中显示为黑色字时，则处于"改写"状态，否则为"插入"状态。

插入模式与改写模式的切换有以下两种方式：

① 用鼠标单击状态栏中的"改写"框。
② 按下键盘上的【Insert】键。

2. 文本编辑

文档内容输入完后，再对文档进行编辑，其中包括文本内容的选取、复制、移动、删除、撤销与恢复、剪切和粘贴等。

（1）选取文本

选取文本是 Word 文档操作中很常见的操作，要对文档进行编辑和修改，应先选取文本，即确定操作的有效范围。选取文本的方法有很多种，方式也很灵活，用户可以根据自己的喜好和需要进行操作。以下介绍使用鼠标和键盘对字、行和段选取的一些操作方法。

① 采用鼠标选择文本的方法。

选定任意内容：把鼠标移到待选文本之前→按鼠标左键拉动到文本末尾→松开鼠标左键，或光标置于文本的一端→按下【Shift】键→用鼠标单击文本另一端。

选定一个单词：用鼠标双击该单词。

选定一行文本：把鼠标移动到所选行的左端（即选定栏）→单击鼠标左键。

选定一个段落：双击段落左侧的选定栏，或在段落中的任何位置单击三次左键。

选取连续段落：将鼠标定位在要选取段落的最前面，按住【Shift】键，然后在最后一个段落的末尾处再单击鼠标即可。

选取不连续段落：先选取一段，按住【Ctrl】键再用鼠标在行选择区选择需要的段落即可。

选定整个文本：在选定栏的任意处单击三次左键，或在选定栏任意处，按【Ctrl】键并单击鼠标左键，或选择"开始"卡的"编辑"组→单击"选择"/"全选"命令，即可选择全文。

② 用键盘选定文本。

使用特殊键组合可提高选定速度，用键盘选定文本的操作如表 3-1 所示。

表 3-1 键盘选定文本

键 盘	选定范围	键 盘	选定范围
【Shift】+【←】	左边一个字符	【Ctrl】+【Shift】+【←】	到词首
【Shift】+【→】	右边一个字符	【Ctrl】+【Shift】+【→】	到词尾
【Shift】+【↑】	向上一行	【Shift】+【PgUp】	向上一屏
【Shift】+【↓】	向下一行	【Shift】+【PgDn】	向下一屏
【Shift】+【Home】	到行首	【Ctrl】+【Shift】+【Home】	到文首
【Shift】+【End】	到行尾	【Ctrl】+【Shift】+【End】	到文尾
【Ctrl】+【A】	选定全文		

（2）复制文本

在编辑文档时，如果需要快速地录入相同的内容，可以使用复制功能。复制文本需将选定的文本先备份到剪切板，再粘贴到目标位置。剪切板是内存中的一块存储区域。

复制文本可以使用鼠标拖动的方式，在拖动时按住【Ctrl】键。下面介绍复制文本的步骤。

步骤 1：选择要复制的文本。

步骤 2：在"开始"卡的剪贴板组中，单击"复制"钮（或按快捷键【Ctrl】+【C】）。

步骤 3：将光标定位在目标位置，在"开始"卡的剪贴板组中，单击"粘贴"钮（或按快捷键【Ctrl】+【V】）。

步骤 4：选中的文本被粘贴到目标位置了，当单击"粘贴选项"图标时，从打开的菜单中选择"保留源格式"命令。

（3）移动文本

移动文本可以使用鼠标拖动的方式，也可以采用命令按钮的方式移动。下面介绍移动文本的步骤。

步骤 1：选择要移动的文本。

步骤 2：在"开始"卡的"剪贴板"组中，单击"剪切"钮（或按快捷键【Ctrl】+【X】）。

步骤 3：将光标定位在目标位置，在"开始"卡的剪贴板组中，单击"粘贴"钮（或按快捷键【Ctrl】+【V】）。

步骤 4：选中的文本被移到目标位置了，当单击"粘贴选项"图标时，从打开的菜单中选择"保留源格式"命令。

（4）删除文本

删除是指将一个或多个字符从文档中去掉，删除方法如下。

- 删除选定字块：选定要删除的文本→ { 选择"剪贴板"组→单击"剪切"命令。
按【Del】键或【Backspace】键。
- 删除光标右侧字符：按【Del】键。
- 删除光标左侧字符：按【Backspace】键。
- 删除光标右侧的一个词组：按【Ctrl】+【Del】键。
- 删除光标左侧的一个词组：按【Ctrl】+【Backspace】键。

（5）撤销与恢复编辑操作

Word 对用户的每次操作都有记录，用户可以根据需要撤销以前的操作。撤销和恢复是相对应的，撤销是取消上一步的操作，而恢复就是把撤销操作再重复回来。

① 撤销操作。

- 单击快速启动工具栏上的""钮。
- 按快捷键【Ctrl】+【Z】，就可取消当前最后一次操作。
- 如果要撤销的步骤有很多，可以进行多步撤销，方法是单击""钮旁边的下拉按钮，在打开的列表中选择要撤销的步骤，单击鼠标左键即可。

② 恢复操作。

- 单击快速启动工具栏上的""钮。
- 按【Alt】+【Shift】+【Backspace】组合键来恢复有效的操作，也可以一次恢复多项操作。

例 3.2 在"课程论文"中输入图 3-10 的文字。

操作方法：打开"E:\MyDoc\My_WORD"中的"课程论文.docx"文件，输入图 3-10 中所示的文字。

3. 文本查找与替换

在文档编辑时，用户如果需要查看或修改文档中的文本，或搜索特殊的字符，如制表符、硬分页符和段落标记时，可以使用查找功能快速地找到需要的文本，还可以使用替换功能快速地修改有错误的文本内容。

（1）查找文本

使用查找功能可以快速地将文档中所有满足条件的内容显示出来，具体方法是：在"开始"卡的"编辑"组中，单击"查找"钮→在"导航"窗格的文本框中输入要搜索的文本→单击"搜索"钮。搜索完成后，搜索结果会在"导航"窗格中列出来，同时也会在文本编辑区中显示出来。如图 3-26 所示。

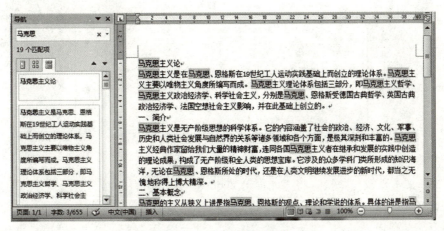

图 3-26　查找结果显示图

（2）高级查找

如果要查找带有一定格式的文本内容，可以使用"高级查找"功能。其具体方法如下：

单击"开始"卡→选择"编辑"组→单击"查找"钮旁边的下拉按钮→从打开的菜单中选择"高级查找"命令→在"查找和替换"框的"查找"卡中输入要查找的内容→单击"更多"钮→在展开的列表中设置"搜索选项"的内容。如图 3-27 所示。

在高级查找时可以设定格式，包括字体、段落和制表位等格式，还可以设置特殊格式。如果要取消设定的格式，单击对话框底部的"不限定格式"钮。

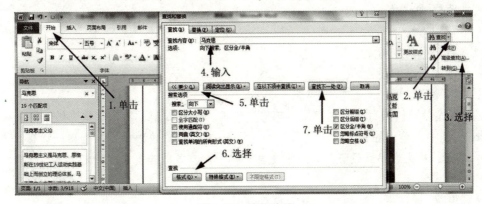

图 3-27　高级查找

（3）替换文本

如果需要快速地修改有错误的文本内容，可以使用替换功能。其具体方法如下：

在"开始"卡的"编辑"组中→单击"替换"钮→弹出"查找和替换"框→在"替换"卡下设置"查找内容"和"替换为"的内容→单击"替换"钮进行操作。如图 3-28 所示。

如果要进行全部替换,则单击"全部替换"钮。操作完后会弹出本次替换结果的提示框,单击"确定"钮即可。

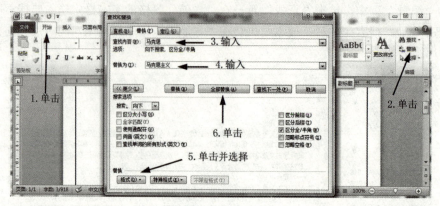

图 3-28 替换文本

例 3.3 文本查找与替换。将"课程论文.docx"中的所有"马克思"字体加粗显示,并与"课程论文1.docx"为名另存在相同文件夹下。

操作方法:单击"开始"卡→选择"编辑"组→单击"替换"钮→弹出"查找和替换"框→在"替换"卡下设置"查找内容"为"马克思"→"替换为"的内容也为"马克思"→单击"更多"钮→单击"格式"钮→单击"字体"命令→设置字形为"加粗"→单击"全部替换"钮→选择"文件"卡→单击"另存为"项→将文件名改为"课程论文1"→单击"保存"钮。

3.2.3 文档的格式化与排版

【提要】

本节介绍文档的格式化与排版,主要包括:
➢ 文本格式化
➢ 段落格式设置
➢ 分栏的方法
➢ 项目符号的应用
➢ 边框和底纹的设置

1. 文本格式设置

文本格式设置包括对文本的字体、字号、字形、字符间距、颜色和修饰效果等的设置。在 Word 文档中,输入的文字格式默认为"五号宋体",用户可以根据需要重新设置。

※ **提示**:对文字格式设置后,通常是自光标之后有效;若当前有选定文本,则只对选定文本有效。

(1)设置字体、字形、字号、字符修饰和效果

① 使用"字体"组设置字体格式。

选择要设置字体格式的文本→单击"开始"卡→选择"字体"组。如图 3-29 所示。

- 设置字体大小:单击"字号"列右侧的下三角按钮→选择需要的字号。
- 设置字体样式:单击"字体"列右侧的下三角按钮→选择需要的字体。
- 加粗文本:单击"加粗"钮。

- 加斜文本：单击"倾斜"钮。
- 设置字体颜色：单击"字体颜色"列右侧的下三角按钮→选择需要的颜色。

② 使用"字体"对话框设置字体格式。

除了上述方法外，还可以使用"字体"组来设置字体格式和字符间距。

选择要设置字符间距的文本→单击"开始"卡的"字体"组→单击对话框启动器→打开"字体"框→选择"字体"卡→设置字体格式，单击"确定"即可。

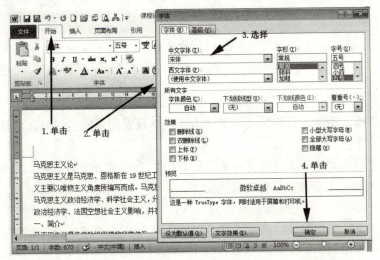

图 3–29 "字体"设置

（2）设置字符间距

选择要设置字符间距的文本→单击"开始"卡的"字体"组→单击对话框启动器→打开"字体"框→选择"高级"卡→设置字符间距，单击"确定"即可。如图 3–30 所示。

- "缩放"列中输入或选择缩放比例，用来扩展和压缩文字。
- "间距"列中包含"标准"、"加宽"和"紧缩"三个选项，"磅值"框中也可以设置间距尺寸。
- "位置"列中包含"标准"、"提升"和"降低"三个选项。"标准"选项表示把字符恰好放在基准线上，"提升"和"降低"选项分别表示字符相对于基准线向上或向下移动，"磅值"中可以键入或选择数值。

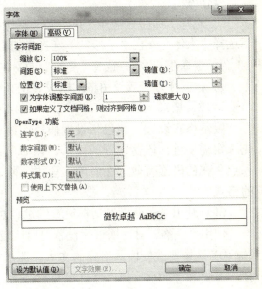

图 3–30 "字体"对话框

（3）首字下沉

首字下沉和悬挂是使段落第一个字符变大，以吸引读者的注意。

设置首字下沉：选定要首字下沉的段落→在"插入"卡中单击"首字下沉"钮→在弹出的下拉列表中选择"首字下沉"选项（如图 3–31 所示）→弹出"首字下沉"框→根据需要选择相应选项（位置、字体、下沉行数）→单击"确定"钮。

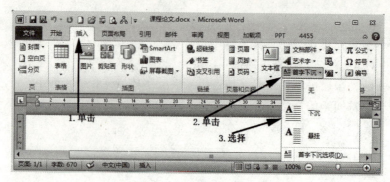

图 3-31 设置首字下沉

(4) 复制字符格式

格式刷是一种快速应用格式的工具,能将一个文本对象的格式复制到另一个文本对象上,避免了重复设置格式的麻烦。当需要对某文本或段落设置相同的格式时,可以使用格式刷复制格式,方法如下:

选择已经设置格式的文本或段落→单击"开始"卡→单击"剪贴板"组中的"格式刷"钮→拖动鼠标光标选中要改变字体格式的文本。

※ 提示:如果把格式复制到几个位置,双击"常用"工具栏中的"格式刷"钮,这样就可以一个接一个地复制格式,完成后单击"格式刷"钮或按【Esc】键即可。

例 3.4 "课程论文.docx"格式设置。将主标题设定为宋体小三号字,加粗,字符间距为加宽 1 磅;把正文小标题字体设为宋体小四号。

操作方法:

① 选择主标题→选择"开始"卡→选择"字体"组→单击"字体"卡→在"中文字体"下选择"宋体"→在"字形"下选择"加粗"→在"字号"下选择"小三"号。

② 选择"字体"→选择"高级"卡→在"间距"下选择"加宽"→在"磅值"下输入"1"。

③ 按同样方法或使用格式刷设置正文小标题为宋体小四号字。

2. 段落格式设置

段落格式设置主要包括设置段落的缩进、对齐方式和段落间距等。在设置段落时,应先选定需要进行段落设置的段落,以后所做的各种段落设置操作仅对所选定的各段落或插入点所在的段落有效。在新的一段中,除非重新设置了段落格式,否则将采用前一段所用的格式。

(1) 使用"段落"对话框设置缩进、对齐方式和间距

使用"段落"对话框进行设置可以比较精确的设置,具体方法如下:

① 选中要改变段落格式的文本→选择"开始"卡的"段落"组→单击对话框启动器→打开"段落"框→选择"缩进和间距"卡。如图 3-32 所示。

② 在"对齐方式"列表中选择所需要的对齐方式,包括左对齐、居中、右对齐、分散对齐和两端对齐。

左对齐:按照左缩进后的边界对齐。

居中:相对于左右缩进后的边界居中。

右对齐:按照右缩进后的边界对齐。

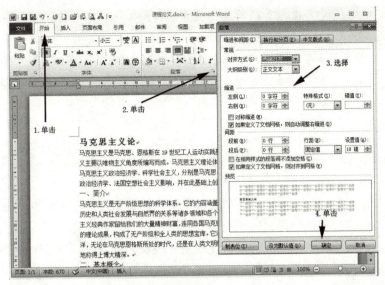

图 3-32 "缩进和间距"选项卡

分散对齐：将行中文字均匀分散并在两端对齐。

两端对齐：按照文本左右缩进的边界对齐。

③ 在"缩进"区中，可以在"左"或"右"框中键入或选择数值来增加或减少缩进量；在"特殊格式"列表中选择缩进类型（首行缩进、悬挂缩进）；在"度量值"框中键入或选择缩进值。

④ 在"间距"区中的"段前"文本框中键入或选择所要的数值，在"段后"文本框中键入或选择所要的数值。"段前"与"段后"是指段落与段落之间的距离。

⑤ "行距"列中选择适当的行间距。行距是指段落内行与行之间的距离。一般系统默认行距是单倍行距，用户也可以根据需要进行设置。

（2）使用水平标尺设置缩进

水平标尺包含首行缩进、悬挂缩进、左缩进和右缩进。选中要改变缩进的段落之后，将水平标尺上的缩进标记拖动到合适的位置上即可。这四种缩进标记的作用如下：

① 首行缩进：控制段落中第一行第一个字的起始位置。在中文段落中，一般采用这种缩进方式，默认缩进两个字符。

② 悬挂缩进：控制段落中首行以外的其他行的起始位置。

③ 左缩进：控制段落左边界缩进的位置。设置左缩进时，首行缩进标记和悬挂缩进标记会同时移动。

④ 右缩进：控制段落右边界缩进的位置。

（3）使用"段落"组中的按钮进行设置

使用"开始"卡中的"段落"组，通过单击"两端对齐"、"居中"、"右对齐"、"分散对齐"、"单倍行距"、"1.5 倍行距"、"2 倍行距"、"增加缩进量"或"减少缩进量"等按钮可以快速地设置对齐、行间距和缩进方式。

※ 提示：段落合并是指将两个段落合并为一个段落，操作方法是去掉第一个段落结尾处的回车符即可。

例 3.5 对"课程论文.docx"段落进行设置。将主标题居中对齐,将文档的段间距设置为固定值 18 磅。正文文本段落设置首行缩进 2 字符。

操作方法:选中主标题→选择"开始"卡→"段落"组→"居中"钮。选中要改变段落格式的文本→选择"开始"卡的"段落"组→单击对话框启动器→打开"段落"框→选择"缩进和间距"卡→设置"行距"列为"固定值"→"设置值"列改为"18 磅"→单击"确定"钮。

选择要设置的段落→选择"开始"卡的"段落"组→单击对话框启动器→打开"段落"框→选择"缩进和间距"卡→设置"特殊格式"为"首行缩进","设置值"列为"2 字符"。

3. 项目符号的应用

项目符号和编号是对文档中的列表信息极有用的格式工具。一般来说,对于在正文中由相关信息构成的内容,但段与段之间又没用特别顺序的项目,或是需要特别注意的项目可以使用项目符号,而对于有一定顺序的项目使用编号列表。使用项目符号和编号不仅可以使段与段之间的关系更加明朗化,而且可以增加文本的视觉效果。

(1) 添加项目符号、编号

① 为段落添加项目符号或编号。

选择要创建为项目符号或编号的段落→选择"开始"卡→单击"段落"组中的"项目符号"钮或"编号"钮→从弹出的列表中选择合适的项目符号或编号。如图 3–33 所示。

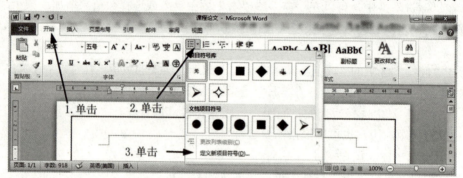

图 3–33 添加项目符号

※ **提示**:在含有项目符号的段落中,按下【Enter】键后会切换到下一段,此时会在下一段自动添加相同格式的项目符号或编号,如果想取消自动添加,可以直接按下【Backspace】键或再次按下【Enter】键。

② 自定义项目符号或编号。

如果在项目符号列表中没有合适的项目符号,可以使用自定义项目符号。其方法如下:

选择要创建为项目符号的段落→选择"开始"卡→单击"段落"组中的"项目符号"钮→从弹出的列表中选择"定义新项目符号"命令→弹出"定义新项目符号"框(如图 3–34 所示)→单击"符号"钮,弹出"符号"框→选择要使用的符号,单击"确定"钮。

添加自定义编号的方法如下:

选择要添加编号的段落→选择"开始"卡→单击"段落"组中的"编号"钮→从弹出的列表中选择"定义新编号"命令→弹出"定义新编号格式"框,在"编号样式"下拉列表中选择相应样式,并设定编号格式和对齐方式,单击"确定"钮。如图 3–35 所示。

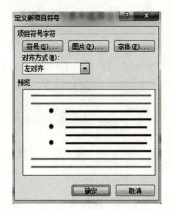 

图 3-34 "定义新项目符号"对话框　　　　图 3-35 "定义新编号格式"对话框

（2）项目符号、编号的删除

选定要删除项目符号的段落→在"项目符号和编号"框中的"项目符号"卡或"编号"卡中→单击其中的"无"按钮即可删除。

4. 边框和底纹的设置

在编辑文档的过程中，可以通过给文字、段落添加边框和底纹的方法来突出重点，增强吸引力。

（1）文本边框和底纹

给文字或段落加边框或底纹，操作方法如下：

选定文本→选择"开始"卡的"段落"组→单击"边框"钮旁边的下拉按钮→从列表中选择"边框和底纹"命令，如图 3-36 所示→弹出如图 3-37（a）所示的对话框→选择"边框"或"底纹"卡，设置相应参数→单击"确定"钮。

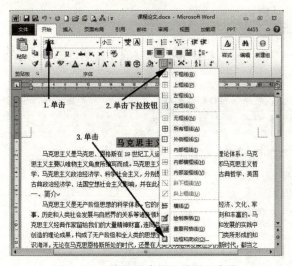

图 3-36 "边框和底纹"设置示意图

※ 提示：在"边框和底纹"框的"底纹"卡中，可以在"图案"中设置样式，在"应用于"列中可以选择"段落"或"文本"选项，若选择"文本"选项，则所设置的效果将只应用于文本。

（2）页面边框

给文档加页面边框，使用"边框和底纹"框中的"页面边框"卡进行设置，或者单击"页面布局"卡的"页面背景"组，选择"页面边框"钮。如图3-37（b）所示。"页面边框"卡大部分选项和"边框"卡相同。图3-37（c）为"底纹"选项卡设置界面。

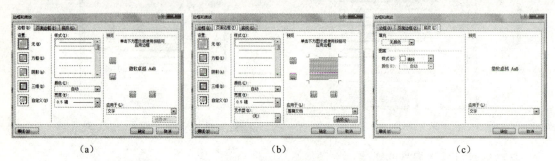

(a)   (b)   (c)

图3-37 "边框和底纹"对话框

(a)"边框"选项卡；(b)"页面边框"选项卡；(c)"底纹"选项卡

例3.6 给"课程论文.docx"添加页面边框。添加黑色边框，宽度为"3磅"。

操作方法：单击"页面布局"卡的"页面背景"组→选择"页面边框"命令→弹出"边框和底纹"框→在"页面边框"卡中的"设置"组中选择"方框"→然后设置颜色为"黑色"，宽度为"3磅"。

5. 插入页眉和页脚

页眉或页脚是在文档中每一页的上端（页眉）或下端（页脚）打印的文字或图形。在页眉或页脚中可以显示页码、章节题目、作者姓名或其他信息。

※ **提示**：只有在页面视图或打印预览中才能看到页眉和页脚，在其他视图方式下，无法显示用户设定的页眉、页脚。

（1）插入页眉和页脚

单击"插入"卡→单击"页眉和页脚"组中的"页眉"钮→在弹出的下拉列表中选择页眉样式。如图3-38所示。

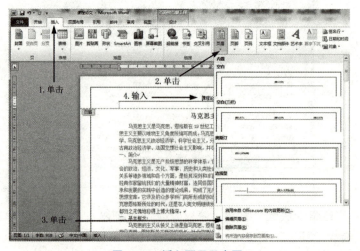

图3-38 插入页眉示意图

创建一个页眉：在页眉编辑区中输入页眉内容，还可以在"开始"卡中的"字体"组中进行格式设置。可在页眉窗口输入文字或图形，也可单击"页眉和页脚"工具栏上的按钮来插入自动图文集、日期、时间或页码。

创建一个页脚：完成页眉内容的编辑后，在"页眉和页脚工具/设计"卡的"导航"组中单击"转至页脚"钮，即可输入页脚内容。

编辑完后，双击文档编辑区的任意位置，或在"页眉和页脚工具/设计"卡的"关闭"组中单击"关闭页眉和页脚"钮，即可退出页眉/页脚编辑状态。

※ 提示：在"页眉和页脚工具/设计"卡的"插入"组中，单击相应按钮，可以在页眉和页脚中插入图片、剪贴画等对象。在"选项"组中，若勾选"奇偶页不同"复，则可以分别对奇偶页设置不同的页眉和页脚；若勾选"首页不同"复，则可以单独对首页设置不同的页眉和页脚。如图 3-39 所示。

图 3-39 "页眉和页脚工具/设计"选项卡

平常看到的书籍中大多是各个章节的页眉和页脚都不相同，而且奇偶页的页眉和页脚也是不同的，需要使用分节符来设置，有关插入分节符的操作见本节后续内容。

（2）删除页眉和页脚

方法一：单击"插入"卡→单击"页眉和页脚"组中的"页眉"钮→在弹出的下拉列表中选择"删除页眉"即可删除页眉。删除页脚的方法与此相同。

方法二：在页眉或页脚处双击，进入页眉或页脚编辑状态，按【Del】或【Backspace】键，可以将不需要的内容删除。

6. 插入页码

如果一篇文档页数比较多，打印出来后顺序容易混淆，可以给文档插入页码以方便排列和阅读。

（1）插入页码

选择"插入"卡→单击"页眉和页脚"组中的"页码"钮→在弹出的下拉列表中选择页码位置。如果要设置页码格式，可以单击下拉列表中的"设置页码格式"选项，如图 3-40所示，在弹出的"页码格式"框中设置页码的相应参数。

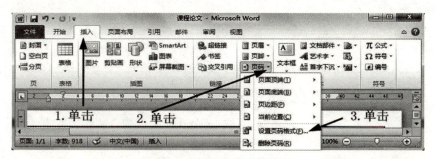

图 3-40 "页码"设置示意图

※ 提示：当文档处于页眉/页脚编辑状态时，也可以插入页码。在"页眉和页脚工具/设计"卡中，通过"页眉和页脚"组也能实现页眉、页脚与页码的插入。若要实现奇偶页添加不同的页码，可以先设置奇偶页不同，再分别对奇偶页添加页码。

在"位置"下拉列表中指定页码出现的位置；在"对齐方式"下拉列表中选择页码对齐的方式；选中"首页显示页码"复，就会在第一页上显示出页码。

(2) 设置页码格式

打开"页码格式"框→在"数字格式"下拉列表中选择页码的格式类型。

如果要改变起始页码，选中"页面编号"区中的"起始页码"单选钮，在"起始页码"框中键入或选择起始页码。

(3) 删除页码

选择"插入"卡→单击"页眉和页脚"组中的"页码"钮→在弹出的下拉列表中选择"删除页码"。也可以双击页码，使页眉和页脚处在编辑状态下，选定页码后，按【Delete】键即可删除。

例 3.7 对"课程论文.docx"文档添加页眉和页脚。在"课程论文.docx"文档中添加页眉"课程论文"，并在页脚添加页码和页数，样式为"第 1 页 共 1 页"，并居中显示。

操作步骤：

选择"插入"卡→单击"页眉和页脚"组中的"页眉"钮→输入"课程论文"；

选择"插入"卡→单击"页眉和页脚"组中的"页码"钮→选择"页面底端"项→在"X/Y"中选择"加粗显示的数字 1"项→分别在合适位置输入"第 页 共 页"→单击"开始"卡→单击"段落"组的"居中"按钮。

7. 插入分节符、分页符和分栏

(1) 分节符

Word 2010 使用分节符分隔同一文档中不同的格式部分。事实上，大多数的文档只有一节。只有需要在同一文档中应用不同的节格式时，才需要创建包含多个节的文档。

- 改变页边距、纸型和方向。
- 改变页的栏数。
- 改变页码的编号、格式和位置。
- 改变页眉和页脚的内容和位置。

① 在文档中插入分节符。

将插入点移动到需要插入分节符的位置→选择"页面布局"卡→"页面设置"组→单击"分隔符"下拉列表。如图 3-41 所示。

在下拉列表中的"分节符"区域中选定所要的分节符类型，各类型的含义如下：

● 下一页：Word 从另起一页开始分节，分节符后的文本从新的一页开始。

● 连续：Word 在当前插入点位置设置一个分节符，但分节后文本仍在同一页上。在设置分栏格式时，常需采用该分节符。

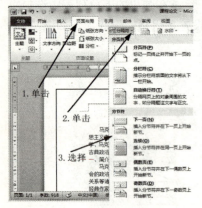

图 3-41 分隔符下拉列表

● 偶数页：分节后的文本从偶数页开始，如果该分节符已在一个偶数页上，则其下面的奇数页为空白页。

● 奇数页：分节后的文本从奇数页开始，如果该分节符已在一个奇数页上，则其下面的偶数页为空白页。

② 删除分节符。

如果在页面视图中看不到分节符，单击"文件"卡中的"选项"命令→在"显示"卡中在"始终在屏幕上显示这些格式标记"区域→选中"显示所有格式标记"复，并单击"确定"钮→返回文档，选定所需分节符→按【Delete】键。

（2）分页符

分页则是将文档中的某一部分分成两页，如果不插入分页符，则 Word 自动会在一页占满之后换到下一页上，而为了某些排版格式的需要（如不能将表格断开），则强制 Word 进行分页。分页符之后的内容为新的一页的开始。

将插入点移到需要设置分页的位置→选择"页面布局"卡→执行"分隔符"命令→弹出"分隔符"框→在"分隔符类型"区域中选择"分页符"。

（3）分栏

多栏编辑是一种常用的文档编排格式，在报纸杂志中都要用到多栏编排。在 Word 2010 中，可以把整个或部分文档设置为多栏版的格式，并可随意调整各栏的宽度和分栏位置。

① 创建分栏。

选择要进行分栏的文字→选择"页面布局"卡的"页面设置"组→单击"分栏"钮，如图 3-42 所示→从打开的菜单中选择"更多分栏"命令→弹出"分栏"框，如图 3-43 所示→在"预设"区中单击想要的分栏格式，或在"栏数"框中键入栏数，或根据需要选择"分隔线"复→单击"确定"钮。

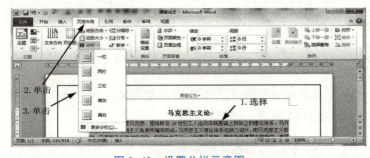

图 3-42 设置分栏示意图

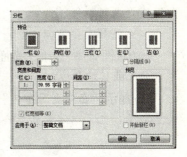

图 3-43 "分栏"对话框

② 修改分栏格式。

把光标移到要修改的分栏处→选择"页面布局"卡的"页面设置"组→单击"分栏"钮→从打开的菜单中选择"更多分栏"命令→在"预设"区中单击想要改变到的格式→在"栏宽和间距"框中键入或选择合适的宽度和间距值。

③ 取消分栏。

选择"页面布局"卡的"页面设置"组→单击"分栏"钮→从打开的菜单中选择"更多分栏"命令→在"预设"区中选择"一栏"，如图 3-43 所示。

3.2.4 页面布局设置与打印

【提要】

本节介绍页面布局的设置及打印操作,主要包括:
- 页面设置方法
- 打印预览及打印方法

1. 页面设置

Word 2010 中页面设置主要是对页边距、纸型和文档网格等内容进行设置,页边距、纸张大小和方向限制了可用的文本区域。

※ **提示**:文本区域的宽度是纸的宽度减去左、右边距的宽度;文本区域的高度是纸的高度减去上、下边距的高度。

(1)设置纸张大小和方向

在"页面布局"卡的"页面设置"组中→单击"纸张大小"钮→从打开的菜单中选择纸张大小。

(2)设置页边距

页边距指的是文本中可输出文字部分与纸张边缘的距离,Word 为每种模板都提供了默认的页边距,可以使用标尺或页面设置对话框来改变文本的页边距。

方法一:在"页面布局"卡的"页面设置"组中→单击"页边距"钮→从打开的菜单中选择页面边距。

方法二:使用标尺调整页边距。在页面视图中,通过在水平标尺和垂直标尺上拖动页边距线来设置新的页边距。当鼠标光标变为双箭头时,可以拖动页边距线。

(3)选择纸张方向

在"页面布局"卡的"页面设置"组中→单击"纸张方向"钮→从打开的菜单中选择"横向"或"纵向"命令。

(4)选择文字方向

在"页面布局"卡的"页面设置"组中→单击"文字方向"钮→从打开的菜单中选择"水平"命令或其他命令。

※ **提示**:在"页面布局"卡的"页面设置"组中,单击对话框启动按钮,打开"页面设置"框,也可以设置页面格式。如图 3-44 所示。

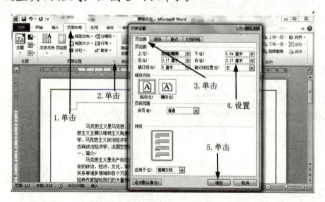

图 3-44 "页面设置"对话框

例3.8 "课程论文.docx"的页面设置。将"课程论文"页面设置为:页边距上、下、左、右均为2厘米,16 K 纸型。

操作方法:在"页面布局"卡的"页面设置"组中→单击对话框启动按钮→打开"页面设置"框→设置上、下、左、右页边距为"2厘米"→选择"纸张"选项卡→选择纸张大小为"16 K"。

2. 打印预览

一般在打印之前先预览一下打印的内容。

选择"文件"卡中的"打印"命令→在最右侧窗格中出现文档的预览效果,如图 3–45 所示。如果对文档中的某些地方不满意,可以重新返回到编辑状态下进行修改。

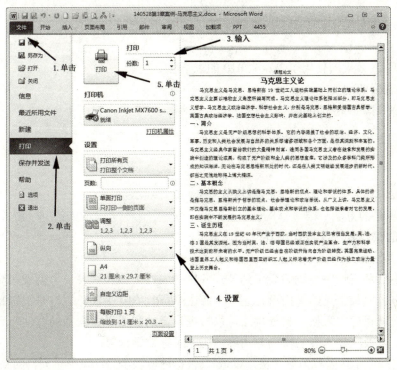

图 3–45 文档的预览效果

※ **提示**:在打印预览时,可以通过窗口右下角的显示比例调节工具调节预览效果的显示比例,以便能更清楚地查看到文档的预览效果。

3. 打印

如果确认文档的内容和格式都没有问题,则可以开始打印文档了。

选择"文件"卡→执行"打印"命令→在中间窗格的"份数"微调框中设置打印份数→在"页数"上方的下拉列表框中设置打印范围→单击中间窗格的"打印"钮进行打印。

其中打印范围可以选择以下区域中的一项:

- "打印所有页":打印整个文档。
- "打印所选内容":打印选定的内容(若没有选定内容,该项呈暗淡色)。
- "打印当前页面":打印光标所在页。
- "打印自定义范围":按指定的页码打印,键入页码可用逗号或连字符分隔。每两个页码之间加一个半角的逗号,连续的页码之间加一个半角的连字符。

3.3 子案例二：课程论文的表格制作

子案例二的效果图如图 3-46 所示。

经典著作表

时间	著作名称	备注
1845—1846 年	《德意志意识形态》	与恩格斯合著
1845 年	《关于费尔巴哈的提纲》	
1848 年	《共产党宣言》	
1867 年	《资本论》	
1878 年	《反杜林论》	

图 3-46　课程论文中表格的输入效果

完成图 3-46 效果图使用了 Word 2010 的以下主要功能：
➢ Word 表格的创建
➢ 表格的编辑及格式设置

表格的制作与使用

【提要】

本节介绍表格的基本操作，主要包括：
➢ 创建表格的方法
➢ 表格的编辑方法及格式设置

1. 创建表格

在日常生活和工作中，我们会用到各式各样的表格，如课程表、考勤表和简历表等。表格也是日常办公时最常见的文档形式之一，而在 Word 2010 中制作表格是很容易的，只要给定行数和列数就可建立表格。另外，还可以根据自己的需要设置表格的宽度和底纹、格线的颜色和粗细，以及表格内容的排列方式等，还能进行数学计算。

表格中的每个小格子称为单元格，Word 会根据内容多少自动调整单元格的高度。在 Word 2010 中有多种创建表格的方法，灵活运用这些方法，可以快速地在文档中创建满足要求的表格。

（1）利用"插入表格"按钮创建表格

定位插入点→单击"插入"卡→单击"表格"组中的"表格"钮→在弹出的下拉列表中，将光标移到指标选项框中，此时鼠标移动过的区域呈橘红色显示，在模型表的单元格中拖动以选择所需的行数和列数→待表格到达需要的大小时释放鼠标即可。如图 3-47 所示。

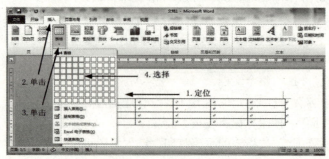

图 3-47　利用"插入表格"按钮创建表格示意图

※ **提示**：使用插入表格按钮创建表格的方法比较简单，但有一定的局限性，插入的表格最多为 8 行 10 列的表格，所以只限于插入行、列比较少的表格。如果想创建更多行、列的表格，可以使用其他方法。

（2）利用"插入表格"对话框

定位插入点→单击"插入"卡→单击"表格"组中的"表格"钮→在弹出的下拉列表中选择"插入表格"命令，如图 3-48（a）所示→弹出"插入表格"框→在列数微调框和行数微调框中设置列数和行数→单击"确定"钮，如图 3-48（b）所示。

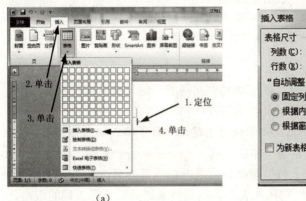 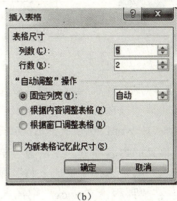

（a）　　　　　　　　　　　　　　　（b）

图 3-48　创建表格方法示例

（a）"插入表格"按钮；（b）"插入表格"对话框

（3）手动绘制表格

使用手动的方式绘制表格，可以绘制出任意不规则的表格。

定位插入点→单击"插入"卡→单击"表格"组中的"表格"钮→在弹出的下拉列表中选择"绘制表格"命令→当鼠标光标在编辑区呈铅笔状时，按住鼠标左键拖动以绘制表格的外框→在表格的任意位置绘制表格的行和列，如图 3-49 所示。

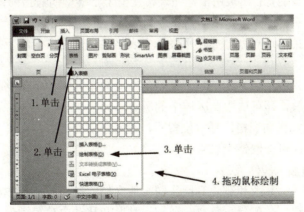

图 3-49　手动绘制表格示意图

擦除工具的使用：单击"绘图边框"组中的"擦除"钮→鼠标光标变成一个橡皮形状→把鼠标光标移到要擦除线的一个顶点→按住鼠标左键向另一顶点拖动→该边框线将被粗线所包围→松开鼠标左键该线即消失。如图 3-50 所示。

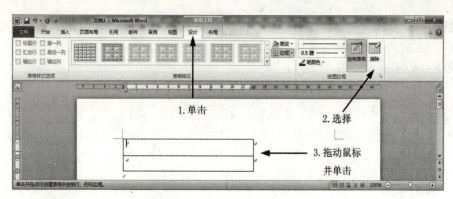

图 3-50 "绘图边框"组擦除

（4）绘制斜线表头

使用手动绘制斜线表头时，将光标拖动到单元格的一角，然后按住鼠标左键不放，沿着对角线的方向移动鼠标，可以绘制出表格的斜线。

※ 提示：在 Word 2010 中，还提供了快速创建设置好了格式的表格供用户使用，用户只需要修改表格里的内容即可。方法为：单击"插入"卡→单击"表格"组中的"表格"钮→在弹出的下拉列表中选择"快速表格"命令，在展开的子菜单中选择一种样式。

例 3.9 在"课程论文.docx"中插入表格。在文档末尾插入 6 行 3 列的表格。

操作方法：选择插入点→单击"插入"卡→单击"表格"组中的"表格"钮→在弹出的下拉列表中选择"插入表格"命令→拖动鼠标选择 6 行 3 列的表格即可。

2. 编辑表格

（1）表格的选定操作

● 选定一个单元格：将鼠标光标移到该单元格首字符的左边，此时鼠标光标变为向右指的箭头时，单击鼠标即可选定该单元格；在要选定的单元格之间拖动鼠标以选定多个单元格。

● 选定一行或多行：将鼠标光标移动到表格的左侧（即文本选定栏处），单击鼠标即可选中右指向的箭头所指的行；如果用鼠标在表格左侧上下移动向右指的箭头，就可选定多行。

● 选定一列或多列：将鼠标光标移到表格的顶部，当鼠标光标变成一个向下的黑箭头时，单击即可选中箭头所指的这一列；如果用鼠标在表格的顶部左右拖动下指向箭头，就可选定多列。

● 选定矩形区域：在所要选定的矩形区域的左上角单元格处单击并拖动到所要选定区域的右下角单元格后释放，即可选中此区域中的所有单元格。

● 选定表格：鼠标指向表格内任意位置后，在表格的左上方出现了一个移动标记时，在这个标记上单击鼠标即可选取整个表格。

（2）表格内容的输入和修改

对表格内容的输入、修改和删除等操作同一般文档的操作方法基本相同，用户可以用一般文档中的方法进行选定、删除、复制、剪切、粘贴和移动内容等操作。这里要说明的是，删除操作（包括剪切命令）仅仅是删除表格中的内容，而不会改变表格的形状。

（3）表格的插入和删除操作

① 插入行。

选定一行或多行→单击"布局"卡的"行和列"组中的"在下方插入"或"在上方插入"

钮(如图3-51所示),即可插入行。

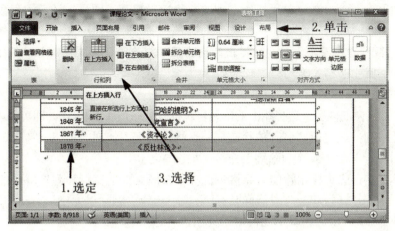

图3-51 插入行示意图

※ 提示：如果在表格最后增加一行,可在表格底行的最后一个单元格处按【Tab】键,或把光标定位到表格最后一行的最右边的回车符前面,然后按一下回车,就可以在最后面插入一行单元格。

② 插入列。

选定一列或多列→单击"布局"卡的"行和列"组中的"在左侧插入"或"在右侧插入"钮,即可插入列。

③ 插入单元格。

选定一个或多个单元格→单击"布局"卡的"行和列"组中的对话框启动器→弹出"插入单元格"框,如图3-52所示。

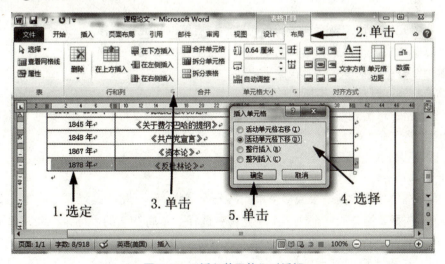

图3-52 "插入单元格"对话框

- 活动单元格右移：在选定单元格的左边插入新单元格,而所在单元格将右移。
- 活动单元格下移：在选定单元格之上插入新单元格,而所在单元格将下移。
- 整行插入：在含有选定单元格所在行之上插入整行,插入的行数为所选单元格所占的行数,即插入的行数可能不止一行。
- 整列插入:在含有选定单元格所在列的左边插入整列,同样,插入的列数为所选单元格所占的列数,即插入的列数可能不止一列。

※ 提示:鼠标右击某单元格,从弹出的快捷菜单中选择"插入"命令,在打开的子菜单中选择相应命令也可以插入单元格、行和列。

④ 删除操作。
- 删除单元格内的内容:选择相应的单元格、行或列→按【Del】键,即可将内容删除。
- 删除行或列:选定所要删除的行或列→选择"布局"卡的"行和列"组中的"删除"钮→选择"删除行"命令或"删除列"命令。如图3-53所示。
- 删除单元格:选定要删除的单元格→选择"布局"卡的"行和列"组中的"删除"钮(或在单元格中单击鼠标右键,在打开的快捷菜单中选择"删除单元格")→打开"删除单元格"框。如图3-54所示。删除单元格对话框中包含四个选项:

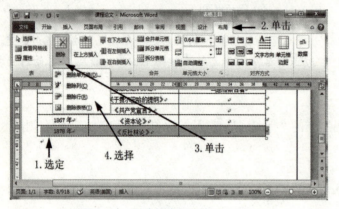
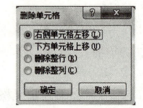

图3-53 删除行或列示意图　　　　图3-54 "删除单元格"对话框

◇ 右侧单元格左移:删除选择的单元格,将右侧的单元格左移。
◇ 下方单元格上移:删除选择的单元格,将下方的单元格上移。
◇ 删除整行:删除单元格所在的行。
◇ 删除整列:删除单元格所在的列。
- 删除表格:单击表格的任意位置→选择"布局"卡的"行和列"组中的"删除"钮→选择"删除表格"命令。

(4) 拆分和合并单元格
① 拆分单元格。
拆分单元格是将所选的一个或多个单元格分为一些小单元格。其操作方法有以下几种:
方法一:选择要拆分的一个或多个单元格→选择"布局"卡的"合并"组→单击"拆分单元格"钮→打开"拆分单元格"框→键入或选定拆分后的行数和列数→单击"确定"钮。
方法二:在单元格中单击鼠标右键→选择"拆分单元格"命令→打开"拆分单元格"框→键入或选定拆分后的格数→单击"确定"钮。如图3-55所示。
② 合并单元格。
合并单元格是将多个单元格合并为一个单元格。其操作方法有以下几种:

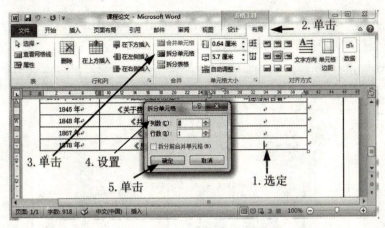

图 3-55 "拆分单元格"对话框

方法一：选择所要合并的单元格→选择"布局"卡的"合并"组→单击"合并单元格"命令。如图 3-56 所示。

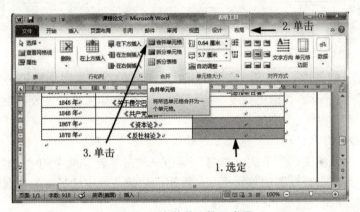

图 3-56 合并单元格示意图

方法二：选择所要合并的单元格→右击鼠标，从弹出的快捷菜单中选择"合并单元格"命令。

※ 提示：将单元格合并之后，被合并单元格中文本变成多个文本段落，但仍保持原来的排版格式。

（5）表格的拆分

Word 2010 除了拆分单元格外，还可以拆分表格，将表格拆分成上下两个表格。

将光标插入到要拆分的位置→单击"布局"卡的"合并"组→单击"拆分表格"钮，这时原表格已经被拆分成上下两个表格了。

3. 表格的格式设置

（1）改变表格的行高和列宽

Word 2010 在创建表格时，使用的是缺省的大小设置。用户也可以根据需要调整表格的高度和宽度。

① 用命令调整行高和列宽。

● 调整行高：单击"布局"卡的"单元格大小"组的对话框启动按钮→打开"表格属性"

框→选择"行"卡→设置"指定高度"和"行高值是"。如果还要调整其他行，则单击"上一行"或"下一行"钮。如图3–57所示。

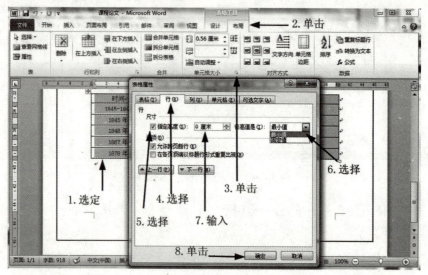

图3–57 "表格属性"对话框的"行"选项卡

● 调整列宽：单击"布局"卡的"单元格大小"组的对话框启动按钮→打开"表格属性"框→选择"行"卡→设置"指定宽度"和"列宽单位"。如果还要调整其他列，则单击"上一列"或"下一列"钮。

※ 提示：打开"表格属性"框还可以通过以下方法实现。

方法一：在"表格工具"下的"布局"组中→单击"表"组中的"属性"钮。

方法二：鼠标右击要设置的单元格，从弹出的快捷菜单中选择"表格属性"命令。

② 用鼠标拖动调整行高和列宽。

● 调整行高：单击表格行的下框线→鼠标光标成为上下指向的箭头，中间夹着两条小横线→按住鼠标左键上下拖动即可调整行高。

● 调整列宽：单击表格列的左或右框线→鼠标光标成为左右指向的箭头，中间夹着两条小竖线→按住鼠标左键左右拖动即可调整列宽。

● 调整表格大小：把鼠标光标放在表格右下角的一个小正方形上→鼠标光标就变成了一个拖动标记→按下左键拖动鼠标→改变整个表格的大小（拖动的同时表格中的单元格的大小也在自动地调整）。

③ 使用键入数值调整行高和列宽。

光标定位在某单元格→单击"布局"卡的"单元格大小"组→在"表格行高"和"表格列宽"中分别输入行高和列宽值。

④ 表格自动调整的方式。

选择"布局"卡→单击"单元格大小"组→"自动调整"命令；或在表格中单击右键→单击快捷菜单中的"自动调整"命令。出现的选项如下：

● 根据内容调整表格：自动调整选择列的宽度，以容纳该列中最长内容的单元格高度。

● 根据窗口调整表格：表格自动充满了Word的整个窗口。

- 固定列宽：根据窗口调整表格列。

如果需要平均分布各行或各列，选中需要调整的行或列→选择"布局"卡→单击"单元格大小"组→"分布行"或"分布列"命令。

- 分布行：单元格的高度一致，自动调整到了相同的高度。
- 分布列：单元格的宽度一致，自动调整到了相同的宽度。

（2）设置表格的排列方式

表格的排列方式包含表格整体的对齐方式和局部单元格的对齐方式。

设置表格对齐方式的方法如下：

将插入点置于表格的任一单元格内→选择"布局"卡的"表"组→单击"属性"钮→出现"表格属性"框→单击"表格"卡→在"对齐方式"列表中选择"左对齐"、"居中"、"右对齐"中的一种→在"文字环绕"项中选择"无"或"环绕"。

设置单元格对齐方式的方法如下：

选定要设置对齐方式的单元格→选择"布局"卡的"对齐方式"组→选择某一种对齐方式。

（3）添加边框和底纹

给表格或单元格添加边框和底纹的方法如下：

① 使用选项卡添加边框和底纹。

- 单击表格或单元格→选择"设计"卡的"表格样式"组→单击"边框"钮旁边的下拉按钮→从列表中选择"边框和底纹"命令→从弹出的对话框中单击"边框"卡→设置边框的线型、颜色和宽度→单击"预览"框中相应的边框按钮即可做到表格边框修饰。如图3-58所示。

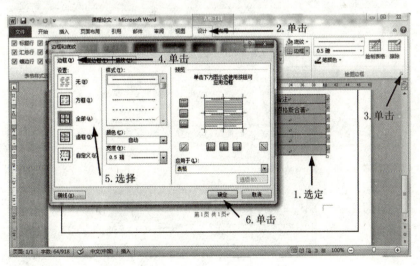

图3-58　使用选项卡添加边框

- 单击"底纹"卡→设置填充色和图案"样式"。如图3-59所示。

② 使用快捷菜单添加边框和底纹。

选定要设置的表格或单元格→右击鼠标，从弹出的快捷菜单中选择"边框和底纹"命令→设置好后单击"确定"钮即可。

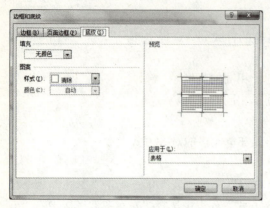

图 3-59 "底纹"选项卡

(4) 表格与文本的互换

① 表格转换成文本。

选中要转换的表格→选择"布局"卡的"数据"组→单击"转换为文本"钮→打开"表格转换成文本"框→在对话框中设置文字分隔符,单击"确定"钮。如图 3-60 所示。

② 文本转换成表格。

选中要转换的文本→选择"插入"卡的"表"组→单击"表格"钮→从打开的菜单中选择"文本转换成表格"命令→弹出"文本转换成表格"框→在对话框中设置表格尺寸、"自动调整"操作及文本分隔位置等内容,单击"确定"钮。如图 3-61 所示。

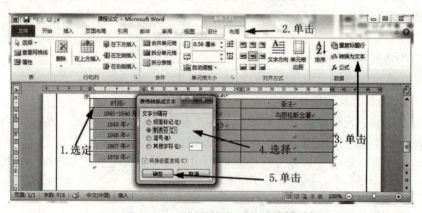

图 3-60 表格转换成文本示意图

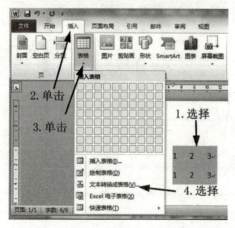

图 3-61 文本转换成表格示意图

4. 表格中公式的计算和复制

(1) 公式的计算

采用公式计算时,将光标定位于要求存放结果的单元格中,单击"布局"卡→"数据"组→"公式"命令,在公式对话框中输入公式,单击"确定"即可。

其中，公式以"="开头，由运算符、函数、常量组成。并且，公式中必须使用半角符号。函数由函数名和参数构成，格式：函数名（参数），函数名包含在粘贴函数的下拉列表中，参数为运算对象，Word 表格中单元格的命名是由单元格所在的列行序号组合而成。列号在前，行号在后。如第 3 列第 2 行的单元格名为 C2。其中字母大小写通用，使用方法与 Excel 中相同。

在求和公式中默认会出现"LEFT"或"ABOVE"，它们分别表示对公式域所在单元格的左侧连续单元格和上面连续单元格内的数据进行计算。

（2）公式的复制

选中包含有公式的单元格→右键选择"复制"命令→将光标定位在目标单元格处→选择"粘贴"命令。

5. 表格中单元格的排序

选中需要排序的单元格→单击菜单栏中"表格"→"排序"命令，在排序对话框中选择排序关键字、排序次序→单击"确定"钮。

例 3.10 给文档"课程论文.docx"插入简单表格"经典著作表"，操作结果如表 3–2 所示。设置外边框线加粗 1.5 磅，所有单元格居中显示。

表 3–2 经典著作表

时间	著作名称	备注
1845—1846 年	《德意志意识形态》	与恩格斯合著
1845 年	《关于费尔巴哈的提纲》	
1848 年	《共产党宣言》	
1867 年	《资本论》	
1878 年	《反杜林论》	

操作方法：

① 将光标移到要建立表格的位置→选择"插入"卡→选择"表格"组的"表格"下拉列表→"插入表格"命令→在"插入表格"框中选择表格的行、列数→单击"确定"钮。

② 给表格输入表 3–4 所示的文本内容→调整表格的行高、列宽→调整表格在文档中的位置。

③ 选择表格→"表格工具设计"卡→"绘图边框"组中选择"笔画粗细"为 1.5 磅→"边框"列→"外侧框线"项。

④ 选择表格→单击右键→选择"单元格对齐方式"为"居中对齐"。

3.4 子案例三：课程论文的图文编排

子案例三的效果图如图 3–62 所示。

完成图 3–62 效果图使用了 Word 2010 的以下主要功能：

➢ Word 插入图形图片
➢ 编排图形图片的方法

课程论文

马克思主义论

马克思主义是在马克思、恩格斯 19 世纪工人运动实践基础上而创立的理论体系。马克思主义主要以唯物主义角度所编写而成。马克思主义理论体系包括三部分,即马克思主义哲学、马克思主义政治经济学、科学社会主义,分别是马克思、恩格斯受德国古典哲学、英国古典政治经济学、法国空想社会主义影响,并在此基础上创立的。

一、简介

马克思主义是无产阶级思想的科学体系。它的内容涵盖了社会的政治、经济、文化、军事、历史和人类社会发展与自然界的关系等诸多领域和各个方面,是极其深刻和丰富的。马克思主义经典作家留给我们大量的精神财富,连同各国马克思主义者在继承和发展的实践中创造的理论成果,构成了无产阶级和全人类的思想宝库。它涉及的众多学科门类所形成的知识海洋,无论在马克思、恩格斯所处的时代,还是在人类文明继续发展进步的新时代,都当之无愧地称得上博大精深。

马克思

图 3-62 课程论文的图文编排效果

3.4.1 文本框的添加

【提要】

本节介绍文本框的基本操作,主要包括:

➢ 插入文本框的方法

➢ 设置文本框格式

1. 插入文本框

在 Word 2010 文档中的任意位置插入文本,可以通过文本框实现。通常情况下,可以使用文本框在图形或图片上插入注释或说明性文字。插入文本框有两种情形:

(1) 插入内置文本框

在 Word 2010 中提供了丰富的内置文本框模板,用户可以根据需要进行选择。

单击"插入"卡下的"文本框"钮→从打开的列表中选择需要的文本框样式→在文本框中单击鼠标,即可输入文本内容。如图 3-63 所示。

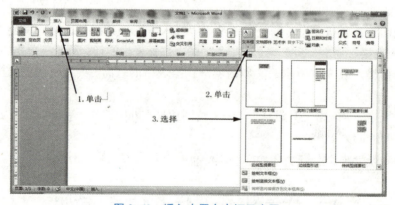

图 3-63 插入内置文本框示意图

(2) 手动绘制文本框

单击"插入"卡下的"形状"钮→从打开的菜单中选择"文本框"钮,如图 3-64 所示→在文档中按下鼠标左键不放并拖动,插入文本框→松开鼠标即可插入一个空文本框→在空的文本框内可绘制图形、插入图片和插入文本等。

2. 设置文本框格式

文本框具有图形属性，可以像使用图形一样使用文本框。

（1）设置形状样式

单击文本框→选择"格式"卡的"形状样式"组→单击"其他"钮→从打开的列表中选择合适的形状样式。

（2）设置文字效果

选中文本框中的文本→选择"格式"卡的"艺术字样式"组→单击"文字效果"钮旁的下拉按钮→从打开的列表中选择合适的文字效果。

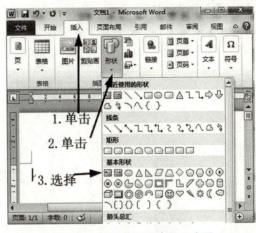

图 3-64　手动绘制文本框示意图

（3）设置形状填充

单击文本框→选择"格式"卡的"形状样式"组→单击"形状填充"钮旁的下拉按钮→从打开的列表中选择合适的形状填充效果。

（4）设置文本的对齐方式

单击文本框→选择"格式"卡的"文本"组→单击"对齐文本"钮旁的下拉按钮→从打开的列表中选择合适的对齐方式。

※ 提示：设置文本框格式也可以通过对话框来实现。

选中文本框，单击右键→从弹出的菜单中选择"设置形状格式"命令→弹出"设置形状格式"框→从左侧的导航中选择某选项，在右侧窗格中设置相应参数即可。

3.4.2　图形与图片的添加

【提要】

本节介绍图形与图片的添加与编排操作，主要包括：
➢ 插入图形图片和编排图形图片的方法

1. 插入图形图片

在 Word 2010 文档中，用户可以插入各种各样的插图以达到图文并茂的效果。在剪辑库中包含自带的图片集，用户可以很方便地插入到文档中，也可以插入由其他程序创建的图片，Word 2010 还提供了许多新的绘图工具和功能。

（1）插入图片

光标定位到要插入图片的位置→单击"插入"卡的"图片"钮→弹出"插入图片"框→选中需要的图片→单击"插入"钮。如图 3-65 所示。

（2）插入剪贴画

定位插入点→单击"插入"卡→选择"剪贴画"钮→在"剪贴画"窗格的"搜索文字"文本框中输入图片关键词，选定搜索范围→找到自己想要的图片→单击弹出图片上的下拉列表按钮→选择"插入"命令。如图 3-66 所示。

（3）插入形状图形

Word 2010 提供了绘制图形的功能，包含 100 多种能够任意改变形状的自选图形。利用这一功能，可以绘制出线条、矩形、星形和旗帜形等形状图形。还可利用多种颜色过渡、纹理、图案以及图形作为填充效果，以及利用阴影和三维效果装饰图形。

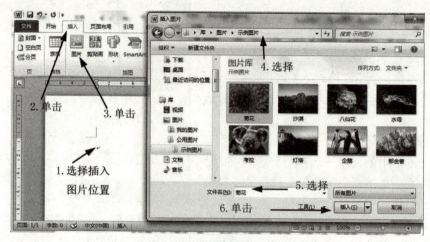

图 3-65　插入图片示意图

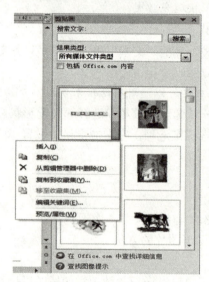

图 3-66　插入剪贴画

操作方法：定位插入点→单击"插入"卡→选择"插图"组中的"形状"钮→从打开的菜单中选择需要的形状→当鼠标光标变成十字形时，在文档中按住鼠标左键不放并拖动鼠标，即可插入形状图形。

绘制圆形和正方形：单击椭圆形或长方形→按住【Shift】键→把鼠标光标移到要绘制的位置→按住鼠标左键拖拉。

※ 提示：在单击"插入"卡的"形状"钮后，如果需要连续使用某一种绘图工具，可以在弹出的下拉列表中，右击某种绘图工具，选择"锁定绘图模式"。如果想取消这一选择，按【Esc】键即可。

（4）插入屏幕截图

"屏幕截图"是 Word 2010 的新增功能，利用这一功能，可以快速地将随意截取的图片插入到文档中。

① 截取窗口。

定位插入点→单击"插入"卡→单击"插图"组的"屏幕截图"钮→在弹出的下拉列表的"可用视窗"栏中单击某个要插入的窗口图。

② 截取区域。

定位插入点→单击"插入"卡→单击"插图"组的"屏幕截图"钮→在弹出的下拉列表中选择"屏幕剪辑"选项→此时当前窗口自动缩小，屏幕被冻结，按住鼠标左键并拖动形成矩形区域→松开左键，插入截取的图片。

※ 提示：当截取屏幕截图时，选择"屏幕剪辑"选项后，屏幕中显示的内容时打开当前文档之前所打开的窗口。

（5）插入 SmartArt 图形

SmartArt 图形是 Word 2010 的新增功能，使用 SmartArt 图形可以从视觉上将信息更直观地表达出来。

定位插入点→单击"插入"卡→单击"插图"组的"SmartArt"钮→从弹出的对话框中选择某一选项（如图 3-67 所示）→在中间窗格中选择需要的图表→在"文本窗格"中输入文字。如图 3-68 所示。

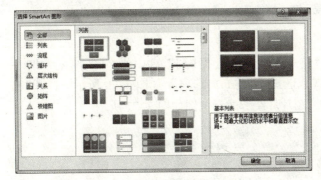

图 3-67 "选择 SmartArt 图形"对话框

图 3-68 插入 SmartArt 图形

如果需要继续添加形状，选择要添加形状的位置→"设计"卡→"创建图形"组→单击"添加形状"钮旁边的下拉按钮→从列表中选择"在后面添加形状"命令。

例 3.11 在"课程论文.docx"文档第二段文字中插入"马克思"图片。

操作方法：光标定位到第二段→单击"插入"卡的"图片"钮→弹出"插入图片"框→选中"马克思"图片→单击"插入"钮。

2. 编排图形图片

当图片插入到文档中后，可以对图片进行编辑，如修改图片大小和环绕方式等。

（1）修改图片大小

当选择了图形时，在其拐角和沿着选定矩形的边界会出现尺寸控点，可通过拖动图片的尺寸控点来调整图片的大小，也可以按图片指定的长、宽百分比来精确地调整其大小。

① 通过拖动尺寸控点调整图形的大小。

选定需要调整大小的图形，拖动尺寸控点，直到所需的形状和大小为止。

② 按指定尺寸或比例调整图形的大小。

方法一：选中图片，单击右键，从弹出的快捷菜单中调整图片的尺寸。

方法二：选中图片→单击"格式"卡下的"大小"命令右侧的按钮→弹出"布局"框→单击"大小"卡→选中"锁定纵横比"和"相对原始图片大小"复，设置缩放比例→单击"确定"钮。如图 3-69 所示。

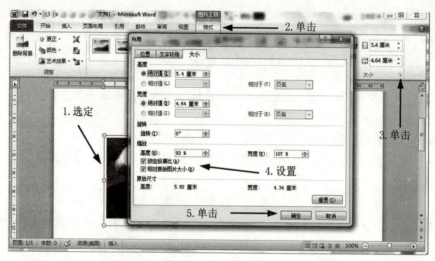

图 3-69 "布局"对话框的"大小"选项卡

（2）修改环绕方式

选中图片→单击"图片工具"下的"格式"卡→单击"排列"组中的"自动换行"钮→在弹出的下拉菜单中选择所要的环绕方式或选择"其他布局选项"，如图 3-70 所示→打开"布局"框，从"文字环绕"卡中进行选择。图片环绕方式示例图如图 3-71 所示。

图 3-70 设置环绕方式

（3）裁剪图片

裁剪图片是指保持图片的大小不变，裁剪操作是隐藏图片的某些部分或在图片周围增加空白区域。

① 剪裁图片：选定需裁剪的图片→单击"格式"卡→单击"大小"组的"裁剪"钮→在尺寸控点上定位裁剪工具→内外拖动即可改变图片大小。

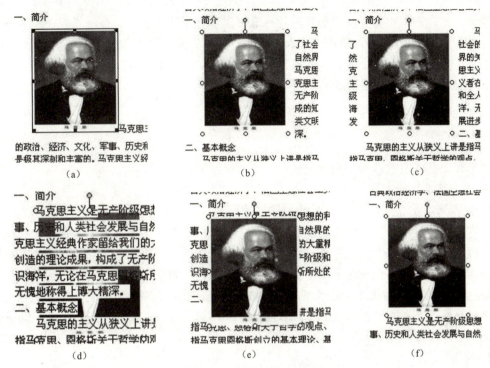

图 3-71 图片环绕方式示例图

(a) 嵌入型；(b) 四周型环绕；(c) 紧密型环绕；(d) 衬于文字下方；(e) 浮于文字上方；(f) 上下型环绕

② 精确裁剪图片：选定需裁剪的图片→单击"格式"卡→单击"大小"组的"功能扩展"钮→在弹出的"设置图片格式"框中，单击"图片"卡→在"裁剪"区的"左"、"右"、"上"、"下"框中键入或选择尺寸值（输入正数表示在图片相应位置裁剪的尺寸，输入负数表示在图片相应位置增加空白尺寸，0 表示不裁剪）→单击"确定"钮。

③ 恢复裁剪过的图片：选定要恢复裁剪的图片→在"设置图片格式"框中，单击"图片"卡中的"重新设置"钮即可。

(4) 组合图形对象或取消组合

组合图形是指将多个图形对象组合成一个图形对象进行处理。组合图形对象可以作为一个整体进行移动、旋转、翻转、调整大小或缩放操作。

按住【Shift】键选定多个图形对象→右击组合对象→从快捷菜单中选择"组合"菜单项→选择"组合"命令。如图 3-72 所示。

将多个图形组合之后，发现还需对其中的一个图形单独修改，则要取消组合对象，右击组合对象，从快捷菜单中选择"组合"菜单项中的"取消组合"命令。

当对某个图形修改之后，只需单击以前组合过的一个图形对象，然后右击组合对象，从快捷菜单中选择"组合"菜单项中的"重新组合"命令。

例 3.12 将"课程论文.docx"中的"马克思"图片设置为"四周型环绕"，并在图片下插入无轮廓的横排文本框，输入"马克思"。

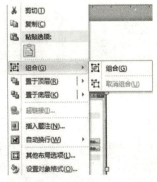

图 3-72 "组合"命令

操作方法：右键单击"马克思"图片→选择"设置图片格式"命令→"版式"卡→选择环绕方式为"四周型环绕"，单击"插入"卡→"文本"组→"文本框"列→"简单文本框"项→输入"马克思"→"绘图工具格式"卡→"形状样式"组→"形状轮廓"列→"无轮廓"项→调整文本框的大小并拖动到图片下方。

3.4.3 艺术字的添加

【提要】

本节介绍艺术字的添加，主要包括：
➢ 添加艺术字的方法

1. 插入艺术字

艺术字是一种具有特殊效果的文字，使用它可以在单调的文本上增加良好的艺术效果。

定位插入点→选择"插入"卡→单击"文本"组中的"艺术字"钮→从弹出的下拉列表中选择需要的艺术字样式→在艺术字文本框中输入内容。如图3-73所示。

※ 提示：在默认情况下，艺术字文本的格式与光标插入点所在位置的文本格式相同，如果需要修改格式，先选中艺术字文本，单击"开始"卡，在"字体"组或"段落"组中设置其字体、字号及段落效果。

2. 编辑艺术字

在文档中插入艺术字后，可以对其设置文本格式和形状格式以达到更加醒人的效果。

（1）设置文本格式

选择需要编辑的艺术字→"格式"卡→单击"艺术字样式"的"功能扩展"钮→弹出"设置文本效果格式"框。如图3-74所示，可使用该对话框提供的各种命令选项，对创建的艺术字进行进一步的艺术修饰。

图3-73 插入艺术字　　　　图3-74 "设置文本效果格式"对话框

（2）设置形状格式

选择需要编辑的艺术字→"格式"卡→单击"形状样式"的"功能扩展"钮→弹出"设置形状格式"框。

除了上述艺术字形设计外，还可利用格式卡中的其他功能组进行文本对齐、文字方向调整、旋转变形设置等操作，从而设计出形状各异、造型美观的字形。

3.4.4 页面背景的设置

【提要】

本节介绍页面背景的设置，主要包括：
➢ 设置页面背景的方法

页面背景设置包括添加页面边框、页面颜色以及水印效果等。对页面背景进行设置，能增添整个文档的页面效果。

1. 设置页面边框

选择"页面布局"卡→"页面背景"组→单击"页面边框"钮→打开"边框和底纹"框→选择"页面边框"卡的"设置"组→选择合适的边框、颜色和边框宽度，单击"确定"钮（如图 3-75 所示），另一种打开页面边框的方法在 3.2.3 小节中已作介绍。

※ **提示**："页面边框"与"边框"是不同的。"边框"是指文字的边框，"页面边框"是指整个文档的边框。

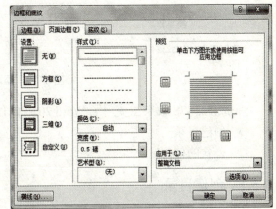

图 3-75 "页面边框"选项卡

2. 设置页面颜色

在 Word 2010 中，可以给文字设置底纹，也可以给页面设置好看的背景颜色。

选择"页面布局"卡→"页面背景"组→单击"页面颜色"钮→从下拉列表中选择需要的颜色。

3. 设置水印效果

"水印"是一种特殊的页面背景形式，是指在页面内容中插入虚影效果。

单击"页面布局"卡→"页面背景"组→单击"水印"钮→从下拉列表中选择需要的水印样式。如图 3-76 所示。

另外，用户还可以根据自己的需要，将喜欢的图片或文字自定义为水印背景。其方法如下：

单击"水印"下拉列表中的"自定义水印"命令→打开"水印"框→选择"图片水印"或"文字水印"→选择需要的图片或进行文字设置。如图 3-77 所示。

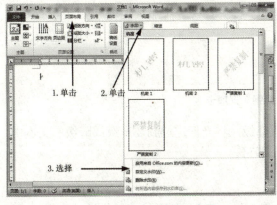

图 3-76 设置水印效果示意图

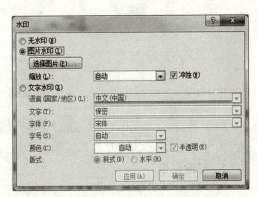

图 3-77 "水印"对话框

3.5 能力拓展

能力拓展：课程论文的整体编排。
本能力拓展的效果图如图 3-78 所示。

目录

一、简介 1
二、基本概念 1
三、诞生历程 1
四、经典著作 2

图 3-78 添加目录效果图

完成图 3-78 效果图使用了 Word 2010 的以下主要功能：
➢ 创建目录
➢ 公式的使用

3.5.1 创建目录

【提要】
本节介绍目录的创建，主要包括：
➢ 设置大纲级别
➢ 创建目录
➢ 更新目录

1. 设置大纲级别

目录是书籍必不可少的部分，它是文档中标题的部分。通过目录能对整个文档的结构有大致的了解。

在创建目录前，应该先对文档的标题内容添加大纲级别。设置大纲级别可以在"大纲视图"方式下设置，也可以通过"段落"框中的"缩进和间距"卡进行设置。

在状态栏中单击"大纲视图"钮→选择要设置大纲级别的文本→"大纲"卡→"大纲工具"组→在"大纲级别"下拉列表中选择合适的级别。如图 3-79 所示。

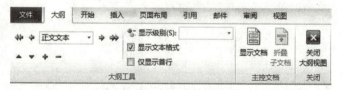

图 3-79 "大纲"选项卡

如果需要给已经设置了级别的文本升级或降级，将光标定位到要升级或降级的文本中，在"大纲工具"组中单击"升级"或"降级"即可。

2. 创建目录

设置好大纲级别后，即可创建目录。
定位插入点→选择"引用"卡→"目录"组→单击"目录"钮→从列表中选择合适的目

录样式。

如果"目录"列表中没有合适的目录样式，可以采用以下方法自定义目录样式。

选择"插入目录"命令→打开"目录"框→单击"目录"卡→设置格式、显示级别等→单击"确定"钮。如图 3-80 所示。

※ **提示**：创建好目录后，在默认情况下，目录是以链接的形式插入的，可以按【Ctrl】键单击某一个目录项，即可访问对应的目标位置。如果想取消超链接，按下【Ctrl】+【Shift】+【F9】组合键即可。

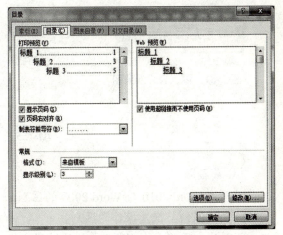

图 3-80 "目录"对话框

3. 更新目录

创建好目录后，如果对文档的标题内容或页码等做了修改时，则需要更新目录以保证文档的正确性。

定位在目录的位置→选择"引用"卡→"目录"组→单击"更新目录"钮→弹出"更新目录"框→根据需要选择"只更新页码"或"更新整个目录"选项→单击"确定"钮。

例 3.13 在"课程论文.docx"文档开始处添加目录。目录中显示小标题文字和页码。

操作方法：在状态栏中单击"大纲视图"钮→将小标题设置为"1 级"→回到"页面视图"→定位插入点→选择"引用"卡→"目录"组→单击"目录"钮→从列表中选择合适的目录样式→单击"确定"钮。

3.5.2 公式的使用

【提要】

本节介绍公式的使用，主要包括：

➢ 数学公式

当需要输入一些数学公式时，如二项式定理或积分公式时，可以使用 Word 2010 中的公式命令方便地编辑包含各种符号的复杂公式。若要在 Word 2010 中输入如下公式：

$$F(x) = \int_0^{\sin x} \frac{1}{\sqrt{1+t^2}} \mathrm{d}t$$

操作步骤如下：

步骤 1：把插入点移到待插入公式的位置。

步骤 2：选择"插入"卡→"符号"组→"公式"命令。

步骤 3：从下拉列表中选择需要的公式，如果不在列表中，可以选择"插入新公式"命令，进入编辑公式状态。如图 3-81 所示。

步骤 4：在"设计"卡的"符号"组或"结构"组中选择合适的符号和模板，输入数字符号。如图 3-82 所示。

步骤 5：单击公式以外的任何位置即可退出编辑公式状态。

选中公式时，可重新进入公式编辑状态，对公式进行修改或格式设置。

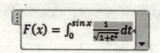

图 3-81 输入公式效果图

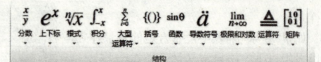

图 3-82 "结构"功能组

思考与练习

一、简答题

1. 简述 Word 2010 与 Word 2003 的区别。
2. 简述撤销与恢复操作的区别。
3. 简述打开磁盘中 Word 文档的过程。
4. 如何在文档指定的位置插入图片？
5. 如何创建一个 5 行 6 列的表格？
6. 当对一个文档的各个段落进行多种分栏时，应如何操作？

二、操作练习

1. 在 D 盘根目录下创建一个名为 "Word" 的文件夹。

（1）新建一个 Word 文档，以文件名 "改善环境.docx" 保存在 "D:\Word" 下。

（2）在空白文档 "改善环境.docx" 中录入以下文字。

广西开展绿化美化 50 日行动——改善环境

《南国早报》50 大庆报道——（记者石慧琼）壮乡盛典，花草添色。为以优美的生态环境迎接自治区成立 50 周年大庆盛典，自治区绿化委员会决定在全区开展"迎大庆树形象"绿化美化 50 日行动，加强城乡绿化美化工作，改善人居环境，并把 11 月 22 日作为全区统一行动日。

22 日，自治区林业局组织干部职工来到高峰林场办公区，大家挥锄挖土，种下近 500 株花草苗木，并为办公区绿地上的灌木修剪枝条。

自治区绿化委员会特地划出了喜迎大庆摆设鲜花的重点区域：公园、广场、游园、街道和大庆活动场馆、宾馆饭店、商场等主要公共场所；行政机关单位大院、医院、校园、厂区、营区和居民小区内及大院门前；铁路、高速公路、干线窗口公路沿线车站、服务区、管理区；旅游景区码头、大中型水库管理区。同时要求在布置操作中因地制宜，色彩鲜艳，造型优美，主题突出。

① 输入如下文字作为第四段。

根据要求，"迎大庆树形象"绿化美化 50 日行动从 11 月 10 日起，到 12 月 30 日止，各级各部门要具体组织开展清理灾木、绿化整治和摆设鲜花等工作，林业主管部门要加强技术指导。

② 将文中所有措辞 "50 大庆" 替换为 "50 周年大庆"，将标题段文字 "广西开展绿化美化 50 日行动改善环境" 设置为三号、黑体、红色、加粗、居中，并给文字添加阴影边框。

③ 将正文各段的中文文字设置为 "四号宋体"，各段落首行缩进 "2 字符"，行距为

"1.25 倍"。

④ 将正文第二和第三段合并为一段,分为等宽的两栏,栏宽设置为"15 字符"。

⑤ 在文章下方绘制如表 3-3 所示表格。

表 3-3　改善环境活动志愿者参选表格

志愿者姓名		性别	
身份证名称		身份证号码	
通信地址			
志愿者签名(盖章):_____　　填表日期:_____年___月___日			

⑥ 页面设置:纸张大小为"16 开",页边距上、下分别为"2.0 cm"、"2.2 cm",左、右分别为"2.4 cm"、"2.4 cm"。

⑦ 以"我的 Word 练习"为文件名保存于"D:\Word"下。

2. 在 Word 2010 中输入以下公式:

$$f(\lambda) = \sum_{m=0}^{\infty} \frac{f^{(m)}(\lambda_i)}{m!} (\lambda - \lambda_i)^m$$

第 4 章

Excel 2010 电子表格
——案例：学生成绩表

 教学目标

本章通过介绍学生成绩表的制作和学生成绩的数据分析，使读者掌握 Excel 电子表格软件中工作簿和工作表的基本操作、数据输入和计算、格式设置、数据管理和分析以及数据的图表制作。

教学重点和难点

（1）不同类型数据的输入和有规律数据的填充。
（2）使用公式和函数进行数据计算。
（3）数据的排序、筛选和分类汇总。
（4）图表的创建和编辑。

 引言

考试结束了，孙阳同学考得怎么样呢？每门课程多少分？他的平均分多少？全班的最高分是多少？每门课程的平均分又是多少呢？

计算机具有计算精确、快速的特点，将待处理的成绩录入到电子表格中，使用公式或函数能非常方便地完成平均分和最高分等各种计算，还能对成绩进行排序、筛选和分类汇总等数据分析及图表创建。类似地，工作或生活中很多数据计算的问题都可以借助电子表格来解决，例如，财务报表、经费预算和个人开支等，这样既可以提高准确率，又可以提高效率。

4.1 概　　述

电子表格可用于帮助用户制作各种表格文档，能够实现各种数据计算、数据管理和分析，还能将数据以直观的图表进行展示，故电子表格软件得到社会各界的广泛使用。目前，深受用户欢迎的电子表格软件主要有我国金山公司的金山表格和微软公司的 Excel。

4.1.1　Excel 2010 简介

【提要】

本节介绍 Excel 2010 的各项功能和相关概念。

1. Excel 2010 功能简介

自 1985 年推出 Excel 1.0 以来，Microsoft 公司不断增强 Excel 的功能，相继推出了 Excel 5.0、Excel 95、Excel 97、Excel 2000、Excel XP/2002、Excel 2003、Excel 2007、Excel 2010 和 Excel 2013 等多个版本。本章将对 Excel 2010 的一些主要功能进行介绍。较之 Excel 2007，Excel 2010 新增了迷你图、切片器和屏幕截图等新功能，还在粘贴、条件格式设置、函数的准确性、图表、数据透视表、筛选、可编程功能、图片编辑工具和语言工具等方面做了改进。

2. 安装、启动和退出

Excel 2010 是 Microsoft Office 2010 套装软件中的"一员"，因此，Excel 2010 的安装通常都是依靠 Office 2010 的安装文件来完成，详细安装过程参考 3.1.2 Office 2010 的安装。

安装完成后，Excel 2010 的启动和退出，与 Word 2010 类似。

① 常用的启动方法：单击" "→弹出"所有程序"菜→在列表中选择"Microsoft Office"项→在列表中选择"Microsoft Excel 2010"项。

② 常用退出方法：单击标题栏右端的关闭按钮 。

3. Excel 2010 的工作界面

成功启动 Excel 2010 后，就会看到它的工作界面，如图 4-1 所示。Excel 2010 沿用了 Excel 2007 的新风格，用功能区取代了原窗口顶部的菜单和工具栏，并新增了实用的"文件"选项卡，让操作变得更加方便、快捷。

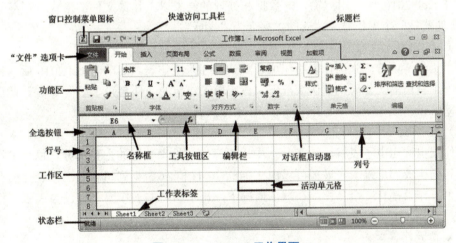

图 4-1 Excel 2010 工作界面

Excel 2010 的工作界面主要由标题栏、功能区、编辑栏、工作区和状态栏等组成。对比 Excel 之前的版本，工作界面中值得用户特别关注的主要有以下部分：

① 快速访问工具栏：位于标题栏的左侧，放置一些使用频率较高的命令按钮，默认的命令按钮从左至右分别是"保存"、"撤销"和"恢复"。用户可以根据自己的需要增加或删除命令按钮。方法参考第 3 章中自定义快速访问工具栏。

② 功能区：由各种选项卡和包含在选项卡中的各种命令按钮组成，每个选项卡包含多个功能组，每个功能组中又包含多个相关的命令按钮。单击功能组右下角"对话框启动器" ，可以弹出相关的对话框，进行更多的设置。程序启动后，默认显示的是"开始"选项卡，而随着操作的变化，还会有一些选项卡在需要使用时才显示出来。我们也可以自定

义功能区，对选项卡、功能组和命令执行新建或添加、删除、重命名以及调整次序等操作。

③ "文件"选项卡：作为功能区新增的选项卡，取代了 Excel 2007 中的 Office 按钮，其中包含了"保存"、"另存为"、"打开"和"最近所用文件"等常用命令。

④ 名称框：主要用于显示当前操作对象的名称，如图 4-1 所示，名称框中的"E6"代表当前被选中单元格的地址；在编辑公式的过程中，名称框中显示函数的名称。

⑤ 编辑栏：用于显示或编辑输入单元格的数据或使用的公式。编辑栏包括左侧的工具按钮区。在选定单元格时，工具按钮区如图 4-1 所示；在单元格进入编辑状态下，工具按钮区会变化为 ✗✓ƒx，依次对应"取消"、"输入"和"插入函数"命令。

⑥ 工作表标签：用于标识工作表的名称，如图 4-1 所示，在默认的三张工作表"Sheet1"、"Sheet2"和"Sheet3"的右侧，还有一个"插入工作表"的按钮，方便快速插入新的工作表。当前的活动工作表的标签显示为背景色。

⑦ 全选按钮：单击此按钮可以选中当前工作表的全部单元格。

⑧ 行号：用数字标记表格的每一行，单击行号可以选中对应的行。

⑨ 列号：用字母标记表格的每一列，单击列号可以选中对应的列。

⑩ 状态栏：用于显示当前文档工作状态的信息，还有视图切换按钮和缩放比例调整工具。右键单击状态栏，会弹出"自定义状态栏"的快捷菜单，该菜单提供了很多选项。

4. Excel 2010 的相关概念

在 Excel 2010 中，用户输入的数据和处理的结果以工作簿文件的形式进行存储，一个 Excel 文件就是一个工作簿，默认的扩展名为".xlsx"。

（1）工作簿

一个工作簿由若干张工作表所组成，默认有 3 张工作表。启动 Excel 2010 后，程序将自动新建一个空白的工作簿，默认情况下，该空白工作簿的文件名为"工作簿1"，此后，新建的工作簿将以"工作簿2"、"工作簿3"等来依次命名。

（2）工作表

工作表也称为电子表格，是 Excel 中用于存储和处理数据的主要部分。每个工作表是由若干行和列构成的二维表，最多可以由 1 048 576 行和 16 384 列组成。工作表存储在工作簿中，每个工作表都有一个名称，在默认情况下，每个新建的工作簿中都包含 3 张工作表，表名依次是"Sheet1"、"Sheet2"和"Sheet3"。

（3）单元格

工作表中行和列的交叉部分称为单元格。每个单元格的地址由其所在位置的列号和行号组合而成，列号用英文字母表示，行号用阿拉伯数字表示。当前被选中或正在编辑的单元格称为活动单元格，该单元格的四周出现黑色的边框，其地址显示在名称框中。如果选中的是单元格区域，则名称框只显示区域中最左上角的单元格的地址。单元格是组成工作表的最小单位，输入和修改的数据都是在单元格中进行，并保存在该单元格中。

4.1.2 案例：学生成绩表

【提要】

本节介绍学生成绩表样图。

本章以学生成绩表为例介绍 Excel 2010 的主要功能，案例的效果图如图 4-2～图 4-4 所示。

学生成绩表

序号	学号	姓名	性别	系别	班级	大学英语	思想道德修养	体育	总分	平均分
4	01200802002	孙阳	男	计算机系	12级软件2班	78	92	78	248	82.7
2	01200801002	王海	男	计算机系	12级软件1班	90	91	90	271	90.3
3	01200802001	李丹	女	计算机系	12级软件2班	68	90	86	244	81.3
6	01200901002	黎君	男	中文系	12级文秘1班	95	90	95	280	93.3
5	01200901001	覃梦佳	女	中文系	12级文秘1班	91	86	88	265	88.3
1	01200801001	张宇	男	计算机系	12级软件1班	86	78	80	244	81.3
8	01200902002	邢灿	女	中文系	12级文秘2班	80	78	80	238	79.3
7	01200902001	李立华	男	中文系	12级文秘2班	75	68	75	218	72.7

图 4-2　学生成绩表样图一

学生成绩表

序号	学号	姓名	性别	系别	班级	大学英语	思想道德修养	体育	总分	平均分
5	01200901001	覃梦佳	女	中文系	12级文秘1班	91	86	88	265	88.3
4	01200802002	孙阳	男	计算机系	12级软件2班	78	92	78	248	82.7
1	01200801001	张宇	男	计算机系	12级软件1班	86	78	80	244	81.3
3	01200802001	李丹	女	计算机系	12级软件2班	68	90	86	244	81.3

系别	平均分	性别
中文系	>=90	男

序号	学号	姓名	性别	系别	班级	大学英语	思想道德修养	体育	总分	平均分
6	01200901002	黎君	男	中文系	12级文秘1班	95	90	95	280	93.3

图 4-3　学生成绩表样图二

学生成绩表

序号	学号	姓名	性别	系别	班级	大学英语	思想道德修养	体育	总分	平均分
1	01200801001	张宇	男	计算机系	12级软件1班	86	78	80	244	81.3
2	01200801002	王海	男	计算机系	12级软件1班	90	91	90	271	90.3
					12级软件1班 平均值	88	84.5	85		
					12级软件1班 最大值	90	91	90		
3	01200802001	李丹	女	计算机系	12级软件2班	68	90	86	244	81.3
4	01200802002	孙阳	男	计算机系	12级软件2班	78	92	78	248	82.7
					12级软件2班 平均值	73	91	82		
					12级软件2班 最大值	78	92	86		
				计算机系 平均值					251.8	
5	01200901001	覃梦佳	女	中文系	12级文秘1班	91	86	88	265	88.3
6	01200901002	黎君	男	中文系	12级文秘1班	95	90	95	280	93.3
					12级文秘1班 平均值	93	88	91.5		
					12级文秘1班 最大值	95	90	95		
7	01200902001	李立华	男	中文系	12级文秘2班	75	68	75	218	72.7
8	01200902002	邢灿	女	中文系	12级文秘2班	80	78	80	238	79.3
					12级文秘2班 平均值	77.5	73	77.5		
					12级文秘2班 最大值	80	78	80		
				中文系 平均值					250.3	
					总计平均值	82.875	84.125	84		
					总计最大值	95	92	95		
				总计平均值					251	

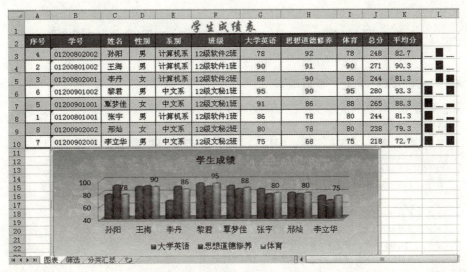

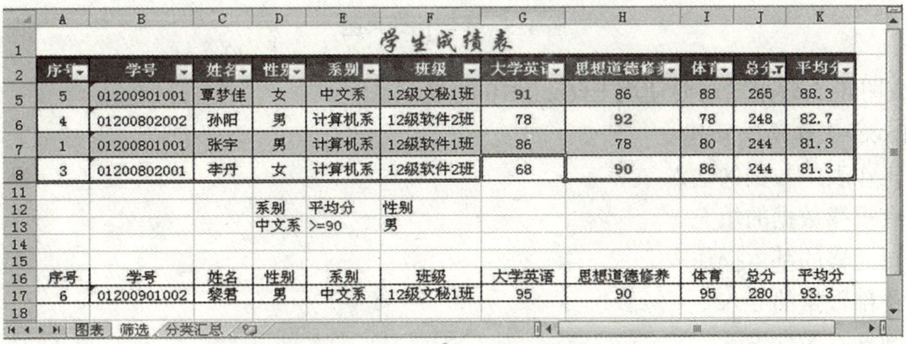

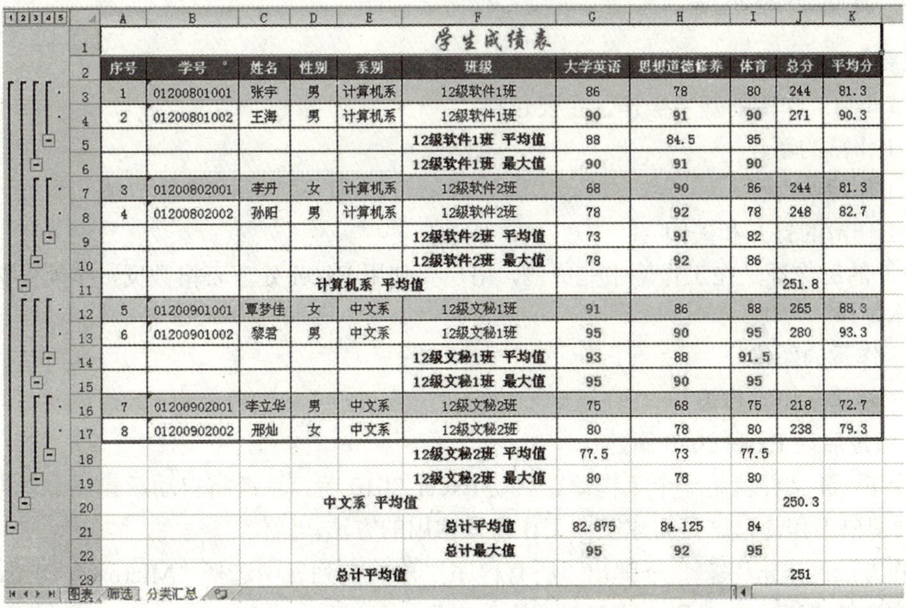

图 4-4　学生成绩表样图三

4.2　子案例一：学生成绩表的数据输入与编辑

子案例一效果图如图 4–5 所示。

	A	B	C	D	E	F	G	H	I	J	K
1						学生成绩表					
2	序号	学号	姓名	性别	系别	班级	大学英语	思想道德修养	体育	总分	平均分
3	1	01200801001	张宇	男	计算机系	12级软件1班	86	78	80		
4	2	01200801002	王海	男	计算机系	12级软件1班	90	91	90		
5	3	01200802001	李丹	女	计算机系	12级软件2班	68	90	86		
6	4	01200802002	孙阳	男	计算机系	12级软件2班	78	92	78		
7	5	01200901001	覃梦佳	女	中文系	12级文秘1班	91	86	88		
8	6	01200901002	黎君	男	中文系	12级文秘1班	95	90	95		
9	7	01200902001	李立华	男	中文系	12级文秘2班	75	68	75		
10	8	01200902002	邢灿	女	中文系	12级文秘2班	80	78	80		
11											
12											

Sheet4　Sheet1　Sheet2　Sheet3

图 4–5　子案例效果图

完成图 4–5 效果图需要使用 Excel 2010 的以下功能：

- ➢ Excel 工作簿的新建
- ➢ 工作表中数据的输入
- ➢ 有规律数据的填充
- ➢ 单元格的基本操作
- ➢ 外部数据的导入
- ➢ 数据有效性设置

4.2.1　工作簿的基本操作

【提要】

本节介绍工作簿的基本操作，主要包括：

- ➢ 工作簿的新建
- ➢ 工作簿的保存
- ➢ 工作簿的打开和关闭

Excel 的工作都是在工作簿中完成的，用户要使用 Excel 处理表格数据，必须先掌握工作簿的基本操作。

1. 工作簿的新建

（1）新建空白工作簿

① 通过启动 Excel 2010 新建。

一个 Excel 文件就是一个工作簿。启动 Excel 2010 后，系统将自动新建一个名为“工作簿 1”的空白工作簿，这是新建空白工作簿最常用的方法。

操作方法：单击“ ”→弹出“所有程序”(菜)→在列表中选择“Microsoft Office”(项)→在列表中选择“Microsoft Excel 2010”(项)。

② 通过右键快捷菜单新建。

操作方法：在系统桌面的空白处单击右键→选择"新建"项→在列表中选择"Microsoft Excel 工作表"项→输入工作簿名，这样创建的工作簿就存放在电脑桌面。

③ 通过"文件"选项卡新建

已启动 Excel 2010，若需要再新建空白工作簿，可用这样的操作方法：选择"文件"卡→选择"新建"项→选择"空白工作簿"项→单击"创建"钮（或直接双击"空白工作簿"项）。

（2）根据现有内容新建工作簿

如果新建的工作簿跟原有工作簿的格式和内容相仿，则采用根据现有内容来新建工作簿可得到原工作簿的一个副本，在默认情况下，该新工作簿的文件名是在原工作簿名后加"1"，在这个新工作簿中进行的编辑工作不会影响原有工作簿。

操作方法：选择"文件"卡→选择"新建"项→选择"根据现有内容创建"项→弹出"根据现有工作簿新建"框→从"查找范围"浏览选取现有文件的保存位置→选择目标文件→单击"新建"钮。

（3）根据模板新建工作簿

如果想根据 Excel 2010 提供的模板来新建工作簿，可采取这样的操作方法：启动 Excel 2010→选择"文件"卡→选择"新建"项→从"样本模板"/"Office.com 模板"/"我的模板"/"最近打开的模板"中选择模板→单击"新建"钮。

2. 工作簿的保存

在 Excel 中，完成数据处理后，常需要将工作簿保存到磁盘中备用；另外，为防止断电或其他意外导致数据丢失，最好在新建工作簿时就进行保存，并在工作簿的编辑过程中随时保存。保存操作分为保存新建工作簿、按原名保存工作簿和换名保存工作簿三种情况。

（1）保存新建工作簿

新建的工作簿在第一次被保存时，需要为它指定一个明确的文件名和保存的位置。

操作方法：选择"文件"卡→选择"保存"项/"另存为"项/"快速访问工具栏" /组合键【Ctrl】+【S】→弹出"另存为"框→指定文件的保存位置和文件名→单击"保存"钮。

（2）按原名保存工作簿

对已有的工作簿进行修改后，可按原有的文件名和保存位置进行保存，磁盘中原有的文件内容会被覆盖掉。

操作方法：选择"文件"卡→选择"保存"项/"快速访问工具栏" /按组合键【Ctrl】+【S】。

（3）换名保存工作簿

如果对已有文件更新后需要另行保存，且不影响原有文件内容，可将已有文件进行换名保存，改变文件的名称或保存位置。

操作方法：选择"文件"卡→选择"另存为"项→弹出"另存为"框→指定新的文件名或新的保存位置→单击"保存"钮。

3. 工作簿的打开

工作簿被保存到磁盘中以后，直接打开就可以再次使用。

（1）利用"打开"对话框打开

在 Excel 中，打开已有工作簿的常用操作方法：选择"文件"卡→选择"打开"项/组合键【Ctrl】+【O】→弹出"打开"框→通过"查找范围"浏览找到工作簿所在位置，然后选中目标工作簿→单击"打开"钮。

值得注意的是,打开工作簿的方式有多种,可根据需要单击"打开"按钮旁的"▼"按钮,再从展开的列表中选择更多的打开方式,例如,以只读或以副本方式打开。在默认情况下,单击"打开"钮是直接打开工作簿。

(2) 利用鼠标双击文件打开

不管是否已启动 Excel 程序,找到工作簿保存的位置直接双击文件也可以将其打开。

(3) 利用"最近所用文件"打开

如果要打开的工作簿最近被使用过,更方便的是通过"最近所用文件"的方式打开它。

操作方法:选择"文件"卡→选择"最近所用文件"项→从"最近使用的工作簿"列表中单击目标文件(或通过"最近的位置"浏览找到目标文件再打开它)。

4. 工作簿的关闭

为防止工作簿的数据意外丢失,关闭工作簿也应该采取正确的方法。

关闭工作簿的操作方法有以下四种:

方法一:单击窗口最右上角的"关闭"按钮。

方法二:选择"文件"卡→选择"退出"项。

方法三:单击窗口最左上角的控制菜单按钮或右键单击标题栏→选择"关闭"项。

方法四:按组合键【Alt】+【F4】。

在关闭工作簿时,如果该工作簿从未被保存过或修改后的数据未被保存,系统都会通过对话框询问用户是否保存数据,用户选择执行"保存"或"不保存"操作后,都会关闭工作簿,但单击对话框中的"取消"按钮则会撤销工作簿的关闭操作。

例 4.1 工作簿"学生成绩表"的新建和保存。

操作方法:启动 Excel 2010→单击"保存"钮 🖫 →弹出"另存为"框→设置"保存位置"为"E:\MyDoc\My_EXCEL",输入文件名为"学生成绩表",文件类型默认为"Excel 工作簿"→单击"保存"钮。如图 4-6 所示。

图 4-6 新建"学生成绩表"工作簿

4.2.2 工作表的数据输入

【提要】

本节介绍工作表的数据输入，主要包括：
➢ 不同类型数据的输入
➢ 有规律数据的填充
➢ 设置数据的有效性条件
➢ 外部数据的导入
➢ 工作表中数据的编辑

1. 工作表的数据输入

工作表的数据输入是 Excel 中数据处理的基础操作，输入到单元格中的数据可以是文本、数值、日期和时间等类型，也可以是公式或函数等。此外，工作表中还能保存图片、图表等其他对象。不同类型的数据有不同的输入方法，为数据选择适当的输入方法可以提高工作效率。输入的数据会同步显示在活动单元格和编辑框中。如果单元格中输入的是公式或函数，在确认输入后，选中单元格时，单元格显示运算结果，而编辑框显示公式或函数本身。

工作表中的数据可以直接选择单元格后输入，也可以双击单元格后输入，还可以选择单元格后在编辑框中输入。

（1）输入文本

作为常见的输入数据类型之一，文本包含汉字、英文字母、数字和符号等。在单元格或编辑框中输入文本后，系统会自动识别文本类型，并将文本在单元格中默认左对齐。

当输入的字符超出了当前单元格的列宽，则将出现覆盖显示和截断显示两种情况。覆盖显示是指当右邻的单元格为空时，当前单元格的内容会覆盖右邻的空单元格以完整显示字符；截断显示则是指当右侧的单元格非空，当前单元格中只显示出部分字符，已输入但无法显示的其他字符依然存在单元格中。

※ 输入特殊的文本数据

在使用 Excel 的实际过程中，我们经常会遇到一些特殊文本的输入，以 0 开头的数字文本或纯数字组成的文本，例如，学号、邮编、电话号码或身份证号码等。为避免系统将这些数字识别为数值，我们可以采用以下两种输入方法。

① 单引号（'）引导输入。

操作方法：输入英文标点中的单引号（'）后，紧接着输入数字串即可。确认输入后，单引号不显示出来，数字串被识别为文本，默认在单元格中左对齐。

② 指定数字分类为文本。

方法一：选择单元格或单元格区域→单击右键→选择"设置单元格格式"项→弹出"设置单元格格式"框→选择"数字"卡→在"分类"中选择"文本"→单击"确定"钮→返回工作表中输入数字串。

方法二：选择单元格或单元格区域→选择"开始"卡→从"数字"组中 常规 的下拉列表中选择"文本"。

※ 提示：输入纯数字文本后的单元格的左上角显示出一个绿色（默认颜色）标记，选中该单元格时，附近出现信息提示按钮，单击该按钮，会弹出如图 4-7 所示的快捷菜单，选

择其中的"转换为数字"选项就可以实现文本到数字的转换。

（2）输入数值

数值是指能进行数值运算的数据，而运算是 Excel 最突出的功能之一，所以数值型数据是使用最多的数据类型。数值型数据可以是整数、小数或科学记数，且可以包含负号（-）、百分号（%）及指数符号（E）等。在默认情况下，单元格中的数字分类为"常规"，当输入较长的数字，超过 11 位时，系统会以科学计数法的形式显示。数值在单元格中默认右对齐。

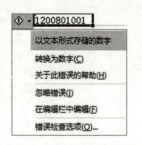

图 4-7　文本型数字与数字的转换

① 输入负数。

正数前面的正号通常省略，而负数需要特别标识。在 Excel 中，表示负数除了用"-"引导数字外，还可以将数字用（）括起来。例如，-21 也可以表示为（21）。

② 输入分数。

为了区别于日期型数据，输入分数时必须以 0 开头，然后按一下空格键，再输入分数。例如，输入"0 1/5"，显示为"1/5"，如果直接输入"1/5"，则显示为"1月5日"。

在 Excel 中，数字可以显示为不同的格式，如图 4-8 所示，可将数值设置为货币和会计格式、百分比样式、千位分隔样式及设置小数的有效位数等。

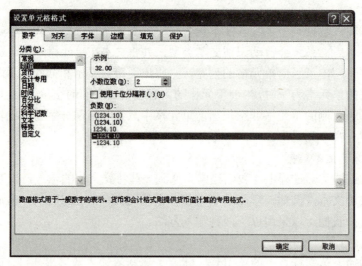

图 4-8　设置单元格格式

※ 提示：指定单元格中数字的分类为"数值"后，输入的数字可以精确到 15 位有效数字。当输入的数字超过 15 位时，系统会用"0"代替超出部分的数字。

（3）输入日期和时间

日期和时间也是常见的数据类型，也可以参与运算。当输入的数据与 Excel 中内置的日期和时间格式匹配时，则自动被识别为日期或时间型数据，在单元格中默认右对齐。用户也可以根据需要重新指定格式或自定义格式来更改显示方式。

① 输入日期。

输入日期时，年、月、日各部分之间用斜杠"/"或减号"-"分隔，如输入"2013-2-14"。

要输入当前日期，按组合键【Ctrl】+【;】即可。Excel 2010 内置了多种日期格式，可通过"设置单元格格式"对话框来进行设置。

② 输入时间。

时间基于 24 小时制进行计算时，在时、分、秒各部分之间用冒号"："分隔，如果要按 12 小时制输入时间，则需要在时间数字后，输入一个空格，再输入字母"AM"（上午）或"PM"（下午）注明。例如，下午六点一分，输入"18:01:22"或者"6:01:22 PM"。如果要输入当前时间，按组合键【Ctrl】+【shift】+【;】即可。

③ 输入日期和时间。

如果日期和时间数据一起输入，则需要在日期和时间数字之间输入一个空格，如输入"2013-2-14 18:01:22"。

2. 填充有规律的数据

在 Excel 中输入数据时，经常会遇到一些有规律的数据，例如，相同的班级、递增的学号、奇数或偶数序列、甲乙丙丁、星期一到星期日等。这些数据具有相同、等差或等比的关系，或属于系统预定义的数据序列，用户借助 Excel 的"自动填充"功能来输入会大大提高效率。此外，用户还可以添加一些自己常用的序列，如同预定义的数据序列一样快速填充。

自动填充分为以下三种：

（1）填充相同的数据

当需要在工作表中的相邻单元格中输入相同数据时，例如，在同一行或同一列相邻的多个单元格中输入相同数据，用户可采用填充的方法。

① 用"填充柄"填充相同数据。

填充柄是指位于选定区域右下角的小黑方块。当用鼠标指向填充柄时，鼠标的光标会变为黑"+"形。当选定一个单元格或多个相邻的单元格后，移动鼠标到选定区域右下角的小黑方块处，鼠标光标变为"+"，此时按住鼠标左键并移动就可拖动填充柄。

如果要填充的相同数据是单纯的字符或数字，直接拖动填充柄即可。操作方法：在第一个单元格中输入数据→选中已有数据的单元格→拖动填充柄覆盖到所需填充的单元格区域后松开鼠标即可完成填充。

如果数据中既有字符又有数字，或者是纯数字的文本，操作方法类似，只不过需要在拖动填充柄的同时按住【Ctrl】键才能填充出相同数据，否则直接拖动填充柄后就会得到数字递增的序列。

完成填充松开鼠标以后，在已填充数据的单元格区域的右下角会出现一个"自动填充选项"按钮，单击该按钮，会弹出如图 4-9 所示的快捷菜单，可供我们进一步选择对应的操作。填充的数据类型不同，单击"自动填充选项"按钮后，会弹出不同的快捷菜单供选择。在默认情况下，拖动填充柄都是"复制单元格"操作。

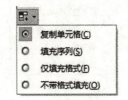

图 4-9 填充数字序列的选项

② 用填充命令填充相同数据。

除使用填充柄快速填充数据外，用户也可以使用填充命令完成填充。操作方法：在第一个单元格中输入数据→选中已有数据的单元格和需要填充的相邻单元格（同一行或同一列的多个连续的单元格）→选择"开始"卡→单击"编辑"组中"填充"按钮→选择"向右"/

"向左"/"向下"/"向上"⑨项。

※ **提示**：除了填充单个单元格数据以外，还可以将多个已有数据的单元格同时进行填充。例如，同一行或同一列的多个单元格的数据都可以用上述两种填充方法进行快速填充。

※ 其他快捷输入方式

要输入相同数据，除了采用填充的方法以外，还可以采用记忆式输入和在多个单元格同时输入相同数据的方法。

① 记忆式输入。

在单元格中输入数据时，如果输入的前几个字符与该列其他单元格中的内容匹配，则Excel会自动填充其余字符作为建议显示出来，并将建议部分反相显示出来；如果用户就是需要输入相同的内容，则可以按【Enter】键接受建议，获得与其他单元格相同的内容。

此外，也可以在空白单元格中按组合键【Alt】+【↓】，这样可以显示出该列中已经输入的内容列表，从中选择需要的数据项即可。

② 在多个单元格同时输入相同数据。

使用中，有时需要在多个连续或不连续的单元格内输入相同的数据，操作方法：选择多个连续或不连续的单元格，在其中的第一单元格或最后一个单元格中输入数据后，再按组合键【Ctrl】+【Enter】即可使被选择的多个单元格都输入相同的数据。

（2）填充序列数据

如果输入的数据是等差、等比或日期序列，则可按以下方法填充。

① 用"填充柄"填充。

如果填充的数据是数值，操作方法：输入第一个和第二个单元格的数据→选中这两个单元格→拖动填充柄覆盖过需要填充的区域后松开鼠标，系统就会根据这两个单元格的差值依次填充出等差数据。在默认情况下，填充方式对应于"自动填充选项"中的"填充序列"。

在上述操作方法中，如果只输入第一个单元格的数据作为起始数据，然后拖动填充柄覆盖填充区域，然后单击"自动填充选项"按钮⑤，并选择"填充序列"，则填充出默认步长值为"1"的等差序列。

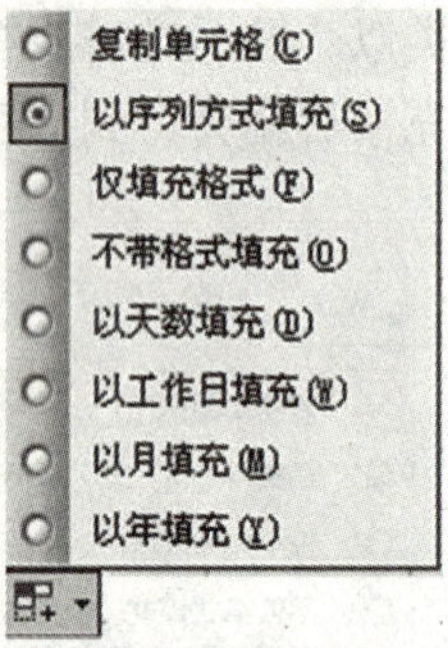

在填充日期数据时，还可以选择更多的填充方式。操作方法同上，拖动填充柄后单击"自动填充选项"按钮，再从弹出的菜单中选择填充类别。在默认情况下，填充方式是"以序列方式填充"（填充结果与"以天数填充"相同），如图4-10所示。

※ **提示**：用填充柄填充序列时，从上向下或从左到右拖动是升序填充；反之，则是降序填充。

② 用填充命令填充序列数据。

通过填充命令打开"序列"对话框，用户可自主地设置填充的选项，例如，设置等比序列、不同步长值和终止值等。

图4-10 填充日期序列的选项

操作方法：在第一个单元格中输入起始数据→选择要填充序列的区域（含第一个单元格）→选择"开始"⑨卡→单击"编辑"⑨组中"填充"按钮⑨→选择"系列"⑨项→弹出"序列"⑨框（见图4-11）→设置"序列产生在"的"行"或"列"、"类型"、"步长值"和"终止值"等相关选项→单击"确定"⑨钮，即可在选定区域填充特定的序列数据。

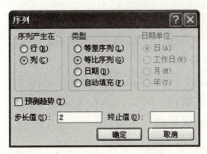

图 4–11 "序列"对话框

（3）填充系统或用户自定义的序列

Excel 提供了一些常用的序列数据，例如：甲、乙、丙、丁、……；星期一、星期二、星期三、……；一月、二月、三月、……序列数据。

操作方法：输入序列中的某个值作为初始值→拖动填充柄覆盖填充区域即可完成整个序列的快速填充。

用户也可以根据需要添加自己常用的序列数据作为自定义序列，方便以后快速填充。添加自定义的序列的操作方法：选择"文件"卡→选择"选项"项→弹出"Excel 选项"框→选择"高级"卡→单击"常规"组中"编辑自定义列表"钮→弹出"自定义序列"框（见图 4–12）→在"自定义序列"列表框中选择"新序列"→在"输入序列"的文本框中输入自定义的新序列（序列之间用回车分隔）→单击"添加"钮，在"自定义"列表框中查看到刚添加的序列→单击"确定"钮，即可按已有序列的操作方法进行填充。

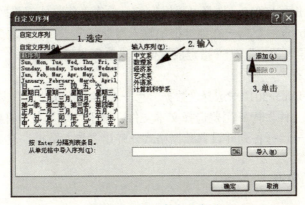

图 4–12 添加自定义序列

用户也可以利用图 4–12 中的"导入"按钮将工作表中已有的序列添加到自定义序列中。

如果需要修改自定义的序列，操作方法：在左边列表框中选中已添加的序列→在输入序列的文本框中进行修改→单击"添加"钮。如果需要删除已有序列，操作方法：选定序列→单击对话框中的"删除"钮。此处的修改和删除操作列只针对用户添加的自定义序列，无法修改系统提供的序列。

3. 设置数据的有效性条件

有效性条件是指为特定的单元格或区域定义一个可接受的数据范围，以提高输入数据的正确性。对于不同类型的数据，可设置不同的限制条件。有效性条件包括文本的长度、整数和小数的范围、日期或时间的有效性等。通过设置输入数据的有效性条件，既能在选定单元格时显示提示信息，又能在数据违反有效性条件时显示警告信息。

操作方法：选择要设置有效性条件的单元格范围→选择"数据"卡→"数据工具"组→单击"数据有效性"钮→选择"数据有效性"项→弹出"数据有效性"框（见图 4–13）→选择"设置"卡→设置有效性条件→单击"确定"钮。此外，用户还可以根据需要切换到"输入信息"选项卡中设置选定单元格时的提示信息，还可以切换到"出错警告"选项卡中设置输入无效数据时的警告信息等。

图 4-13 "数据有效性"对话框

如果要取消设置的有效性条件,可以在"数据有效性"对话框中单击"全部清除"钮。

4. 导入外部数据

在 Excel 中,除了用户自己输入数据以外,还可以直接导入外部数据,例如,导入 Access 数据、网站的数据和文本数据等。

(1) 导入 Access 数据

操作方法:启动 Excel 2010→选择"数据"卡→单击"获取外部数据"组中的"自 Access"钮→弹出"选取数据源"框→通过浏览选定 Access 数据库文件→单击"打开"钮→弹出"选择表格"框→选定表格→单击"确定"钮→弹出"导入数据"框→选择数据在工作簿中的显示方式和放置位置→单击"确定"钮。

(2) 导入网站的数据

操作方法:启动 Excel 2010→选择"数据"卡→单击"获取外部数据"组中的"自网站"钮→弹出"新建 Web 查询"框→在地址框中输入网址→单击网页中表旁边的"▣"→单击"导入"钮→弹出"导入数据"框→指定放置位置→单击"确定"钮。

(3) 导入文本数据

操作方法:启动 Excel 2010→选择"数据"卡→单击"获取外部数据"组中的"自文本"钮→弹出"导入文本文件"框→浏览选择文本文件→弹出"导入文本向导"框→指定原始数据类型→设置分隔符→选择各列并设置数据格式→弹出"导入数据"框→指定放置位置→单击"确定"钮。

5. 编辑表格中的数据

(1) 修改数据

如果需要修改单元格中已输入的数据,可以先选择该单元格,然后直接输入新的数据;如果需要修改的只是单元格中的部分数据,则可以双击该单元格,将光标移到目标位置并按【Delete】键删除原有数据后再输入新数据。

(2) 查找和替换数据

当需要批量修改工作表中的某个数据时,可以使用"查找和替换"功能快速完成。同 Word 2010 类似,除了可以查找和替换单元格中的内容以外,还可以查找和替换格式。

操作方法:单击工作表中任意单元格→选择"开始"卡→单击"编辑"组中的"查找和选择"钮→选择"查找"/"替换"项→弹出"查找和替换"框→单击"选项"钮→在"查找内容"框中键入要搜索的文本或数字/"替换为"框中输入要替换为的内容→设置格式、范围、搜索和查找范围→单击"查找全部"/"查找下一个"/"全部替换"/"替换"钮。

值得注意的是,在搜索条件中可以使用星号(*)或问号(?)通配符来设置模糊查找,另外,Microsoft Excel 会保存我们定义的格式设置选项,当开始新的查找和替换时,可能需要清除上一次搜索的格式设置选项,否则之前设置的格式设置选项会影响查找结果。

例 4.2 在"学生成绩表"的工作表 Sheet1 中输入数据,得到如图 4-5 所示效果。① 输入标题行数据;② 输入"序号"、"学号"和"班级"列的数据;③ 输入"姓名"、"性别"和"系别"列的数据;④ 输入成绩。

操作方法如下：

① 输入标题行数据。

标题行数据由各列的标题组成，从 A1 单元格开始从左到右依次输入"序号"、"学号"、"姓名"、"性别"、"系别"、"班级"、"大学英语"、"思想道德修养"、"体育"、"总分"和"平均分"。

② 输入"序号"、"学号"和"班级"列的数据。

"序号"列数据是递增的自然数序列，可用填充柄快速输入。操作方法：在 A2 单元格输入"1"→移动鼠标到 A1 单元格右下角的黑点处→按住【Ctrl】键同时拖动填充柄到 A9 单元格。

"学号"列数据是纯数字组成的文本，同一个系同一个班的学号有一定规律，也可利用填充柄减少输入。操作方法：选择 B2 到 B9 单元格区域→选择"开始"卡→在"数字"组的"数字格式"列表中选择"文本"→在 B2 单元格中输入学号"1200801001"→移动鼠标到 B2 单元格右下角的黑点处→拖动填充柄覆盖 B3 单元格→选择 B2 和 B3 单元格→按住【Ctrl】键拖动填充柄到 B9 单元格，得到如图 4–14 所示效果→将 B4 到 B9 单元格做少许改动即可。

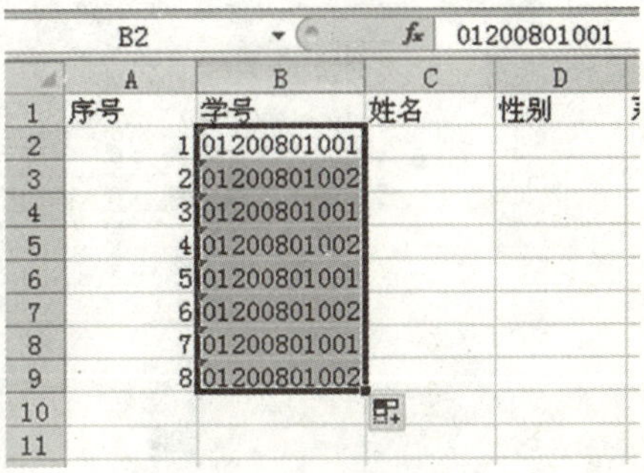

图 4–14 学号填充效果

"班级"列数据也是有规律的数据，也可用填充柄输入。操作方法：在 F2 单元格中输入"12 级软件 1 班"→按住【Ctrl】键的同时拖动填充柄到 F3 单元格→选择 F3 单元格→拖动填充柄到 F4 单元格→选择 F4 单元格→按住【Ctrl】键的同时拖动填充柄到 F5 单元格→选择 F6 单元格→按组合键【Alt】+【↓】→选择"12 级软件 1 班"→改为"12 级文秘 1 班"→再按前述方法填充 F7 到 F9 单元格。

③ 输入"姓名"、"性别"和"系别"列的数据。

由于"姓名"、"性别"和"系别"列的数据已经存在于"学生管理系统.mdb"数据库的"录取新生信息"表中，所以可用"自 Access"导入外部数据。操作方法：选择"数据"卡→单击"获取外部数据"组中的"自 Access"钮→弹出"选取数据源"框→通过浏览选定"学生管理系统.mdb"→单击"打开"钮→弹出"选择表格"框→选择"录取新生信息"→单击"确定"钮→弹出"导入数据"框→更改数据放置位置为"新工作表"→单击"确定"钮，生成工作表 Sheet4 并得到如图 4–15 所示效果→在该表中选择 B2 到 C9 区域→按组合键【Ctrl】+【C】→切换到工作表 Sheet1 并选择 C2 单元格→按组合键【Ctrl】+【V】→回到工作表 Sheet4 中再选择 F2 到 F9 区域→按组合键【Ctrl】+【C】→切换到工作表 Sheet1 并选择 E2 单元格→按组合键【Ctrl】+【V】。

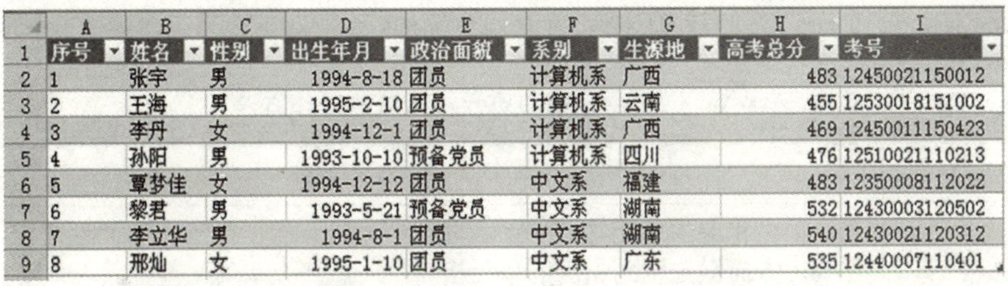

图 4–15 自 Access 导入的数据

④ 输入成绩。

输入的成绩必须满足是在 0~100 这个范围的整数，先设定"数据的有效性条件"，再逐个单元格输入成绩。操作方法：在工作表 Sheet1 中选择 G2 到 I9 区域→选择"数据"卡→单击"数据工具"组中的"数据有效性"钮→选择"数据有效性"项→弹出"数据有效性"框（见图 4-13）→选择"设置"卡→按图 4-13 所示设置有效性条件→选择"出错警告"卡→在"警告信息"文本框中输入"请输入介于 0~100 的整数"→单击"确定"钮→输入成绩，得到如图 4-16 所示效果。

	A	B	C	D	E	F	G	H	I	J	K
1	序号	学号	姓名	性别	系列	班级	大学英语	思想道德	体育	总分	平均分
2	1	012008010	张宇	男	计算机系	12级软件1	86	78	80		
3	2	012008010	王海	男	计算机系	12级软件1	90	91	90		
4	3	012008020	李丹	女	计算机系	12级软件2	68	90	86		
5	4	012008020	孙阳	男	计算机系	12级软件2	78	92	78		
6	5	012009010	覃梦佳	女	中文系	12级文秘1	91	86	88		
7	6	012009010	黎君	男	中文系	12级文秘1	95	90	95		
8	7	012009020	李立华	男	中文系	12级文秘2	75	68	75		
9	8	012009020	邢灿	女	中文系	12级文秘2	80	78	80		

图 4-16 输入的数据

4.2.3 单元格的基本操作

【提要】

本节介绍单元格的基本操作，主要包括：
- 单元格的选择、插入、删除和清除
- 单元格的合并与拆分
- 行和列的选择、插入与删除
- 行高和列宽的调整
- 行或列的隐藏与显示
- 单元格、行和列的复制、移动和选择性粘贴

1. 单元格的选择、插入、删除和清除

（1）选择单元格

单元格是 Excel 中编辑数据的基本元素，在操作单元格之前，都必须先选定单元格，使其成为活动单元格。当单元格被选定时，其边框以黑粗线标识，其行、列号会突出显示，由列号和行号组成的单元格地址会出现在名称框中，单元格的内容也会显示在编辑框中。

选定单元格最常用的方法是单击鼠标左键。当需要选定的单元格或多个单元格组成的单元格区域具有不同特点时，需要采用不同的方法，如表 4-1 所示。

表 4-1 选定单元格和单元格区域的操作方法

选定对象	操 作 方 法
单个单元格	➢ 单击相应的单元格 ➢ 用方向键定位到相应的单元格 ➢ 在名称框输入单元格的地址

续表

选定对象	操作方法
连续单元格区域	➢ 单击该区域的第一个单元格，然后拖动鼠标直至区域中最后一个单元格 ➢ 选定第一个单元格，然后按住【Shift】键再单击区域中最后一个单元格 ➢ 如果该区域呈矩形状，则选定某一角的单元格，再拖动鼠标到矩形区域的对角单元格
不连续的单元格或单元格区域	选定第一个单元格或单元格区域，然后按住【Ctrl】键再选定其他的单元格或单元格区域
工作表中所有单元格	➢ 单击"全选"按钮 ➢ 按组合键【Ctrl】+【A】

选定单元格区域后，状态栏上会显示一个计数值，代表选定区域中非空单元格的个数；如果在选定的单元格区域中包含数值，则还会在状态栏上默认显示选定区域中所有数值的平均值以及求和的结果，右键单击状态栏，还可以从弹出的菜单中选择数值计数、最大值和最小值等，以查看数值对应的不同计算结果。

如果要取消已选定的单元格或单元格区域，只需单击工作表中其他任一单元格即可。

（2）插入单元格

① 通过"插入"按钮插入单元格。

操作方法：选定要插入空白单元格的位置→选择"开始"卡→单击"单元格"组中的"插入"钮→选择"插入单元格"项→弹出"插入"框（见图 4-17）→选择活动单元格的移动方向→单击"确定"钮。

② 通过右键快捷菜单插入单元格。

操作方法：选定要插入空白单元格的位置→单击右键→选择"插入"项→弹出"插入"框→选择活动单元格的移动方向→单击"确定"钮。

（3）删除单元格

删除单元格是指将选定的活动单元格及其内容一起从工作表中删除。

① 通过"删除"按钮删除单元格。

操作方法：选择要删除的单元格→选择"开始"卡→单击"单元格"组中的"删除"钮→选择"删除单元格"项→弹出"删除"框（见图 4-18）→选择右侧或下方单元格的移动方向→单击"确定"钮。

图 4-17 "插入"对话框

图 4-18 "删除"对话框

② 通过右键快捷菜单删除单元格。

操作方法：选定要删除的单元格→单击右键→选择"删除"项→弹出"删除"框→选择

右侧或下方单元格的移动方向→单击"确定"钮。

(4) 清除单元格

清除单元格是指在保留单元格本身的前提下，清除选定单元格内的格式、内容、批注、超链接或全部清除。如果单元格设置了超链接，选择"清除超链接"时，还会保留超链接的格式，选择"删除超链接"则将超链接和格式都清除。

操作方法：选定要清除的单元格→选择"开始"卡→单击"编辑"组中的"清除"钮→选择"全部清除"/"清除格式"/"清除内容"/"清除批注"/"清除超链接"项。

如果只需清除单元格的内容，还需保留其格式和批注等，可以选定单元格后单击右键，从弹出的快捷菜单中选择"清除内容"来完成，或者在选定单元格后直接按【Delete】键。

2. 单元格的合并与拆分

(1) 合并单元格

合并单元格是指将若干个单元格合并成一个较大的单元格。合并的方式包括"合并后居中"、"跨越合并"和"合并单元格"三种，如图4-19所示。其中，"合并后居中"操作在合并单元格的同时设置输入的数据自动居中对齐，常用于设计表格的标题；"跨越合并"操作是将每一行中多个单元格分别合并成一个单元格，可以将分布多行的多个单元格的合并操作一次性完成，但这个操作只对合并多列的单元格有效。如果合并前的多个单元格都有数据存在，则会弹出对话框提示用户合并后的单元格只能保留左上角的数据，单击"确定"按钮后，合并完成后只留下左上角的数据。

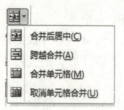

图 4-19 合并单元格的操作

① 通过"合并后居中"按钮进行合并。

操作方法：选定要合并的连续单元格区域→选择"开始"卡→单击"对齐方式"组中的"合并后居中"项的展开按钮→在列表中选择"合并后居中"/"跨越合并"/"合并单元格"项。

② 通过"设置单元格格式"对话框进行合并。

操作方法：选定要合并的连续单元格区域→在右键快捷菜单中选择"设置单元格格式"项→弹出"设置单元格格式"框→选择"对齐"卡→选中"合并单元格"复→单击"确定"钮，这样也可以合并单元格，还可以根据需要在该选项卡中设置单元格的对齐方式。

(2) 拆分单元格

Excel中的拆分操作是针对曾经被合并的单元格，即取消之前的单元格合并，恢复成合并前的单元格。

① 通过"合并后居中"按钮进行拆分。

操作方法：选定要拆分的连续单元格区域→选择"开始"卡→单击"对齐方式"组中的"合并后居中"项的展开按钮→在列表中选择"取消单元格合并"项。

② 通过"设置单元格格式"对话框进行拆分。

操作方法：选定要拆分的单元格→在右键快捷菜单中选择"设置单元格格式"项→弹出"设置单元格格式"框→选择"对齐"卡→取消"合并单元格"复→单击"确定"钮。

3. 行和列的选择、插入与删除

(1) 行和列的选择

在工作表中，也会经常会遇到对整行或整列的操作，对其进行操作前，也需要先选定整行或整列。选定整行和整列的操作通常是借助行号和列号来完成，具体情况如表 4-2 所示。

表 4-2 选定行和列的操作方法

选定对象	操作方法
整行/列	单击行/列号
连续的多行/列	➢ 沿行号/列号拖动鼠标 ➢ 先选定第一行/列，然后按住【Shift】键再选定最后一行/列
不相邻的多行/列	先选定第一行/列，然后按住【Ctrl】键再选定其他的行/列

（2）插入行/列

在默认情况下，系统是在选定行的上方插入空白行，在选定列的左边插入空白列。

① 通过"插入"按钮插入行/列。

方法一：选定指定位置的行/列→选择"开始"卡→单击"单元格"组中的"插入"钮。

方法二：选定指定位置的单元格→选择"开始"卡→单击"单元格"组中的"插入"钮的展开按钮→在列表中选择"插入工作表行"/"插入工作表列"项。

② 通过右键快捷菜单插入行/列。

操作方法：选定行/列→单击右键→选择"插入"项。

如果要插入多个空白行/列，操作方法类似，不同的是，在插入位置要选定一定数量的行/列，即可一次性地插入同样数量的行/列。

（3）删除行/列

① 通过"删除"按钮删除行/列。

方法一：选择要删除的行/列→选择"开始"卡→单击"单元格"组中的"删除"钮。

方法二：选择要删除的行/列中某单元格→选择"开始"卡→单击"单元格"组中的"删除"钮的展开按钮→在列表中选择"删除工作表行"/"删除工作表列"项。

② 通过右键快捷菜单删除行/列。

操作方法：选定要删除的行/列→单击右键→选择"删除"项。

如果要删除多行/列，操作方法类似，不同的是，要同时选择多行/列。

4. 行高和列宽的调整

在默认情况下，工作表中所有单元格都有同样的高度和宽度，系统会根据输入数据的字体大小自动地调整行高，使其能容纳最大的字体。但当单元格中字符串内容过长时，单元格内容将被截断，无法完整显示。当单元格中的列宽不够完整显示数据时，数据将以科学计数法表示或以一串"#"显示。为了使数据完整、清楚地显示出来，用户需要根据实际情况调整工作表的行高和列宽，具体操作如表 4-3 所示。

表 4-3 调整行高和列宽的操作方法

目标	操作方法
自动调整 行高/列宽	➢ 用鼠标双击行/列之间的分界线，使行高/列宽自动调整为适合内容的合适高度/宽度 ➢ 选定行/列→选择"开始"卡→单击"单元格"组中 格式▼ →在列表中选择"自动调整行高"/"自动调整列宽"项

续表

目标	操 作 方 法
自定义 行高/列宽	➢ 移动鼠标光标指向行/列之间的分界线，当光标变成"↕/↔"时，上下/左右拖动分界线到合适的位置 ➢ 选定行/列→选择"开始"卡→单击"单元格"组中 ![格式] →在列表中选择"行高"/"列宽"项→弹出"行高"/"列宽"框→输入行高值/列宽值→单击"确定"钮 ➢ 选定行/列→单击右键→选择"行高"/"列宽"项→弹出"行高"/"列宽"框→输入行高值/列宽值→单击"确定"钮
默认列宽	选定列→选择"开始"卡→单击"单元格"组中 ![格式] →在列表中选择"默认列宽"项

※ 提示：

① 如果要更改多行的高度或多列的宽度，则选定要更改的多行或多列，再按上述方法操作，即可同时调整多行的高度或多列的宽度。

② 如果单元格的内容较多且不能增加列宽，用户可以让单元格的内容分多行显示，按【Alt】+【Enter】键进行换行，或者单击"开始"卡的"对齐方式"组的 ![自动换行] 。

5. 行或列的隐藏与显示

如果希望工作表中的某些行或列的数据暂时不显示出来，可以将这些行或列隐藏起来。

（1）行和列的隐藏

① 通过快捷菜单隐藏。

操作方法：选定要隐藏的行/列→单击右键→选择"隐藏"项。

② 通过"格式"按钮隐藏。

操作方法：选定要隐藏的行/列→选择"开始"卡→单击"单元格"组中的"格式"钮→选择"隐藏和取消隐藏"项→在列表中选择"隐藏行"/"隐藏列"项。

③ 通过拖动鼠标隐藏。

操作方法：将鼠标光标移到想要隐藏的行的行号下边界/列的右边界→拖动鼠标往上或往左直至行号/列号被隐藏起来。

（2）行和列的显示

如果要将工作表被暂时隐藏的数据显示出来，可以将已被隐藏的行或列重新显示出来。

① 通过快捷菜单显示。

操作方法：选定被隐藏行的上一行和下一行/被隐藏列前一列和后一列→单击右键→选择"取消隐藏"项。

② 通过"格式"按钮显示。

操作方法：选定被隐藏行的上一行和下一行/被隐藏列前一列和后一列→选择"开始"卡→单击"单元格"组中的"格式"钮→选择"隐藏和取消隐藏"项→在列表中选择"取消隐藏行"/"取消隐藏列"项。

③ 通过拖动鼠标显示。

操作方法：将鼠标光标移到已隐藏的行的行号下边界/列的右边界→当鼠标光标显示为"↕"或"↔"时拖动鼠标光标往下或往右直至行号/列号显示出来。

6. 单元格、行和列的复制、移动和选择性粘贴

（1）单元格、行和列的复制与移动

单元格、行和列的复制与移动主要通过鼠标直接拖动对象和通过剪贴板两种方式完成，具体操作如表 4–4 所示。

表 4–4 单元格、行和列的复制与移动

目标	操作方法
移动单元格、行和列	➢ 选定对象后，将鼠标光标移动到选定区域的边缘，当鼠标光标变成箭头形状时按下左键，再将鼠标拖动到目标区域 ➢ 选定对象→选择"开始"卡→"剪贴板"组→单击"剪切"钮→定位目标位置→"粘贴" ➢ 选定对象→单击右键→选择"剪切"→定位目标位置→"粘贴" ➢ 选定对象→按【Ctrl】+【X】组合键→定位目标位置→"粘贴"
复制单元格、行和列	➢ 选定对象后，将鼠标光标移动到选定区域的边缘，当鼠标光标变成箭头形状时按下左键，并按住【Ctrl】键的同时拖动鼠标到目标区域 ➢ 选定对象→选择"开始"卡→"剪贴板"组→单击"复制"钮→定位目标位置→"粘贴" ➢ 选定对象→单击右键→选择"复制"→定位目标位置→"粘贴" ➢ 选定对象→按【Ctrl】+【C】组合键→定位目标位置→"粘贴"

※ 提示：

① 在默认情况下，复制操作是指复制对象的全部，包括内容和源格式，此外还可以将对象"复制为图片"。

② 除了从剪贴板中通过"粘贴"将数据复制到目标位置以外，还可以借助右键快捷菜单中的"插入复制的单元格"选项来完成。

③ 移动和复制对象时，从剪贴板粘贴内容时，只需选择目标区域的第一个单元格即可，系统会自动将内容对应到其他相应的单元格。

（2）单元格、行和列的粘贴

在 Excel 2010 中，实现粘贴的方式有功能区的粘贴按钮、右键快捷菜单中的"粘贴选项"和选择性粘贴，以及按组合键【Ctrl】+【V】。其中，功能区的粘贴按钮和【Ctrl】+【V】默认为粘贴对象的值和源格式。如果用户想复制对象的特定内容或属性实现不同的粘贴效果，则可以通过"粘贴选项"和"选择性粘贴"来完成。

① 粘贴选项。

系统提供的粘贴选项如图 4–20 所示，包括粘贴全部、粘贴公式、粘贴值、粘贴值和数字格式以及粘贴值和源格式等。

打开粘贴选项的方式有三种。

方法一：选择"开始"卡→单击"剪贴板"组中。

方法二：选定目标位置→单击右键，粘贴选项即出现在快捷菜单中。

方法三：执行默认的粘贴（【Ctrl】+【V】）→单元格右侧出现粘贴选项按钮→单击此按钮也可以弹出相应的粘贴选项。

用户在选择粘贴选项时，还可以借助粘贴预览功能实时预览到各种粘

图 4–20 粘贴选项

贴模式，即当用户的鼠标移到某个粘贴选项上，可在辅助区立即看到粘贴的预览效果。
② 选择性粘贴。

除了从粘贴选项选择不同的粘贴属性以外，还可以通过"选择性粘贴"对话框实现进一步的设置。此外，"选择性粘贴"对话框中，"运算"一栏还可以用于指定被复制对象与目标对象之间的数据的运算关系，如选择"加"，则可将被复制对象的数据与目标对象的数据相加后的结果显示在目标对象中。

操作方法：选择被复制的对象→"复制"→定位到目标位置→选择"开始"卡→单击"剪贴板"组中"粘贴选项"粘贴→"选择性粘贴"项→弹出"选择性粘贴"框→选择粘贴的选项→单击"确定"钮。

例 4.3 在"学生成绩表"的工作表 Sheet1 中进行单元格操作，得到如图 4-5 所示效果。① 插入表格标题，并居中显示；② 清除"姓名"、"性别"和"系别"列的数据的格式；③ 调整行高；④ 调整列宽。

操作步骤如下所示：
① 插入表格标题，并居中显示。

操作方法：选择工作表 Sheet1 中第 1 行→单击右键→选择"插入"项→在空白行的第一个单元格 A1 中输入"学生成绩表"→选择 A1 到 K1 区域→选择"开始"卡→单击"对齐方式"组中的"合并后居中"钮。

② 清除"姓名"、"性别"和"系别"列的数据的格式。

操作方法：选择 C3 到 E10 单元格区域→选择"开始"卡→单击"编辑"组中的"清除"钮→选择"清除格式"项。

③ 调整行高。

为各行指定自定义的行高值。操作方法：选择第 1 行→单击右键→选择"行高"项→弹出"行高"框→输入行高值为"24"→单击"确定"钮→选择第 2 行到第 10 行→单击右键→选择"行高"项→弹出"行高"框→输入行高值为"20"→单击"确定"钮。

④ 调整列宽。

由于单元格的内容或多或少，默认的列宽不合适，导致部分单元格的内容显示不完整。例如，图 4-16 所示的"学号"、"班级"列数据和 H1 单元格显示内容不完整，所以采用自动调整列宽。操作方法：选定第 A 列到第 K 列→单击其中的一个列边界自动调整列宽，最后得到如图 4-5 所示效果。

4.3 子案例二：学生成绩表的数据计算与美化

子案例二的效果如图 4-21 所示。
要完成图 4-21 效果需要使用 Excel 2010 的以下功能：
➢ 公式与函数的使用
➢ 单元格格式的设置
➢ 条件格式的设置
➢ 工作表格式的套用
➢ 工作表的基本操作

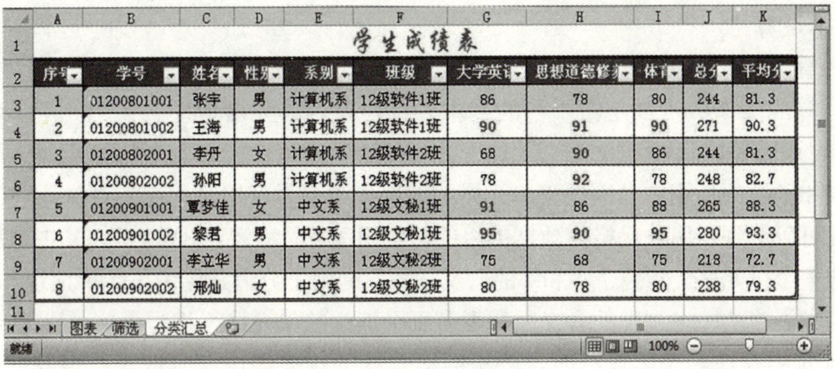

图 4-21 子案例效果图

4.3.1 公式与函数的使用

【提要】

本节介绍公式与函数的使用，主要包括：
- 公式的使用
- 函数的使用
- 公式和函数的复制
- 引用单元格

工作表中的数据通常需要进行求和、求平均值、比较和统计等各种运算，可通过在单元格中输入公式和函数来完成。数据计算是 Excel 2010 的重要功能之一，熟练使用公式和函数对数据进行各种运算能大大提高工作的效率。在默认情况下，工作簿的计算方式设置为"自动重算"，即"计算选项"为自动（见图 4-22）。当参与计算的数据更新后，公式和函数的运算结果也会自动更新。如果想更改公式的有关选项，可通过 "文件"卡→选择"选项"项→弹出"Excel 选项"框→选择"公式"卡，或通过"公式"卡→选择"计算"组→"计算选项"项进行设置。

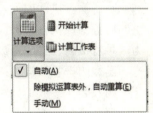

图 4-22 计算选项

1. 公式的使用

公式是对数据进行计算的等式。在 Excel 中，公式以等号"="开头，由运算符、函数、常量和单元格引用组成。值得注意的是，公式中必须使用半角符号。

（1）运算符

作为公式中的基本元素之一，运算符对整个运算起着非常重要的作用。在 Excel 中，运算符可以分为算术运算符、比较运算符、文本运算符和引用运算符四种类型。

① 算术运算符。

算术运算符主要用于数学计算，有"+"（加）、"-"（减/负数）、"*"（乘）、"/"（除）、"%"（百分比）和"^"（乘幂）。

② 比较运算符。

比较运算符主要用于数值的比较，有"="（等于）、">"（大于）、"<"（小于）、">="（大于或等于）、"<="（小于或等于）和"<>"（不等于）。比较运算结果为逻辑值，即"TRUE"或"FALSE"。

③ 文本运算符。

文本运算符用于将两个或多个文本连接在一起。文本运算符只有一个，用"&"表示，参与连接运算的操作数可以是带引号的文本，也可以是单元格地址。

④ 引用运算符。

在公式和函数的使用中，需要将单元格的地址作为变量使用时，称为"单元格引用"，借助单元格地址可以达到引用单元格内数据的目的。引用运算符有","和":"。其中","用于分隔被列举的若干个单元格，相当于"和"的含义。":"则用于分隔起始的单元格地址和结尾的单元格地址，相当于"从……到"的含义，代表若干个连续的单元格，称为"单元格区域引用"。

当运算式中存在多个运算符时，将按照运算符的优先级由高到低进行运算，相同优先级的运算符则按从左到右顺序进行计算，优先计算括号内的表达式。

运算符的优先级别如下：（从左到右依次递减）

( ) → :、, → % → ^ → *、/ → +、- → & → =、<、>、<=、>=、<>

（2）创建公式

① 手动输入。

手动输入是指由用户直接输入公式，即在等号"="后面输入公式的全部内容。输入在单元格中的公式也会同步出现在编辑框中。

② 单击输入。

输入公式时，通过单击单元格将单元格地址输入到公式中，不用手动输入全部内容。操作方法：选定要输入公式的单元格→在单元格内直接输入以"="开头的公式→按【Enter】键。

2. 函数的使用

除了输入执行加、减、乘、除等基本数学运算的公式外，用户还可以使用 Excel 2010 提供的内置函数执行大量操作。函数是一些预定义的公式，通过参数接收数据并返回结果。作为一种特殊的公式，函数也必须以等号"="开始。

函数的一般结构为：

函数名（参数1，参数2，…）

每个函数都有一个唯一的名称，并都有一个返回值。参数可以是常量、单元格（单元格引用或单元格区域引用）、区域、区域名、公式或其他函数。参数的个数是不确定的，具体个数由函数决定。

函数的类型有很多种，包括数学和三角函数、统计函数和逻辑函数等，既可以通过"公式"选项卡的"函数库"（见图 4-23）直接调用，也可以通过打开"插入函数"对话框（见图 4-24）来选用，在该对话框中会显示出被选中函数的简短说明。此外，还可以通过输入简短的说明来搜索函数。数据处理的应用领域不同，需要选择的函数也不同，限于篇幅的原因，本节只简要介绍部分经常使用的函数，其他函数的功能和使用请参考 Excel 2010 的"帮助"信息。

图 4-23 "公式"选项卡的"函数库"功能组

(1) 常见函数

① 求和函数 SUM。

格式：SUM（参数 1，参数 2，…）

② 求平均值函数 AVERAGE。

格式：AVERAGE（参数 1，参数 2，…）

③ 求最大值函数 MAX。

格式：MAX（参数 1，参数 2，…）

④ 求最小值函数 MIN。

格式：MIN（参数 1，参数 2，…）

⑤ 统计函数 COUNT。

格式：COUNT（参数 1，参数 2，…）

功能：统计参数 1、参数 2、…中数值的个数，结果为数值型数据。

⑥ 统计符合条件的对象个数的函数 COUNTIF。

格式：COUNTIF（range，criteria）

功能：range 表示要对其进行计数的单元格区域，criteria 表示条件，用于定义将对哪些单元格进行计数，结果为数值型数据。

⑦ 乘积函数 PRODUCT。

格式：PRODUCT（参数 1，参数 2，…）

功能：计算参数的所有数字的乘积，返回乘积作为结果。

⑧ 条件函数 IF。

格式：IF（条件，结果 1，结果 2）

功能：当条件为 TRUE 时，得到结果 1；否则得到结果 2。

(2) 函数的输入和编辑

如果要使用函数，既可以手动输入函数，也可以通过功能区的"函数库"快速插入常用函数，还可以通过"插入函数"对话框输入函数。

① 手动输入函数。

手动输入是指直接在单元格或编辑框中输入函数名和有效的参数，先输入"="，再输入函数的第一个字母，此时单元格下方会出现以该字母开头的函数列表供用户选择，并且显示出函数的功能简介。从列表中双击选择相应函数或自己输入完整的函数名，在括号中输入参数或单击选择单元格区域作为参数，按【Enter】键或单击编辑栏的工具按钮✓。

② 通过功能区"函数库"输入函数。

操作方法：选定要输入函数的单元格→选择"公式"卡→"函数库"组→从提供的类别中单击选择需要的函数→输入参数→单击"确定"钮。

③ 通过"插入函数"对话框输入函数。

根据打开"插入函数"对话框的方式不同，有以下四种方法：

方法一：选定要输入函数的单元格→单击编辑栏的工具按钮 ƒx→弹出"插入函数"框（见图 4-24）→选择需要的函数类别和函数名→单击"确定"钮→弹出"函数参数"框（见图 4-25）→输入参数或单击折叠对话框按钮 到工作表中选择参数→单击"确定"钮。

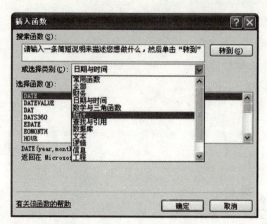

图 4-24 "插入函数"对话框

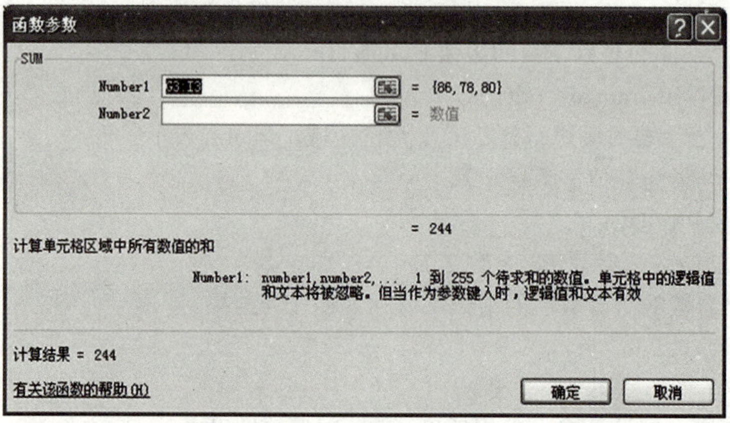

图 4-25 "函数参数"对话框

方法二：选定要输入函数的单元格→选择"开始"卡→单击"编辑"组中 Σ 自动求和▼ 的展开按钮→在列表中选择"其他函数"项→弹出"插入函数"框→后续操作同方法一。

方法三：选定要输入函数的单元格→选择"公式"卡→"函数库"组→单击"插入函数"钮→弹出"插入函数"框→后续操作同方法一。

方法四：选定要输入函数的单元格→输入"="→从名称框中选择"其他函数"→弹出"插入函数"框→后续操作同方法一。

如果要插入的函数是"自动求和"、"平均值"或"计数"等常用函数，推荐使用的操作方法：选定要输入函数的单元格→选择"开始"卡→单击"编辑"组中 Σ 自动求和▼ 的展开按钮→在列表中选取函数→确认参数→按【Enter】键。

3. 公式和函数的复制

（1）公式和函数的自动填充

在单元格中输入公式或函数以后，往往需要在相邻的单元格区域中进行同类型的计算。这时，除了采用"复制"和"粘贴"的方法外，还可以利用自动填充的方式复制公式或函数，操作方法与填充相同数据一样。

（2）复制公式或函数的结果

使用公式或函数进行计算后，有时只需要计算的结果，而不需要复制公式本身，则可以只复制公式或函数的结果。操作方法：选定已使用公式或函数的单元格或区域→按组合键【Ctrl】+【C】→选定目标单元格或区域→单击右键→从"粘贴选项"中选择"粘贴值"项，也可以通过在"选择性粘贴"对话框中选定"值"来完成。

例 4.4 在"学生成绩表"的工作表 Sheet1 中计算每个同学的成绩的总分和平均分，得到如图 4-26 所示效果。① 计算总分；② 计算平均分。

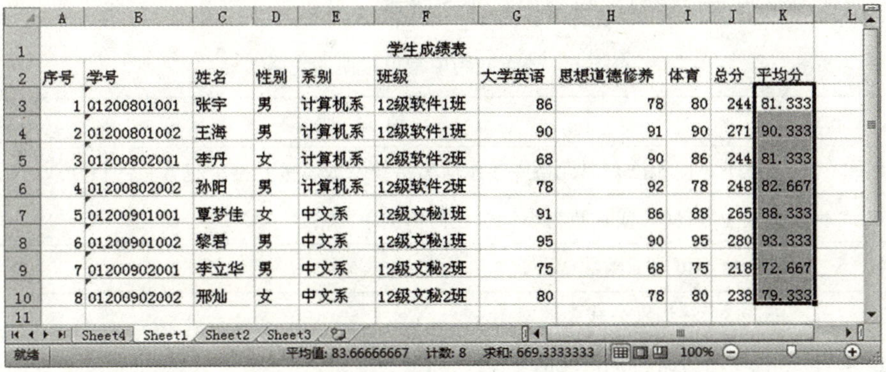

图 4-26 计算结果

操作方法如下：

① 计算总分。

要把所有同学的总分都计算出来，先使用"自动求和"函数计算第一个同学的总分，然后填充公式，快速计算其他同学的总分。操作方法：选择单元格 J3→选择"开始"卡→单击"编辑"组中 Σ 自动求和 ▾→确认参与求和的参数为 G3:I3→单击工具按钮 ✓ 或按【Enter】键（见图 4-27）→选中单元格 J3→移动鼠标光标到单元格的右下角小黑点处→拖动填充柄至覆盖单元格 J10，公式即可自动填充到 J4 到 J10 的所有单元格中。

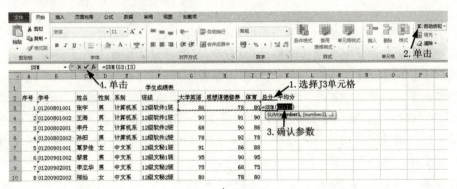

图 4-27 计算总分

② 计算平均分。

计算平均分的操作和计算总分类似，注意确认参数为"G3:I3"。操作方法：选择单元格 K3→选择"开始"卡→单击"编辑"组中 Σ 自动求和 ▾ 的展开按钮→在下拉列表中选择"平均值"项→将系统提供的参数"G3:J3"改为"G3:I3"→单击工具按钮 ✓ 或按【Enter】键→选中单元格 K3→移动鼠标光标到单元格的右下角小黑点处→拖动填充柄至覆盖单元格 K10，得到如图 4-26 所示效果。

※ 提示：

① 使用公式和函数时应该注意的问题：函数都以等号（=）开头；左括号和右括号匹配；输入所有必需的参数，且参数的类型正确；函数的嵌套不超过 64 层；乘以数字时使用 "*" 符号；在公式中的文本两侧使用引号；在公式中引用工作表名称时，表名后有一个感叹号（!）；包含外部工作簿的路径；避免除数为零；避免在公式参数中使用带有小数分隔符的数字等。

② 公式使用中常见错误的说明，如表 4-5 所示。

表 4-5 公式使用中常见错误的说明

错误信息	说明
#####	列宽不足而无法在单元格中显示所有字符，或者单元格中包含负的日期或时间值
#DIV/0!	除数为零（0）或除数为不包含任何值的单元格
#N/A	某个值不可用于函数或公式
#NAME?	Excel 无法识别公式中的文本
#NULL!	指定两个不相交的区域的交集
#NUM!	公式或函数包含无效数值
#REF!	单元格引用无效
#VALUE!	公式中包含具有不同数据类型的单元格

4. 引用单元格

在使用公式或函数进行计算的过程中，经常需要引用单元格或单元格区域中的数据作为参数。单元格的引用就是采用单元格地址，即所在位置的行列号组合，以指明公式或函数中参数在工作表中的位置。单元格的引用分为相对引用、绝对引用、混合引用和三维引用。

（1）相对引用

相对引用表示某一单元格相当于当前单元格的相对位置，除非特别指明，Excel 2010 中默认使用相对引用。在复制公式或函数时，相对引用的单元格地址会自动更新。

完成例 4.4 中的函数自动填充后，从表中可以发现，同样进行求和计算的单元格 J3 到 J10 的公式的参数不同，被复制的单元格 J3 内容为 "=SUM（G3:I3）"，而被填充的单元格 J4 内容为 "=SUM（G4:I4）"，单元格 J5、J10 内容分别为 "=SUM（G5:I5）" 和 "=SUM（G10:I10）"。可见在填充后，公式中引用的单元格地址会根据被填充的位置自动进行调整，即使用单元格地址的相对引用。

（2）绝对引用

绝对引用表示某一单元格在工作表中的绝对位置，在单元格的行号和列号前加上美元符号 "$"。在复制公式和函数时，绝对引用的单元格地址不会发生任何变化，总是引用特定的单元格，即只能使用同样的数据进行同一种计算。移动函数时默认使用绝对引用，即单元格地址保持不变。

如果把例 4.4 中 J3 单元格的公式改为 "=SUM（$G$3:$I$3）"，再进行公式的自动填充，那么 J4 到 J10 的所有单元格中均被填充为 "=SUM（$G$3:$I$3）"，即引用相同的单元格进行相同的计算，这就是使用单元格地址的绝对引用，最后从 J4 到 J10 得到与 J3 相同的结果

"244"。

(3) 混合引用

混合引用是指相对引用和绝对引用的混合使用，公式或函数被复制后，相对引用的单元格地址自动更新，绝对引用的单元格地址保持不变。

(4) 三维引用

三维引用是指引用同一工作簿中其他工作表中的单元格或单元格区域中的数据。引用的格式为：工作表名！单元格地址，切换到另一工作表单击引用的单元格后，其工作表名会自动出现在单元格地址前。

※ 提示：

① 上述四种引用都是针对同一工作簿中单元格的引用。此外，公式或函数中还可以引用不同工作簿的单元格，甚至其他应用程序中的数据。引用不同工作簿中的单元格称为外部引用；引用其他程序中的数据称为远程引用。

② 按【F4】键可以在单元格的相对引用和绝对引用之间进行切换。

4.3.2 工作表的格式化

【提要】

本节介绍工作表的格式化，主要包括：
- 设置单元格的格式
- 设置条件格式
- 套用单元格样式
- 套用表格格式
- 格式的复制和清除

电子表格不但需要详尽、准确的数据，而且需要通过设置单元格的格式来美化工作表。

1. 设置单元格的格式

设置单元格的格式既可以通过功能区中"开始"选项卡中的对应功能选项（见图4-28）来完成，也可以通过"设置单元格格式"对话框（见图4-8）来完成。

图4-28　用于单元格格式设置的功能区

"设置单元格格式"对话框有六个选项卡，包括"数字"、"对齐"、"字体"、"边框"、"填充"和"保护"，可以根据需要选择其中对应的选项卡来进行设置。通过"设置单元格格式"对话框来设置格式的操作方法：选定单元格区域→单击右键→选择"设置单元格格式"项→弹出"设置单元格格式"框→选择相应的选项卡→进行相关设置→单击"确定"钮。其实，单击功能区中"开始"选项卡中的"数字"、"对齐"和"字体"功能选项组右下角的对话框启动器，也可以显示出"设置单元格格式"对话框中对应的选项卡。

此外，还可以通过浮动的格式工具栏来设置某些格式，如图4-29所示。在工作区中选择单元格或单元格区域后，单击右键，会在选定对象的附近出现一个浮动的格式工具栏，单击

图 4-29 浮动格式工具栏

格式工具栏上的按钮就可以进行相应的设置。

（1）数字

单元格中的数字可分为常规、数值、货币、会计专用、日期、时间和文本等类型。数字是用于设置单元格中数字的类型。用户既可以通过"开始"选项卡中的"数字"功能组进行设置，也可以打开"设置单元格格式"对话框中的"数字"选项卡进行设置。

（2）对齐

对齐是指单元格中的数据显示在单元格中上、下、左、右的相对位置。在 Excel 2010 中，用户可以分别从水平方向和垂直方向设置文本的对齐方式，还可以更改文本方向，以及通过文本控制复选框实现单元格数据的自动换行、缩小字体填充和合并单元格等操作。

用户可以直接使用"开始"选项卡中的"对齐"功能组完成简单设置，也可以在"设置单元格格式"对话框的"对齐"选项卡中进行详细设置。

（3）字体

字体格式通常包括字体、字号、字形和颜色等。在默认情况下，Excel 2010 中的字体格式为"宋体、黑色、11 号"。在设置字体、字号的时候，当鼠标光标指向某个字体或字号时，可即时预览到对应的效果。

用户可直接使用"开始"选项卡中的"字体"功能组完成简单设置，也可以在"设置单元格格式"对话框的"字体"选项卡中进行详细设置。

（4）边框

Excel 2010 工作表中显示的灰色网格线是为了方便编辑而建立的，默认情况下是打印不出来。如果希望表格突出，显示出清晰的表格线，则需要对表格的边框进行设置。用户可以在"设置单元格格式"对话框的"边框"选项卡中（见图 4-30）进行边框位置、线型和颜色的设置，还可利用浮动格式工具栏上的边框按钮⊞▾进行边框的简单设置。此外，单击"字体"功能组中⊞▾的展开按钮后，弹出的下拉列表提供了更多的操作选择，用户即可从中选择"绘制边框"以自行绘制边框。

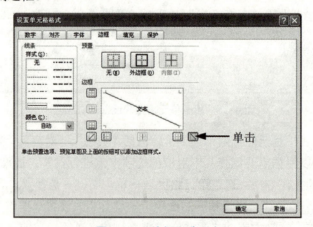

图 4-30 "边框"选项卡

如果不设置边框，仅需打印时显示边框线，则只需设置打印网格线。常用的操作方法：打开"页面布局"卡→选中"工作表选项"组中"网格线"的"打印"复选框。

※ **提示**：在 Excel 2010 中可利用"边框"选项卡中的斜线按钮为表格制作斜线表头，操作方法：选定表头单元格→单击右键→选择"设置单元格格式"项→弹出"设置单元格格式"框→选择"边框"卡→选中斜线按钮→单击"确定"钮，如图 4-30 所示。

此外，还可以通过绘制表格的方法制作斜线表头，操作方法：选择"开始"卡→单击"字体"组中田▼的展开按钮→从列表中选择"绘制边框"项→用鼠标在单元格中画斜线。

制作斜线表头后，用换行的组合键【Alt】+【Enter】可在单元格中输入多行文字作为标题。

（5）填充

填充是指为单元格设置背景图案和颜色，使单元格的外观更加突出和美观。如果用户只需为表格设置纯色背景，则可以单击"字体"功能组中的填充按钮 右侧的展开按钮▼，从弹出的调色板中选择需要的颜色；如果用户想为表格设置渐变、网纹以及图案等效果作为背景，则在"设置单元格格式"对话框的"填充"选项卡中进行底纹颜色和式样（图案）的设置。

2. 设置条件格式

条件格式是指基于设置的条件更改单元格区域的外观，将符合条件的数据以一种指定的特殊格式突出地显示出来，不符合条件的数据则不以该格式显示。通过为数据应用条件格式，只需快速浏览即可立即识别一系列数值中存在的差异。

在 Excel 2010 中，条件格式的功能得到增强，可以设置突出显示单元格规则、项目选取规则来突出所关注的单元格、强调异常值，以及使用数据条、色阶、图标集来直观地显示数据等，如图 4-31 所示。除了单击"条件格式"按钮后从展开的列表中直接选用系统提供的规则以外，还可以通过"新建规则"或联级选项中的"其他规则"来设置更多的规则和格式。

图 4-31 条件格式列表

① 使用突出显示单元格规则显示数据：可设置大于、小于或等于某个值的规则；介于某两个值之间的规则、文本中包含某个值的规则、发生日期包含指定日期的规则和重复值等条件规则，当单元格中数据满足设置的某个规则时，就突出显示出来。

② 使用项目选取规则突出显示数据：可根据指定的截止值查找单元格中的最高值和最小值等。

③ 使用数据条分析行或列的数据：可帮助用户查看某个单元格相对于其他单元格的值，便于观察大量数据中的较高值和较低值。数据条的长短与单元格中的值的大小成正比。

④ 使用色阶分析行或列的数据：使用两种颜色或三种颜色的深浅程度来表示值的高低，便于用户了解数据的分布和数据的变化。

⑤ 使用图标集分析行或列的数据：在每个单元格中显示图标集中的一个，每个图标表示一个值的范围。使用图标集可以对数据进行注释，并且可按阈值将数据分为 3~5 个类别。

应用条件格式的操作方法：选定单元格区域→选择"开始"卡→单击"样式"组中的"条件格式"钮→从展开列表中设置条件或新建规则。

当不再需要单元格区域中已设置的条件格式规则时，可以通过"条件格式"按钮的展开列表中"清除规则"来实现"清除所选单元格的规则"或"清除整个工作表的规则"。

3. 套用单元格样式

单元格样式是一组已定义好的单元格格式的集合，包含对数据和模型、标题、数字格式等的设置。直接套用系统提供的单元格样式，可以提高设置单元格格式的效率。

操作方法：选择单元格→选择"开始"卡→单击"样式"组中的"单元格样式"钮→选择合适的样式。此外，用户还可以新建单元格样式和合并样式。

如果对系统提供的单元格样式不满意，还可以再对给出的样式进行修改。操作方法：右键单击某个样式→选择"修改"项→弹出"样式"框→设置其中选项或通过"格式"按钮设置格式→单击"确定"钮。

当需要清除单元格中已设置的样式时，只需从"单元格样式"中选择"好、差和适中"下的"常规"选项即可。

4. 套用表格格式

Excel 为用户提供了浅色、中等深浅和深色三类共 60 种常用的表格格式，如图 4-32 所示，用户可直接套用这些预定义的格式，实现整个工作表的快速格式化。在选用了某一种表格样式后，还可以通过"设计"选项卡的"表格样式选项"进行标题行、汇总行等的设置。

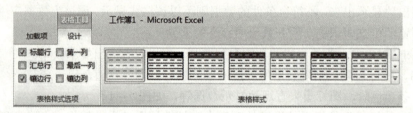

图 4-32 "设计"选项卡

操作方法：选定表格区域→选择"开始"卡→单击"样式"组中的"套用表格格式"钮→选定需要的某种格式→弹出"套用表格式"框→确认"表数据的来源"→单击"确定"钮。

套用表格格式后，在应用格式的单元格区域右下角会显示一个蓝色标记，将鼠标光标指向该标记，当光标变成可拖动状态时，向下拖动鼠标可将格式应用到所覆盖过的单元格区域内。

如果要撤销应用的表格格式，通常操作方法：选定已设置格式的单元格区域→选择"开始"卡→单击"编辑"组中的"清除"钮→选择"清除格式"项。

5. 格式的复制和清除

如果需要在工作表的不同位置使用相同格式，为了操作方便，可以进行格式的复制。其操作方法有两种：

方法一：选定已有需要格式的单元格或单元格区域→选择"开始"卡→单击"剪贴板"组中 格式刷 →单击要应用该格式的单元格或拖动一个区域，即可复制格式到目标单元格或单元格区域。

方法二：选定已有需要格式的单元格或单元格区域→选择"开始"卡→单击"剪贴板"组中"复制"钮→选定目标单元格或区域→单击右键→在"选择性粘贴"中选择"格式"（或在"选择性粘贴"对话框中选择"格式"）。

如果想在不影响单元格内容的情况下,清除单元格格式,可以采用以下操作方法:选定需要清除格式的单元格→选择"开始"卡→单击"编辑"组中 清除·→选择"清除格式"项。

例 4.5 对例 4.4 得到的"学生成绩表"进行格式化操作,得到如图 4-39 所示效果。① 设置平均分保留 1 位小数;② 设置标题"学生成绩表"为华文行楷、20 磅、蓝色;③ 设置表格中所有文本居中对齐;④ 设置表格的外边框为双实线、内边框为单实线;⑤ 设置"大学英语"、"思想道德修养"和"体育"列的分数中大于等于 90 分红色加粗显示;⑥ 套用表格格式。

操作步骤如下:

① 设置平均分保留 1 位小数。

操作方法:选择平均分所在区域 K3:K10→单击右键→选择"单元格格式"项→弹出"设置单元格格式"框→选择"数字"卡→设置分类为"数值"→小数位数为"1"位→单击"确定"钮。

② 设置标题"学生成绩表"为华文行楷、20 磅、蓝色。

操作方法:选择标题"学生成绩表"所在单元格→选择"开始"卡→从"字体"组的字体列表框中选择"华文行楷"→从字号列表框中选"20"→单击字体颜色的展开按钮→选择"蓝色"(见图 4-33)。

③ 设置表格中所有文本水平和垂直都居中对齐。

操作方法:选择 A2:K10 区域→选择"开始"卡→单击"对齐方式"组的"水平居中"钮→单击"垂直居中"钮(见图 4-34)。

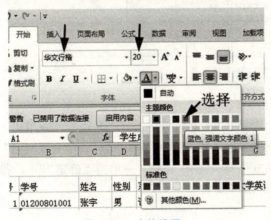

图 4-33 字体设置

图 4-34 设置对齐方式

④ 设置表格的外边框为双实线、内边框为单实线。

操作方法:选择 A2:K10 区域→单击右键→选择"设置单元格格式"项→弹出"设置单元格格式"框→选择"边框"卡→按图 4-35 设置边框→单击"确定"钮。

⑤ 设置"大学英语"、"思想道德修养"和"体育"列的分数中大于等于 90 分红色加粗显示。

操作方法:选择 G2:I10 区域→选择"开始"卡→单击"样式"组中的"条件格式"钮→在列表中选择"突出显示单元格规则"→从下级列表中选择"其他规则"项→弹出"新建格式规则"框→按图 4-36 设置规则→单击"格式"钮→弹出"设置单元格格式"框→选择"字

体"卡→设置颜色:"红色",字形:"加粗"→单击"确定"钮→返回"新建格式规则"框(见图 4-36),预览格式效果→单击"确定"钮,得到如图 4-37 所示条件格式的效果。

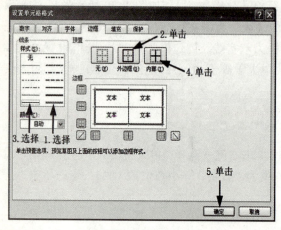

图 4-35 设置边框　　　　　　　　　图 4-36 新建格式规则

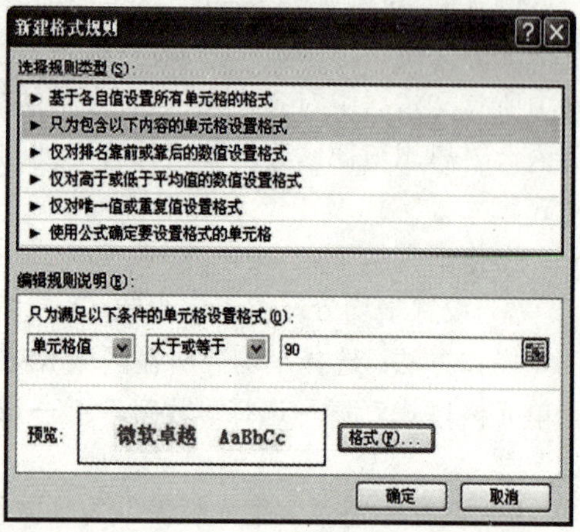

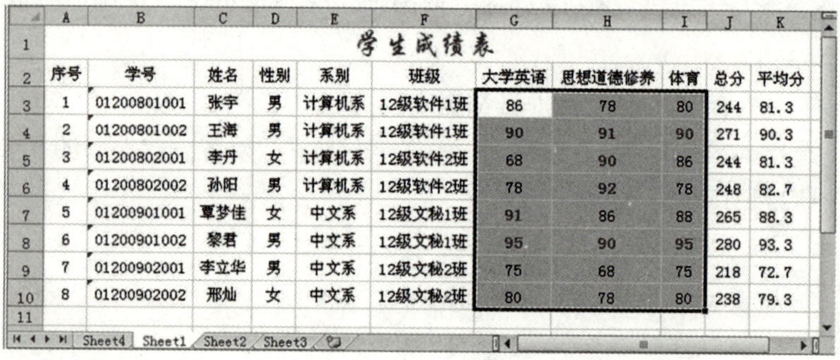

图 4-37 条件格式设置效果

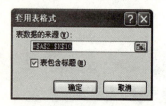

图 4-38 "套用表格式"对话框

⑥ 套用表格格式。

操作方法:选择 A2:K10 区域→选择"开始"卡→单击"样式"组中的"套用表格格式"钮→选择"表样式中等深浅 5"→弹出"套用表格式"框(见图 4-38)→单击"确定"钮,得到如图 4-39 所示的最终效果。

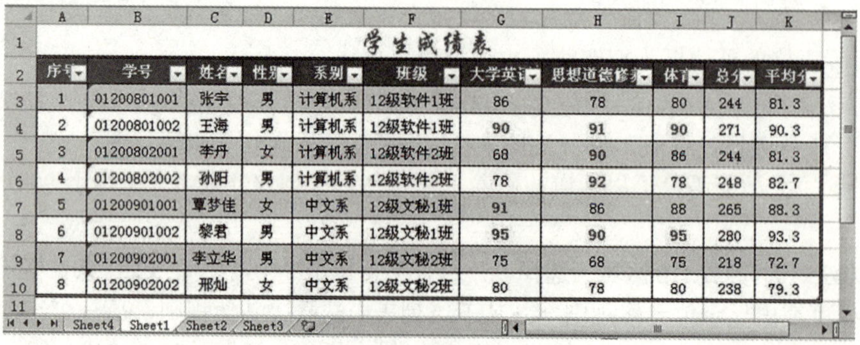

图 4-39 套用表格格式的最终效果

4.3.3 工作表的基本操作

【提要】

本节介绍工作表的基本操作，主要包括：
- 工作表的管理
- 工作表的视图
- 工作表窗口的拆分和冻结

工作表是工作簿的基本组成单位，用于存储和管理数据。工作表之间以工作表的标签加以区别，单击工作表标签可以选择或切换到对应的工作表。

1. 工作表的管理

（1）选择工作表

工作表的选择操作是工作表最基础的操作，只有选择工作表后，才能进行重命名、复制和移动等其他操作。在默认情况下，被选择的工作表的标签显示为白色，如图4-40所示。

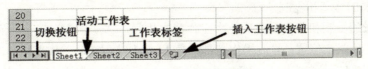

图 4-40 工作表标签区域

① 选择单张工作表。

操作方法：用鼠标单击工作表标签。

② 选择多张相邻的工作表。

操作方法：先单击第一张工作表的标签，按住【Shift】键单击最后一张工作表的标签。

③ 选择多张不相邻的工作表。

操作方法：单击第一张工作表的标签，按住【Ctrl】键，再逐个单击其他工作表的标签。

④ 选择全部工作表。

操作方法：在工作表标签处单击鼠标右键，在弹出的快捷菜单中单击"选定全部工作表"即可。

（2）工作表的重命名

为了便于识别，可以对默认命名的工作表进行重命名，操作方法如下：

方法一：右键单击工作表标签→从如图4-41所示的快捷菜单中选择"重命名"→表名处于可编辑状态→输入新表名。

方法二：双击工作表标签→表名处于可编辑状态→输入新表名。

方法三：单击标签选定工作表→选择"开始"卡→单击"单元格"组中的"格式"钮→选择"重命名工作表"项→表名处于可编辑状态→输入新表名。

（3）插入新工作表

如果原有工作表不够，需增加工作表，可通过以下三种操作方

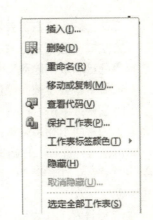

图 4-41 工作表的快捷菜单

法在当前工作表之前插入新工作表。新工作表的名称将延续原有工作表的序号命名。

方法一：直接单击"插入工作表"按钮，如图4-40所示。

方法二：选定要插入新工作表的位置→选择"开始"卡→单击"单元格"组中的"插入"钮→选择"插入工作表"项。

方法三：右键单击工作表标签→选择"插入"项→弹出"插入"框→选择"工作表"项→单击"确定"钮。

（4）删除工作表

删除工作表很简单，最快捷的操作方法就是：右键单击工作表标签→在快捷菜单中选择"删除"钮。此外，还可以通过功能区的"删除"按钮，操作方法：单击工作表标签→选择"开始"卡→单击"单元格"组中"删除"的展开按钮→选择"删除工作表"项。

如果该工作表中包含有数据，还需要在弹出的对话框中单击"确定"才能完成删除操作。如果这个工作表从来没有使用过，系统就会立即删除，而不进行确认。

※ 提示：删除工作表是永久性操作，无法恢复。

（5）工作表的移动和复制

如果工作表的复制和移动是在同一个工作簿中执行，移动工作表最快捷的方法就是直接拖动工作表标签到指定位置，复制操作则是按住【Ctrl】键再拖动工作表标签，就会在目标位置得到当前工作表的一个副本。

图4-42 "移动或复制工作表"对话框

如果需要在不同的工作簿中移动或复制工作表，则需要使两个工作簿都处于打开的状态，后面的操作是：选定要移动或复制的工作表→选择"开始"卡→单击"单元格"组中的"格式"钮→选择"移动或复制工作表"项（也可单击工作表标签→右键快捷菜单中选择"移动或复制"项）→弹出"移动或复制工作表"框（见图4-42）→选择操作的目标工作簿和插入位置→单击"确定"钮。如果是复制操作，还需选定"建立副本"复选框。

（6）隐藏与显示工作表

实际应用中，有时不希望被别人看到工作表中的某些数据，就需要将工作簿中的某些工作表暂时隐藏起来。

方法一：单击右键要隐藏的工作表标签→快捷菜单中选择"隐藏"。

方法二：选定要隐藏的工作表→选择"开始"卡→单击"单元格"组中的"格式"钮→选择"隐藏和取消隐藏"项→选择"隐藏工作表"项。

需要重新显示被隐藏的工作表时，执行取消隐藏的操作即可。

方法一：单击右键任一工作表标签→选择"取消隐藏"项→弹出"取消隐藏"框→选定要取消隐藏的工作表→单击"确定"钮。

方法二：选择"开始"卡→单击"单元格"组中的"格式"钮→选择"隐藏和取消隐藏"项→选择"取消隐藏工作表"项→弹出"取消隐藏"框→选定要取消隐藏的工作表→单击"确定"钮。

（7）设置工作表标签颜色

Excel 2010支持用户把工作表标签设置成不同颜色用以标识工作表。

操作方法：右键单击工作表标签→选择"工作表标签颜色"项→选择颜色（或通过选择"其他颜色"弹出的"颜色"框中选择颜色）→单击"确定"钮。

2. 工作表的视图

Excel 2010 提供了多种视图方式，有普通视图、页面布局视图、分页预览视图、自定义视图和全屏视图。

① 普通视图：该视图为默认的显示方式，用户通常在此方式下输入、编辑和查看数据，可通过滑动水平和垂直滚动条来浏览当前窗口无法完全显示的其他数据。

② 页面布局视图：用于查看文档的打印外观，文档显示为打印出来的工作表形式，可以查看工作表中所有电子表格的效果，也可以进行数据编辑。

③ 分页预览视图：预览文档打印时的分页位置，可调整页面的大小和每页显示的数据量。

④ 自定义视图：用于保存一组显示或打印设置，便于以后再次将该方式应用于文档。

⑤ 全屏视图：隐藏工作窗口中的功能区、标题栏和状态栏等，最大化地显示数据区域。

选择视图的操作方法：选择"视图"卡→单击"工作簿视图"组中某种视图方式对应的按钮。此外，状态栏上还提供了普通视图、页面布局视图和分页预览视图的切换按钮。

除了选用不同的视图方式来查看 Excel 文档以外，用户还可以为文档设置不同的显示比例。通常情况下，工作表是以 100%的比例显示，用户也可以根据实际情况缩小或放大工作表的显示比例，操作方法与 Word 2010 类似。

3. 工作表窗口的拆分和冻结

如果工作表中的数据较多，限于显示屏幕的尺寸，当向右或向下滚动窗口时左边或上面的内容就看不见了，出现所谓"见尾不见头"现象，导致无法始终显示想要的数据。解决这个问题可使用系统提供的窗口拆分和冻结功能。为便于编辑表格，用户可冻结或拆分窗口，但编辑结束后通常需要撤销冻结或撤销拆分，使原表格融为一体。

（1）窗口的拆分

拆分窗口是将工作表分成多个区域显示，滚动其中一个小窗格中的数据不会影响到其他窗格的数据。

① 拆分操作。

方法一：选定要拆分的行或列（或某一单元格）→选择"视图"卡→单击"窗口"组中的"拆分"钮，则从选定区域的上边缘或左边缘（或该选定单元格左上角）位置开始把原窗口拆分成两个窗口（或四个窗口）。

方法二：直接拖动分别位于垂直滚动栏上边缘和水平滚动栏右边缘的拆分栏到拆分位置，如图 4-43 所示。

方法三：选定单元格，双击水平或垂直拆分栏，系统将自动在当前的活动单元格的左边框或上边框位置进行分割。

② 撤销拆分。

方法一：直接双击水平或垂直拆分栏，或者水平和垂直拆分栏的交叉处。

方法二：选择"视图"卡→单击"窗口"组中的"拆分"钮。

方法三：把拆分栏拖回到拆分前的位置。

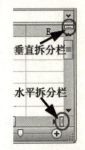

图 4-43　拆分栏

（2）窗口的冻结

冻结可使工作表中某一选定区域不随工作表的其他一起移动，而始终保持可见状态，冻结区域的下边界和右边界以黑线标识。

Excel 2010 提供的冻结方式有三种：冻结拆分窗格、冻结首行和冻结首列。

① 冻结拆分窗格。

冻结拆分窗格是从选定单元格位置开始冻结，将单元格的上方和左侧区域冻结起来。

操作方法：选定分界位置的单元格→选择"视图"卡→单击"窗口"组中的"冻结窗格"钮→选择"冻结拆分窗格"项。

② 冻结首行。

冻结首行是指只冻结工作表的首行，滚动工作表的其余部分时，保持首行始终可见。

操作方法：选择"视图"卡→单击"窗口"组中的"冻结窗格"钮→选择"冻结首行"项。

③ 冻结首列。

冻结首列是指只冻结工作表的首列，滚动工作表的其余部分时，保持首列始终可见。

操作方法：选择"视图"卡→单击"窗口"组中的"冻结窗格"钮→选择"冻结首列"项。

撤销以上三种冻结方式的方法都相同，操作方法：选择"视图"卡→单击"窗口"组中的"冻结窗格"钮→选择"取消冻结窗格"项。

例 4.6 对"学生成绩表"的工作表进行操作，得到如图 4-21 所示效果。① 删除工作表 Sheet2、Sheet3 和 Sheet4；② 复制工作表 Sheet1 生成两个副本；③ 分别将三张工作表重命名为"图表"、"筛选"和"分类汇总"。

操作步骤如下所示。

（1）删除工作表 Sheet2、Sheet3 和 Sheet4

工作表 Sheet4 是例 4.2 自 Access 导入数据生成的工作表，而 Sheet2 和 Sheet3 是空白表。

操作方法：单击工作表 Sheet4 标签→按住【Ctrl】先后单击工作表 Sheet2 和 Sheet3 标签→单击右键→选择"删除"项→弹出"删除询问"对话框（见图 4-44）→单击"删除"钮。

图 4-44 "删除询问"对话框

（2）复制工作表 Sheet1 生成两个副本

操作方法：单击工作表 Sheet1 标签→按住【Ctrl】往右拖动鼠标一次→重复操作一次，即可得到工作表 Sheet1 的两个副本 Sheet1（2）和 Sheet1（3）。

（3）分别将三张工作表重命名为"图表"、"筛选"和"分类汇总"

操作方法：双击工作表 Sheet1 标签→输入"图表"→按【Enter】→双击工作表 Sheet1（2）标签→输入"筛选"→按【Enter】→双击工作表 Sheet1（3）标签→输入"分类汇总"→按【Enter】，得到如图 4-21 所示效果。

4.4 子案例三:学生成绩表的数据统计和分析

在实际应用中,我们经常会遇到各种繁杂的数据,为了使数据具有更好的可读性和条理性,可使用 Excel 2010 提供的数据统计和分析功能对数据进行排序、筛选和分类汇总等操作,以帮助用户从数据中获取更多的有用信息。要借助 Excel 实现数据管理,需要使工作表中的数据满足数据清单的条件。

数据清单也称为数据列表,是包含相似数据的一组数据行,它是由工作表中的单元格组成的矩形区域,即一张二维表。它在 Excel 中被当作数据库处理,可以实现查询、排序、筛选和汇总等操作。一个工作表就相当于数据库中的一个表。

数据清单具有以下特点:

(1)对应于数据库,二维表中的一列称为一个字段,一行称为一条记录,其中第一行为表头,由各列的列标题(字段名)组成。

(2)二维表中不允许有空行或空列,也不允许有内容完全相同的两行数据,每一列的数据的性质和类型必须相同。

(3)工作表中数据清单和其他数据之间至少有一个空行和一个空列。

子案例三的效果如图 4-45~图 4-47 所示。

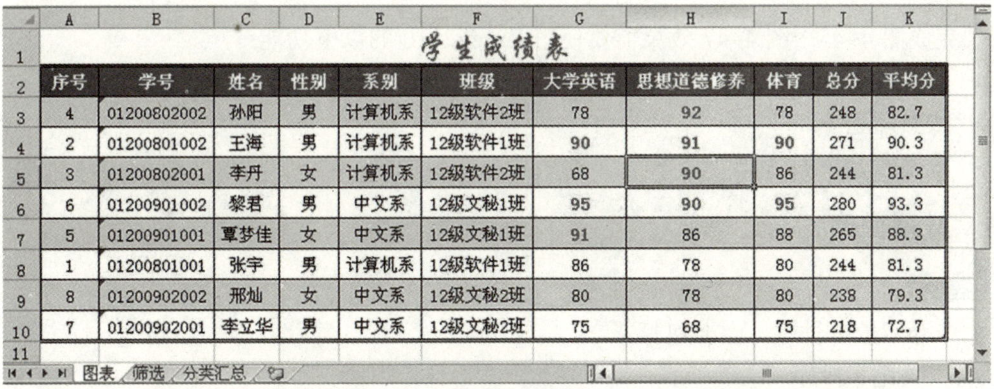

图 4-45 子案例效果图一

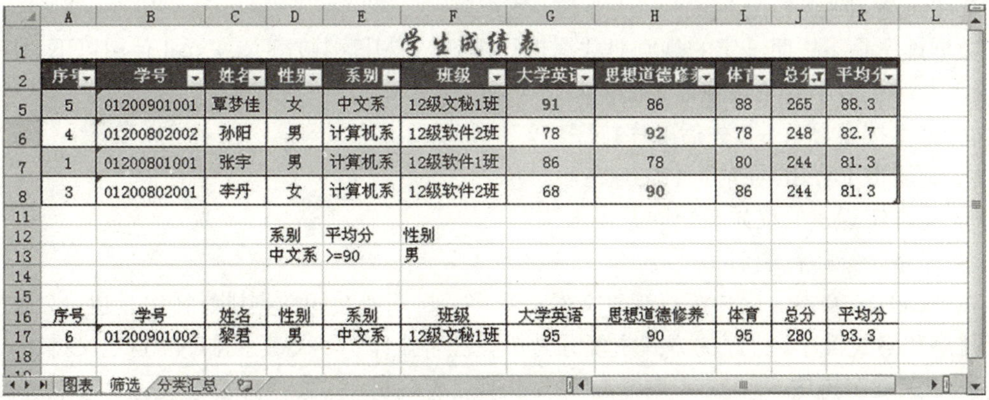

图 4-46 子案例效果图二

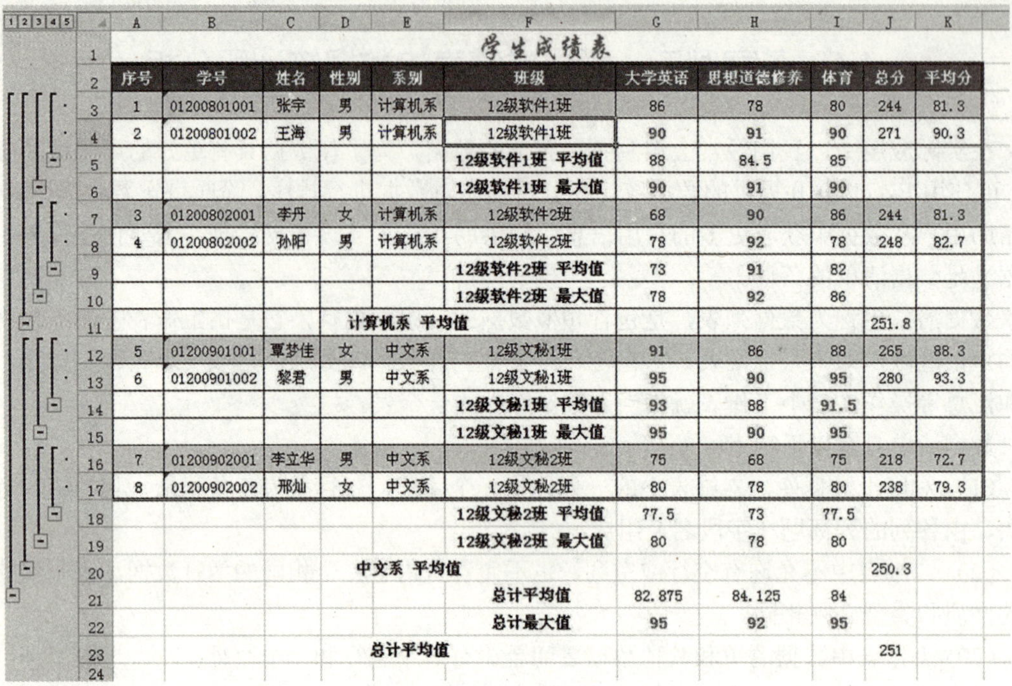

	A	B	C	D	E	F	G	H	I	J	K
1						学生成绩表					
2	序号	学号	姓名	性别	系别	班级	大学英语	思想道德修养	体育	总分	平均分
3	1	01200801001	张宇	男	计算机系	12级软件1班	86	78	80	244	81.3
4	2	01200801002	王海	男	计算机系	12级软件1班	90	91	90	271	90.3
5						12级软件1班 平均值	88	84.5	85		
6						12级软件1班 最大值	90	91	90		
7	3	01200802001	李丹	女	计算机系	12级软件2班	68	90	86	244	81.3
8	4	01200802002	孙阳	男	计算机系	12级软件2班	78	92	78	248	82.7
9						12级软件2班 平均值	73	91	82		
10						12级软件2班 最大值	78	92	86		
11						计算机系 平均值				251.8	
12	5	01200901001	覃梦佳	女	中文系	12级文秘1班	91	86	88	265	88.3
13	6	01200901002	黎君	男	中文系	12级文秘1班	95	90	95	280	93.3
14						12级文秘1班 平均值	93	88	91.5		
15						12级文秘1班 最大值	95	90	95		
16	7	01200902001	李立华	男	中文系	12级文秘2班	75	68	75	218	72.7
17	8	01200902002	邢灿	女	中文系	12级文秘2班	80	78	80	238	79.3
18						12级文秘2班 平均值	77.5	73	77.5		
19						12级文秘2班 最大值	80	78	80		
20						中文系 平均值				250.3	
21						总计平均值	82.875	84.125	84		
22						总计最大值	95	92	95		
23						总计平均值				251	
24											

图 4-47 子案例效果图三

要完成图 4-45～图 4-47 效果需要使用 Excel 2010 的以下功能：
➢ 数据排序
➢ 数据筛选
➢ 数据的分类汇总

4.4.1 数据排序

【提要】

本节介绍数据排序，主要包括：
➢ 单关键字排序
➢ 多关键字排序
➢ 自定义排序

数据排序是指按照一定的规则对数据进行排列。按升序排序时，Excel 使用以下顺序：
① 数字从最小的负数到最大的正数。
② 文本按字母 A～Z 先后顺序排序。
③ 逻辑值 FALSE 在前，TRUE 在后。
④ 全部错误值的优先级相同。
⑤ 空格始终排在最后。

在 Excel 2010 中，用户可直接对文本、数字、日期或时间数据进行排序，也可以进行自定义排序和格式排序。排序的方式主要分为单关键字排序、多关键字排序和自定义排序三种。

1. 单关键字排序

单关键字排序是按照一个关键字将数据进行升序或降序的排序。

方法一：选择排序条件所在列的任一单元格→选择"数据"卡→单击"排序和筛选"组中的"升序"/"降序"钮。

方法二：选择排序条件所在列的任一单元格→选择"开始"卡→单击"编辑"组中的"排序和筛选"钮→选择"升序"/"降序"项。

方法三：选择排序条件所在列的任一单元格→单击右键→选择"排序"项→选择"升序"/"降序"项。

2. 多关键字排序

多关键字排序是按多个关键字同时对多列或多行数据进行排序，操作是在"排序"对话框中完成。先设置"主要关键字"排序规则，再通过"添加条件"依次增加"次要关键字"的排序规则并进行设置，最多可以设置64个关键字。排序依据可以是数值、单元格颜色、字体颜色或单元格图标，次序可以是升序、降序或自定义序列。

因为多关键字排序都是通过打开的"排序"对话框完成设置的，以下三种操作方法的不同之处在于打开"排序"对话框的方式有所不同。

方法一：选择数据区域内的任一单元格→选择"数据"卡→单击"排序和筛选"组中的"排序"钮→弹出"排序"框→设置"主要关键字"、"排序依据"和"次序"→单击"添加条件"钮→设置一个或多个"次要关键字"的排序规则→单击"确定"钮。

方法二：选择数据区域内的任一单元格→选择"开始"卡→单击"编辑"组中的"排序和筛选"钮→选择"自定义排序"项→弹出"排序"框→设置排序规则（同方法一）→单击"确定"钮。

方法三：选择数据区域内的任一单元格→单击右键→选择"排序"项→在列表中选择"自定义排序"项→弹出"排序"框→设置排序规则（同方法一）→单击"确定"钮。

※ **提示**：在默认情况下，排序时将数据区域的第一行数据作为标题行，不参与排序。

3. 自定义排序

除了按普通的排序规则进行排序外，Excel 2010还支持用户根据自己的需要设置条件进行排序，这一方法被称为自定义排序。自定义排序操作的关键是设置排序的"次序"为"自定义序列"，既可以使用系统提供的自定义序列，也可以创建新的自定义序列。

自定义排序的操作方法与前两种方式类似，不同之处在于在"排序"对话框中设置关键字的次序，应从"次序"的下拉列表中选择"自定义序列"，在弹出的"自定义序列"对话框中选择已有的序列，或在对话框的右侧输入新的序列，添加进入"自定义序列"列表中。等选定"自定义序列"后，单击"确定"按钮并关闭"自定义序列"对话框，返回到"排序"对话框，再单击"确定"按钮，即可将数据按自定义序列的次序排列。

具体操作通过例4.7 ③说明。

※ **提示**：在"排序"对话框中设置排序规则时，除了将数值作为排序依据以外，用户还可以按照格式元素来进行排序，如"单元格颜色"、"字体颜色"以及"单元格图标"等。

例4.7 对"学生成绩表"的三张工作表进行数据排序。① 在"图表"工作表中，按"思想道德修养"成绩由高到低排序；② 在"筛选"工作表中，按"总分"成绩由高到低排序，总分相同则按"序号"由低到高排序；③ 在"分类汇总"工作表中，按"班级"进行自定义排序。

操作步骤如下：

① 在"图表"工作表中，按"思想道德修养"成绩由高到低排序。

操作方法：单击"图表"标签→选择"思想道德修养"列中的任一单元格→单击右键→选择"排序"项→选择"降序"项，得到如图 4-48 所示效果。

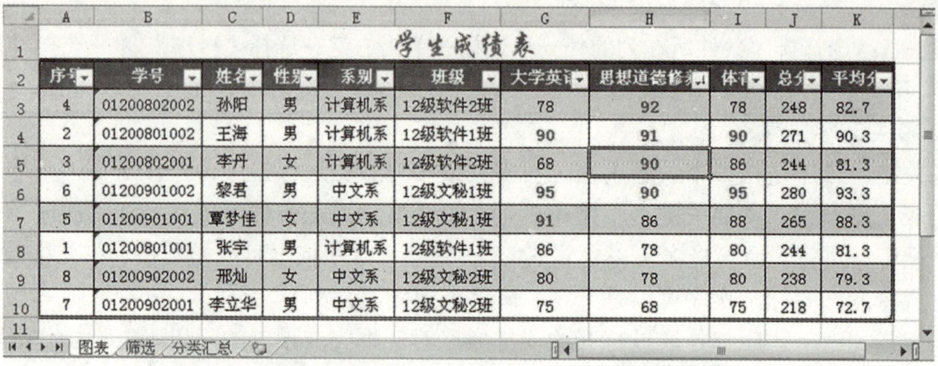

图 4-48 按"思想道德修养"降序排序效果

② 在"筛选"工作表中，按"总分"成绩由高到低排序，总分相同则按"序号"由低到高排序。

操作方法：单击"筛选"标签→选择 A2:K10 区域内的任一单元格→选择"数据"卡→单击"排序和筛选"组中的"排序"钮→弹出"排序"框→在"主要关键字"下拉列表中选择"总分"，"次序"下拉列表中选择"降序"→单击"添加条件"钮→在"次要关键字"下拉列表中选择"序号"，"次序"下拉列表中选择"升序"→单击"确定"钮，得到如图 4-49 所示效果。

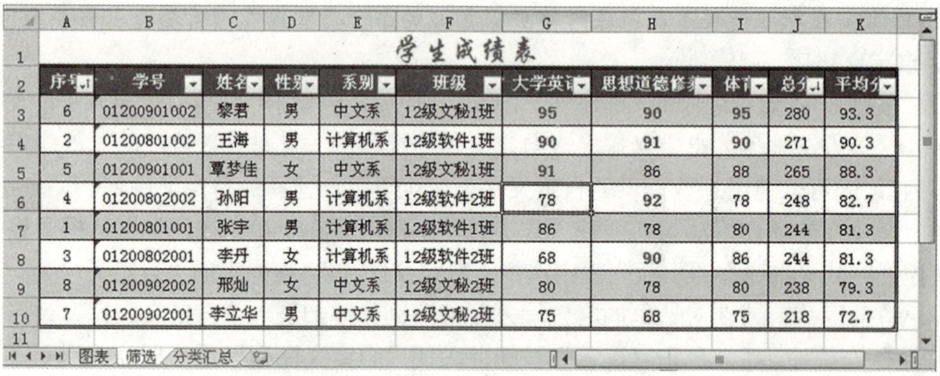

图 4-49 按"总分"和"序号"排序结果

③ 在"分类汇总"工作表中，按"班级"进行自定义排序。

操作方法：单击"分类汇总"标签→选择 A2:K10 区域内的任一单元格→选择"开始"卡→单击"编辑"组中的"排序和筛选"钮→选择"自定义排序"项→弹出"排序"框→在"主要关键字"下拉列表中选择"班级"，"次序"下拉列表中选择"自定义序列"→弹出"自定义序列"框→按图 4-50 在右侧输入新的序列→单击"添加"钮→选定刚添加的序列→单击"确定"钮→弹出"排序"框→按图 4-51 设置参数→单击"确定"钮，得到如图 4-52 所示效果。

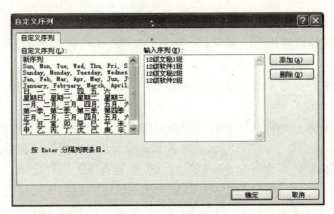

图 4–50 创建新序列

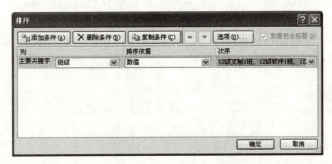

图 4–51 自定义排序规则

图 4–52 按"班级"自定义排序结果

4.4.2 数据筛选

【提要】

本节介绍数据筛选,主要包括:
- 自动筛选
- 自定义筛选
- 高级筛选

Excel 提供的筛选功能可以在工作表中有选择性地显示出满足条件的数据,将不满足条件的数据暂时隐藏起来。筛选分自动筛选、自定义筛选和高级筛选三种方式。

1. 自动筛选

自动筛选是按照选定的内容进行筛选,可分为单条件筛选和多条件筛选。设置自动筛选的条件都是在自动筛选的状态下进行的。进行自动筛选的状态有以下两种方法：

方法一：选择数据区域中任一单元格→选择"数据"卡→单击"排序和筛选"组中的"筛选"钮。

方法二：选择数据区域中任一单元格→选择"开始"卡→单击"编辑"组中的"排序和筛选"钮→选择"筛选"项。

工作表的数据进入自动筛选状态后，在标题行的每个列标题的右侧会出现一个下拉按钮，在没有设置筛选条件之前，工作表的记录默认全部显示。单击下拉按钮后，在下拉列表中会显示升序、降序和按颜色筛选等命令，以及跟该列数据有关的值和选项。设置某个列的筛选条件后，只显示出满足筛选条件的记录，且该列的列标题右边的下拉按钮变成 ▼，如果筛选出来的记录是按升序或降序排列，则列标题右侧的标记对应变成 ▼ 或 ▼。

如果要取消自动筛选，操作方法与设置自动筛选的操作方法相同。

2. 自定义筛选

当用户需要设置多个条件来筛选数据时，可通过"自定义自动筛选方式"对话框来设置筛选条件，且设置筛选条件时可使用"?"和"*"作为通配符来进行模糊筛选。自定义筛选是在自动筛选的状态下，设置自定义筛选方式完成的。

常见的自定义筛选方式有：筛选文本、筛选数字、筛选日期或时间、筛选最大或最小数字、筛选平均数以上或以下的数字、筛选空值或非空值以及按单元格或字体颜色进行筛选。具体操作方法通过例 4.8 ③来说明。

3. 高级筛选

一般来说，自动筛选和自定义筛选都是用于不太复杂的筛选，当需要指定复杂的筛选条件时，就要使用高级筛选来完成。在默认情况下，高级筛选是"在原有位置显示筛选结果"，只需要指定一个列表区域和一个条件区域，列表区域是指被筛选的原始数据区域，条件区域则用于指定高级筛选需满足的条件，由用户自己输入数据来创建；如果需要"将筛选结果复制到其他位置"，则还需要指定一个"复制到"区域用于显示筛选结果。

高级筛选中，创建的条件区域需满足以下要求：

条件区域可以位于数据清单的上方或下方，但必须与数据清单之间至少隔开一行；该区域首行中包含数据清单的部分或全部字段名，字段下至少有一行定义筛选条件；同一行中定义的多个筛选条件是"且"的关系，即必须同时满足这些条件；不同行的多个筛选条件则是"或"的关系，即只需满足这些条件中的一个即可。此外，条件区域中还可以包含公式，规定公式的结果满足某个条件。

操作方法：输入筛选条件→选择数据区域中任一单元格→选择"数据"卡→单击"排序和筛选"组中的"高级"钮→弹出"高级筛选"框→选择"方式"、"列表区域"、"条件区域"以及"复制到"→单击"确定"钮。具体操作通过例 4.8 ②来说明。

4. 记录的全部显示

筛选操作以后，数据清单中满足条件的记录均按用户设置的方式显示。如果想要在工作表中显示所有的记录，则需要清除设置的筛选，有以下两种操作方法。

方法一：选择"数据"卡→单击"排序和筛选"组中 清除。

方法二：选择"开始"卡→单击"编辑"组中"排序和筛选"钮→选择"清除"项。

例 4.8 在"学生成绩表"的工作表中进行数据筛选，得到如图 4-46 所示效果。① 取消工作表“图表”和“分类汇总”的筛选；② 在“筛选”工作表中，用高级筛选的方式筛选出中文系平均分大于等于 90 分的男生；③ 在“筛选”工作表中，用自定义筛选的方式筛选出总分介于 240～270 分的学生。

操作步骤如下所示：

① 取消工作表“图表”和“分类汇总”的筛选。

在“学生成绩表”的三张工作表中，每个列标题的右侧都有下拉按钮，这是在例 4.5 中套用表格格式后自动产生的。这表示各列工作表的数据进入筛选状态，由于没有设置筛选条件，工作表的记录仍可以完整显示。现在要取消工作表“图表”和“分类汇总”中不必要的筛选，操作方法：选择工作表“图表”中任一单元格→选择“数据”㊋→单击“排序和筛选”㊗中的“筛选”㊎，得到图 4–45 所示效果；选择工作表“分类汇总”中任一单元格→选择“开始”㊋→单击“编辑”㊗中的“排序和筛选”㊎→选择“筛选”㊒，得到如图 4–53 所示效果。

学生成绩表

序号	学号	姓名	性别	系别	班级	大学英语	思想道德修养	体育	总分	平均分
5	01200901001	覃梦佳	女	中文系	12级文秘1班	91	86	88	265	88.3
6	01200901002	黎君	男	中文系	12级文秘1班	95	90	95	280	93.3
1	01200801001	张宇	男	计算机系	12级软件1班	86	78	80	244	81.3
2	01200801002	王海	男	计算机系	12级软件1班	90	91	90	271	90.3
7	01200902001	李立华	男	中文系	12级文秘2班	75	68	75	218	72.7
8	01200902002	邢灿	女	中文系	12级文秘2班	80	78	80	238	79.3
3	01200802001	李丹	女	计算机系	12级软件2班	68	90	86	244	81.3
4	01200802002	孙阳	男	计算机系	12级软件2班	78	92	78	248	82.7

图表　筛选　分类汇总

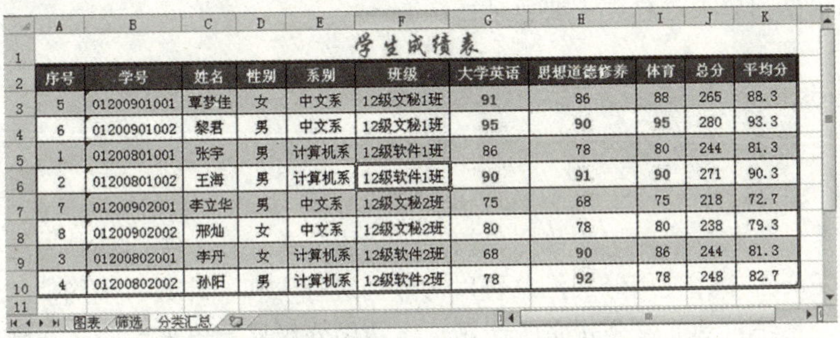

图 4–53　工作表“分类汇总”中取消筛选

② 在“筛选”工作表中，用高级筛选的方式筛选出中文系中平均分大于等于 90 分的男生。

操作方法：输入筛选条件→选择数据区域中任一单元格→选择“数据”㊋→单击“排序和筛选”㊗中的“高级”㊎→弹出“高级筛选”㊖→选择筛选方式为“将筛选结果复制到其他位置”→确定系统自动获取的列表区域对应整个数据区域→选择“条件区域”→选择“复制到”的起始位置→单击“确定”㊎，即可得到筛选结果，如图 4–54 所示。

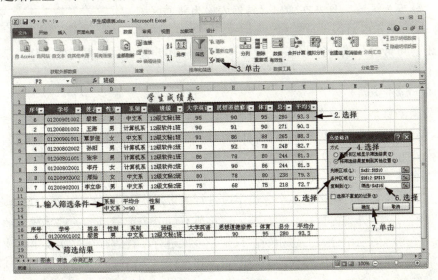

图 4–54　高级筛选

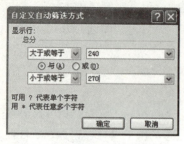

图 4-55 设置自定义筛选条件

③ 在"筛选"工作表中,用自定义筛选的方式筛选出总分介于 240～270 分的学生。

自定义筛选是在自动筛选的状态下,由于"筛选"工作表中已经自动设置了筛选状态,故可直接开始设置自定义筛选方式。操作方法:单击 J2 单元格"总分"旁的下拉按钮→选择"数字筛选"组→在列表中选择"介于"项→弹出"自定义自动筛选方式"框→如图 4-55 所示设置筛选方式→单击"确定"钮,得到如图 4-46 所示效果。

4.4.3 数据的分类汇总

【提要】

本节介绍数据的分类汇总,主要包括:
- 简单分类汇总
- 嵌套分类汇总
- 分级显示数据
- 取消分类汇总

分类汇总就是将数据清单中的数据表按某个字段分类,在分类的基础上进行某种或多种汇总运算。在 Excel 中,使用分类汇总可以对数据进行求和、计数、平均值、最大值和最小值等汇总运算,系统自动创建公式完成计算,将结果分级显示出来,并在左侧显示级别。

分类汇总之前必须先对需要分类的字段进行排序,使得数据表该字段中有相同数据值的记录集中在一起。这一步非常重要,否则汇总结果就没有什么意义。

在某些 Excel 表格中,可能会出现"分类汇总"命令灰色显示,代表命令不能使用。若要在表格中添加分类汇总,首先必须将该表格转换为常规数据区域,然后再添加分类汇总。操作方法:选择表格区域→单击右键→选择"表格"项→在列表中选择"转换为区域"项→在弹出"转换表格为普通区域"框,如图 4-56 所示→单击"是"钮。

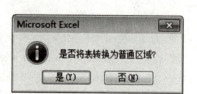

图 4-56 转换表格为普通区域

分类汇总可分为简单分类汇总和嵌套分类汇总,用户还可以根据需要对分类汇总的结果进行分级显示。

1. 简单分类汇总

简单分类汇总是指对一个分类字段进行的汇总,可以一次对一个分类字段的一个或多个汇总项进行同一种汇总,也可以分多次对同一分类字段进行不同选项的不同汇总。

具体操作方法通过例 4.9 来说明。

2. 嵌套分类汇总

嵌套分级汇总是指对两个或多个分类字段进行的多层次汇总。嵌套分类汇总分多次完成,且按照分类的层次从外到内执行。汇总前,需将所有的分类字段以多关键字排序的方式进行排序。其操作过程同简单分类汇总相同,只是分多次进行,在进行第二次及更多次汇总时要防止新的汇总结果覆盖掉已经存在的分类汇总,那么就必须清除"分类汇总"对话框中"替换当前分类汇总"的复选框。

3. 分级显示数据

在汇总结果中，单击窗口左侧的"−"或"+"号可将分类汇总的显示结果折叠或展开，也可以直接单击列号前方表示级别的数字按钮显示对应级别的数据。

4. 取消分类汇总

取消分类汇总的操作方法：选择"数据"卡→单击"分级显示"组中的"分类汇总"钮→弹出"分类汇总"框→单击"全部删除"钮→单击"确定"钮。

例4.9 在"学生成绩表"的"分类汇总"工作表中进行分类汇总，得到如图4-47所示效果。① 按"系别"汇总总分的平均值；② 按"班级"汇总各门课程的最高分和平均分。

操作步骤如下所示：

① 按"系别"汇总总分的平均值。

先转换表格区域为常规数据区域，然后进行多关键字排序，再执行汇总。操作方法：打开"学生成绩表"选择"分类汇总"工作表（见图4-53）→选择A2:K10区域→单击右键→选择"表格"项→在列表中选择"转换为区域"项→弹出"转换表格为普通区域"框→单击"是"钮→选择"数据"卡→单击"排序和筛选"组中的"排序"钮→弹出"排序"框→在"主要关键字"下拉列表中选择"系别"，"次序"下拉列表中选择"升序"→单击"添加条件"钮→在"次要关键字"下拉列表中选择"班级"，"次序"下拉列表中选择"升序"→单击"确定"钮，得到如图4-57所示效果→选择A2:K10区域内任一单元格→"数据"卡→单击"分级显示"组中的"分类汇总"钮→弹出"分类汇总"框→在"分类字段"下拉列表中选择"系别"，"选定汇总项"下拉列表中选择"总分"，"汇总方式"下拉列表中选择"平均值"（见图4-58）→单击"确定"钮，得到如图4-59所示效果。

图4-57 排序结果

② 按"班级"汇总各门课程的最高分和平均分。

由于前一步骤已将数据按"班级"排序，故可直接执行汇总。操作方法：选择A2:K10区域内任一单元格→选择"数据"卡→单击"分级显示"组中的"分类汇总"钮→弹出"分类汇总"框→在"分类字段"下拉列表中选择"班级"，"选定汇总项"下拉列表中选择"大学英语"、"思想道德修养"和"体育"，"汇总方式"下拉列表中选择"最大值"（见图4-60）→单击取消"替换当前分类汇总"项→单击"确定"钮，得到如图4-61所示效果→选择"数据"卡→单击"分级显示"组中的"分类汇总"钮→弹出"分类汇总"框→在"分类字段"下拉列表中选择"班级"，"选定汇总项"下拉列表中选择"大

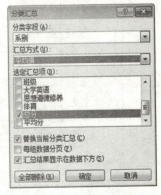

图4-58 按"系别"汇总总分平均值的设置

学英语"、"思想道德修养"和"体育","汇总方式"下拉列表中选择"平均值"→单击取消"替换当前分类汇总"项→单击"确定"钮,得到如图4-47所示效果。

	A	B	C	D	E	F	G	H	I	J	K
1						学生成绩表					
2	序号	学号	姓名	性别	系别	班级	大学英语	思想道德修养	体育	总分	平均分
3	1	01200801001	张宇	男	计算机系	12级软件1班	86	78	80	244	81.3
4	2	01200801002	王海	男	计算机系	12级软件1班	90	91	90	271	90.3
5	3	01200802001	李丹	女	计算机系	12级软件2班	68	90	86	244	81.3
6	4	01200802002	孙阳	男	计算机系	12级软件2班	78	92	78	248	82.7
7					计算机系 平均值					251.8	
8	5	01200901001	覃梦佳	女	中文系	12级文秘1班	91	86	88	265	88.3
9	6	01200901002	黎君	男	中文系	12级文秘1班	95	90	95	280	93.3
10	7	01200902001	李立华	男	中文系	12级文秘2班	75	68	75	218	72.7
11	8	01200902002	邢灿	女	中文系	12级文秘2班	80	78	80	238	79.3
12					中文系 平均值					250.3	
13					总计平均值					251	

图4-59 按"系别"汇总总分平均值的结果

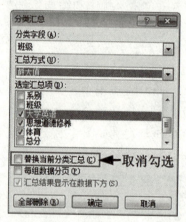

图4-60 按"班级"汇总各门课程最高分

	A	B	C	D	E	F	G	H	I	J	K
1						学生成绩表					
2	序号	学号	姓名	性别	系别	班级	大学英语	思想道德修养	体育	总分	平均分
3	1	01200801001	张宇	男	计算机系	12级软件1班	86	78	80	244	81.3
4	2	01200801002	王海	男	计算机系	12级软件1班	90	91	90	271	90.3
5						12级软件1班 最大值	90	91	90		
6	3	01200802001	李丹	女	计算机系	12级软件2班	68	90	86	244	81.3
7	4	01200802002	孙阳	男	计算机系	12级软件2班	78	92	78	248	82.7
8						12级软件2班 最大值	78	92	86		
9					计算机系 平均值					251.8	
10	5	01200901001	覃梦佳	女	中文系	12级文秘1班	91	86	88	265	88.3
11	6	01200901002	黎君	男	中文系	12级文秘1班	95	90	95	280	93.3
12						12级文秘1班 最大值	95	90	95		
13	7	01200902001	李立华	男	中文系	12级文秘2班	75	68	75	218	72.7
14	8	01200902002	邢灿	女	中文系	12级文秘2班	80	78	80	238	79.3
15						12级文秘2班 最大值	80	78	80		
16					中文系 平均值					250.3	
17					总计最大值		95	92	95		
18					总计平均值					251	

图4-61 按"班级"汇总各门课程最高分的结果

4.5 子案例四：学生成绩表的图表创建

图表是数据的一种可视化表示形式。使用图表，可以使枯燥无味的数据变得更直观，让用户更容易理解大量数据和不同数据系列之间的关系，以及掌握数据的变化趋势。因为图表是数据的形象化表示，所以图表和工作表中的数据是同步显示的，即当工作表的数据发生改变时，图表中对应的数据也会自动更新。

子案例四的效果如图 4-62 所示。

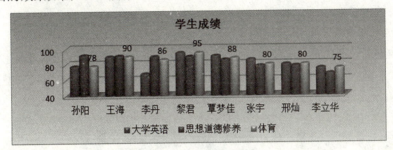

图 4-62 子案例效果图

要完成图 4-62 效果需要使用 Excel 2010 的以下功能：
➢ 图表的创建
➢ 图表的编辑
➢ 图表的格式化

4.5.1 图表的基本知识和创建

【提要】

本节介绍图表的基本知识和创建，主要包括：
➢ 图表的类型
➢ 图表的组成元素
➢ 图表的创建

1. 图表的类型

Excel 2010 提供了 11 种图表类型，包括柱形图、条形图、折线图和饼图等，每一类图表又分为若干种子类型。用户可以根据需要选择合适的图表类型或自定义图表。

常见的图表类型可以从"插入"卡的"图表"组中直接选用，而选用其他类型的图表则需要通过单击"图表"组中的对话框启动器 ，从而打开"插入图表"对话框来完成。

2. 图表的组成元素

图表由许多元素组成，如图 4-63 所示。在默认情况下，图表中只显示其中一部分元素，而其他元素可根据需要添加，还可以删除不希望显示的图表元素。

3. 创建图表

在 Excel 2010 中，根据图表存放位置的不同，用户可以创建嵌入图表和工作表图表两种。嵌入图表作为一个嵌入对象，和数据放在同一张工作表中；而工作表图表则是单独显示在一个工作表中。

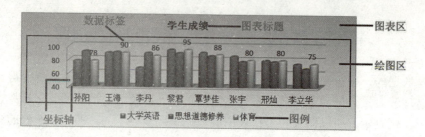

图 4-63 图表组成元素

创建图表的方法有以下三种：
(1) 通过"图表"功能组创建图表
这种方法创建图表非常方便，适用于快捷创建一些常见的图表类型。操作方法：选择要用于创建图表的数据区域→选择"插入"卡→单击"图表"组中某个图表类型的展开按钮，如图 4-64 所示→在列表中选用某种图表子类型。

图 4-64 功能区的"图表"功能组

(2) 使用"插入图表"对话框创建图表
如图 4-65 所示，在"插入图表"对话框中可以查看所有可用的图表类型，因此本方法可以创建各种类型的图表。操作方法：选择用于创建图表的数据区域→选择"插入"卡→单击"图表"组中的对话框启动器 →弹出"插入图表"框→选择图表类型→单击"确定"钮。

图 4-65 "插入图表"对话框

(2) 按快捷键创建图表
这种方法是基于默认的簇状柱形图迅速创建图表。只需选择要用于图表的数据，然后按【Alt】+【F1】或【F11】组合键即可。如果按【Alt】+【F1】组合键，则图表显示为嵌入图表。如果只按【F11】键，则创建图表显示在单独的图表工作表上。

※ **提示**：用户还可以根据图表模板来创建图表，除了系统提供的图表模板外，还可以由用户自己创建模板，限于篇幅问题，操作过程请查阅其他资料。

例 4.10 在"学生成绩表"的"图表"工作表中为"大学英语"和"思想道德修养"创建簇状圆柱图。

操作方法：选择"图表"工作表中 C2:C10→按住【Ctrl】键再选择 G2:H10→选择"插入"卡→单击"图表"组中的"柱形图"钮→选择"簇状圆柱图"项，得到如图 4-66 所示效果。

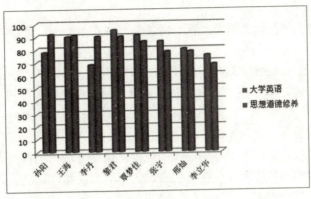

图 4-66 创建的图表

4.5.2 图表的编辑和格式化

【提要】

本节介绍图表的编辑和格式化，主要包括：
➢ 图表的编辑
➢ 图表的格式化

默认情况下创建的图表常常不够完善，需要进一步编辑和格式化，这些操作主要是通过功能区中出现的"图表工具"来完成。单击选定的图表后，就会显示在"图表工具"功能区中，其中包含"设计"、"布局"和"格式"选项卡。

1. 编辑图表

在工作表中创建图表以后，用户还可以根据需要对图表中的元素进行修改。例如，更改图表的类型、更改图表的数据源、更改坐标轴的显示方式、添加图表标题、移动或隐藏图例，或者显示更多图表元素。

（1）更改图表类型

方法一：选择图表→选择"图表工具—设计"卡→单击"类型"组中的"更改图表类型"钮→弹出"更改图表类型"框→选择某种图表类型→单击"确定"钮。

方法二：选择图表→单击右键→选择"更改图表类型"项→弹出"更改图表类型"框→选择某种图表类型→单击"确定"钮。

（2）更改图表的数据源

方法一：选择图表→选择"图表工具—设计"卡→单击"数据"组中的"选择数据"钮→弹出"选择数据源"框→重新选择数据→单击"确定"钮。

方法二：选择图表→单击右键→选择"选择数据"项→弹出"选择数据源"框→重新选

择数据→单击"确定"钮。

（3）调整图表的大小和位置

① 调整图表大小。

● 通过鼠标调整大小。

操作方法：选择图表，移动鼠标光标到图表边框的 8 个尺寸控制点位置（4 个顶点、4 条边的中点），当鼠标光标变成双向箭头形状时，拖动鼠标使图表调整到合适大小。

● 通过功能组调整大小。

方法一：选择图表→选择"图表工具—格式"卡→在"大小"组中的"高度"和"宽度"文本框中输入数值。

方法二：选择图表→选择"图表工具—格式"卡→单击"大小"组中的对话框启动器→弹出"设置图表区格式"框→在"高度"和"宽度"文本框中输入数值→单击"确定"钮。

② 调整图表位置。

● 通过鼠标调整位置。

此方法适用于在当前工作表中移动图表的位置，操作方法：选择图表，移动鼠标光标到图表的边框位置，当鼠标光标变为可移动状态时，拖动图表到合适位置即可。

● 通过功能组调整位置。

此方法适合于将图表从当前工作表移动到另外的工作表中，还可以将图表单独作为一张工作表存放。操作方法：选择图表→选择"图表工具—设计"卡→单击"位置"组中的"移动图表"钮→弹出"移动图表"框→从"对象位于"下拉列表框中选取现有的工作表或选择"新工作表"→单击"确定"钮。

（4）添加图表的标签

图表标签通常包括图表标题、坐标轴标题、图例和数据标签等，如图 4-67 所示，用户可以根据需要添加这些标签。

操作方法：选择图表→选择"图表工具—布局"卡→单击"标签"组中对应选项按钮→从其下拉列表框中选取对应选项。

（5）更改系列名称的显示

如果在创建图表时选择的数据区域中没有包含标题行或标题列，会造成图例中的系列名称显示为"系列 1"、"系列 2"等现象。例如，如果在例 4.10 中创建图表时选择的数据区域中没有选择单元格 C2、G2 和 H2，则会得到如图 4-68 所示图表，那么就需要通过下述方法修改系列名称的显示。

图 4-67　图表的标签

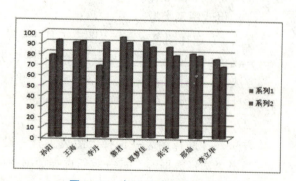

图 4-68　未显示系列名称的图表

操作方法：右键单击图例→选择"选择数据"项→弹出"选择数据源"框（见图4-69）→从"图例项"列表框中选择"系列1"→单击"编辑"钮→弹出"编辑数据系列"框（见图4-70）→在"系列名称"文本框中直接输入系列名称，或者单击选定系列名称所在单元格→单击"确定"钮→返回"选择数据源"框→同样方法修改"系列2"→返回"选择数据源"框（见图4-71）→单击"确定"钮，得到修改后的图表如图4-72所示。

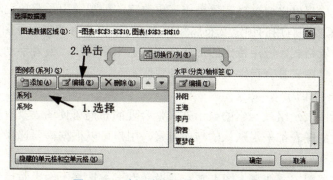

图4-69 选择编辑"系列1"的名称

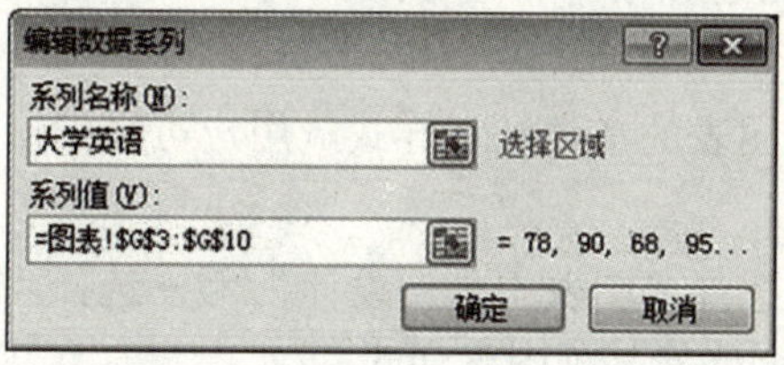

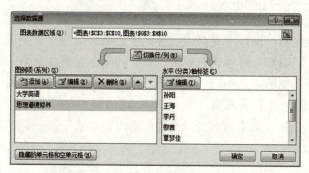

图4-70 "编辑数据系列"对话框

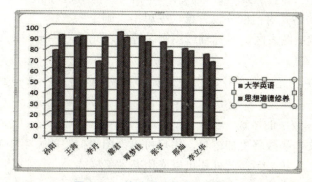

图4-71 选择编辑"系列2"的名称

图4-72 修改系列名称后的图表

（6）更改图表坐标轴的显示方式

修改坐标轴的操作包括指定坐标轴的刻度或调整刻度线的显示间隔。

操作方法：选择图表→选择"图表工具—布局"卡→单击"坐标轴"组中对应选项按钮→从其下拉列表框中选取对应选项。

2. 格式化图表

创建图表后，用户可以通过格式化操作来更改它的外观。为了避免手动进行大量的格式设置，Excel 提供了多种有用的预定义布局和样式，可以快速将其应用于图表中；也可以手动为各个图表元素设置格式，应用特定的形状样式和艺术字样式，或者手动为图表元素的形状和文本设置格式，使图表具有自定义的醒目外观。

（1）设置图表的布局

图表布局是指图表及组成元素的显示方式，合理的布局可使图表具有更加专业的外观。在默认方式下创建的图表都采用默认的布局方案，用户可以根据需要选择 Excel 2010 为图表提供其他的布局方式。

操作方法：选择图表→选择"图表工具—设计"卡→选择"图表布局"组→单击其他按钮显示所有图表布局→单击选择某种布局方案。

（2）设置图表的样式

图表的样式可用于更改图表的整体外观样式，用户可以根据需要从 Excel 2010 提供的多种内置样式中选用。

操作方法：选择图表→选择"图表工具—设计"卡→选择"图表样式"组→单击其他按钮显示所有图表样式→单击选择某种图表样式。

（3）手动设置图表元素的格式

手动设置图表元素可以更加自主地为图表的各元素设置不同的格式，但格式设置之前，需先选定对应的图表元素，操作主要是通过各元素的格式对话框来完成。在格式对话框中，可设置填充、边框、阴影和三维格式等效果，不同的图像元素会有不同的格式选项。

基于打开格式对话框的方式不同，实现图表格式化的操作方法主要有以下四种：

方法一：选择"图表工具—布局"卡→从"当前所选内容"组中"图表元素"的下拉列表框中选择图表元素→列表框下方单击"设置所选内容格式"钮→弹出对应的格式对话框→设置选项→单击"确定"钮。

方法二：选择图表→单击右键→从浮动工具栏上"图表元素"的下拉列表框中选择要修改的图表元素→选择"图表工具—布局"卡→单击"当前所选内容"组中"设置所选内容格式"钮→弹出对应的格式对话框→设置选项→单击"确定"钮。

方法三：直接双击图表区、坐标轴或图例区等图表元素→弹出对应的格式对话框→设置选项→单击"确定"钮。

方法四：选择图表元素→单击右键→选择"设置×××格式"项→弹出对应的格式对话框→设置选项→单击"确定"钮。

（4）设置文本和数字的格式

为了使图表中文本和数字更加醒目，用户可以为图表标签的文本和数字设置格式，类似于设置工作表中的文本和数字，此外还可以应用艺术字样式。

设置文本和数字格式的方法主要有以下几种：

方法一：选择整个图表或某个图表元素→选择"开始"卡→在"字体"组中设置字体、字号等属性。

方法二：选择整个图表或某个图表元素→单击右键→选择"字体"项→弹出"字体"框→设置字体、字号和字符间距等属性→单击"确定"钮。

为图表设置格式后，如果想取消图表元素的格式，那么在选择图表元素后，可选择"图表工具—格式"卡中"当前所选内容"组的"重设以匹配样式"钮，以清除图表或图表元素的自定义格式。

例 4.11 对例 4.10 中创建的图表进行编辑和格式化，得到如图 4-62 所示效果。① 调整图表大小，并移动到工作表中合适位置；② 添加"体育"列数据到图表中；③ 选用图表布局 3；④ 选用图表样式 26；⑤ 输入图表标题"学生成绩"，并设置图表中所有字体为"12"磅；⑥ 显示"体育"系列的数据标签；⑦ 设置分数刻度的最小值为"40"，主要刻度为"20"；⑧ 填充图表区背景为渐变效果。

操作步骤如下所示：

① 调整图表大小，并移动到工作表中合适位置。

操作方法：在"图表"工作表中选择已创建的图表→通过图表边框的 8 个尺寸控制点将图表调整到合适大小→拖动图表到合适位置。

② 添加"体育"列数据到图表中。

操作方法：选择图表→单击右键→选择"选择数据"项→弹出"选择数据源"框→重新设置数据源为 图表数据区域(D)：=图表!C2:C10,图表!G2:I10 →单击"确定"钮，得到如图 4-73 所示效果。

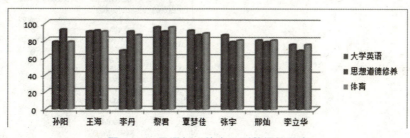

图 4-73 已添加"体育"列数据的图表

③ 选用图表布局 3。

操作方法：选择图表→选择"图表工具—设计"卡→单击"图表布局"组中其他按钮显示所有图表布局→选择布局方案 3。

④ 选用图表样式 26。

操作方法：选择图表→选择"图表工具—设计"卡→单击"图表样式"组中其他按钮显示所有图表样式→选择图表样式 26。

⑤ 输入图表标题"学生成绩"，并设置图表中所有字体为"12"磅。

操作方法：选择图表标题→单击右键→选择"编辑文字"项→输入标题为"学生成绩"→选择图表→选择"开始"卡→在"字体"组中设置字号为"12"。

⑥ 显示"体育"系列的数据标签。

操作方法：选择图表→选择"图表工具—布局"卡→单击"标签"组中的"数据标签"钮→选择"显示"项，得到如图 4-74 所示效果→选择"图表工具—布局"卡→从"当前所选内容"组中"图表元素"的下拉列表框中选择"系列"大学英语"数据标签"（见图4-75）→按【Delete】键→再用同样方法删除"思想道德修养"的数据标签。

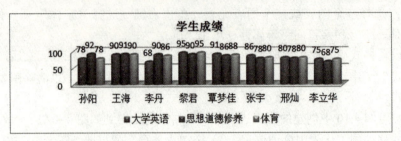

图4-74 显示所有系列数据标签的图表

⑦ 设置分数刻度的最小值为"40"，主要刻度为"20"。

操作方法：选择图表→选择"图表工具—布局"卡→从"当前所选内容"组中"图表元素"的下拉列表框中选择"垂直（值）轴"→列表框下方单击"设置所选内容格式"钮→弹出"设置坐标轴格式"框→设置"最小值"为"40"，"主要刻度单位"为"20"（见图4-76）→单击"关闭"钮，得到如图4-77所示效果。

⑧ 填充图表区背景为渐变效果。

操作方法：直接双击图表区→弹出"设置图表区格式"框（见图4-78）→选择"填充"卡→选择"渐变填充"项→单击"关闭"钮，得到如图4-62所示效果。

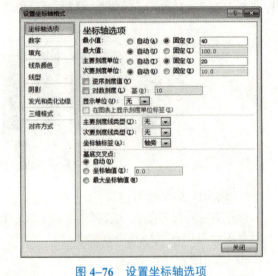

图4-75 选择"系列'大学英语'数据标签"　　　图4-76 设置坐标轴选项

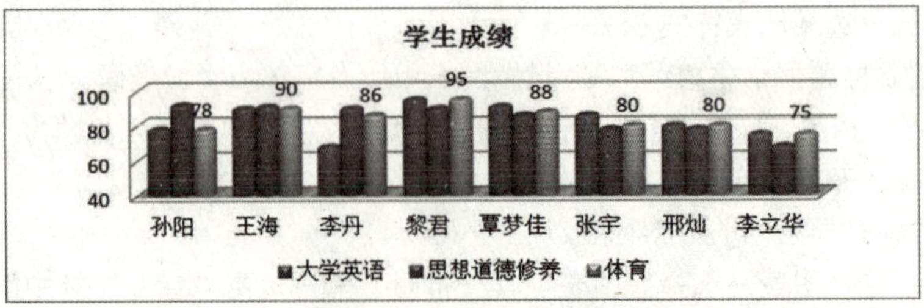

图4-77 修改坐标轴后的图表

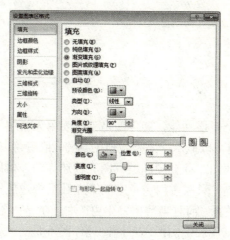

图 4–78 为图表区填充渐变背景

4.6 能 力 拓 展

在学生成绩表中创建迷你图，并对工作表进行页面设置和打印设置，创建的迷你图如图 4–79 所示，打印预览效果 4–80 所示。

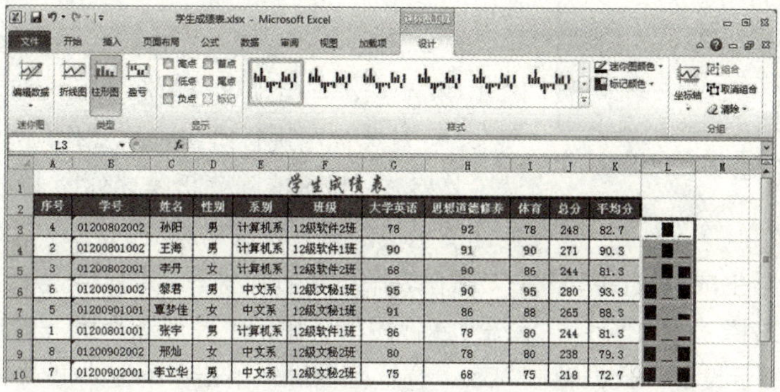

序号	学号	姓名	性别	系别	班级	大学英语	思想道德修养	体育	总分	平均分
4	01200802002	孙阳	男	计算机系	12级软件2班	78	92	78	248	82.7
2	01200801002	王海	男	计算机系	12级软件1班	90	91	90	271	90.3
3	01200802001	李丹	女	计算机系	12级软件2班	68	90	86	244	81.3
6	01200901002	黎君	男	中文系	12级文秘1班	95	90	95	280	93.3
5	01200901001	覃梦佳	女	中文系	12级文秘1班	91	86	88	265	88.3
1	01200801001	张宇	男	计算机系	12级软件1班	86	78	80	244	81.3
8	01200902002	邢灿	女	中文系	12级文秘2班	80	78	80	238	79.3
7	01200902001	李立华	男	中文系	12级文秘2班	75	68	75	218	72.7

图 4–79 迷你图效果

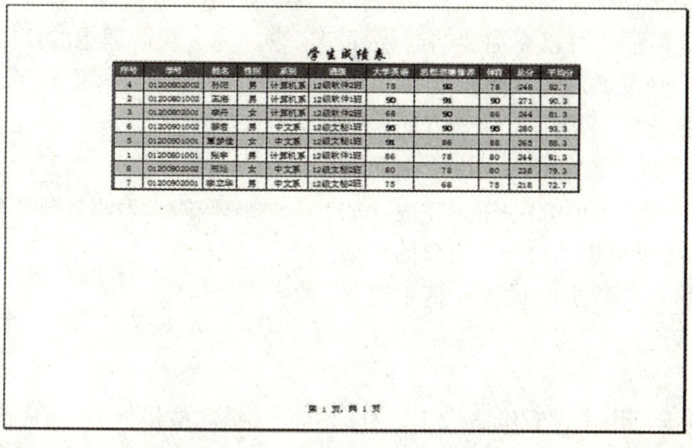

图 4–80 “图表”打印预览效果

本能力拓展要求为学生成绩表创建迷你图，并将其打印输出，使用的主要功能如下：
- 创建迷你图
- 页面设置
- 打印设置

1. 创建迷你图

作为 Excel 2010 的一个新增功能，迷你图是工作表单元格中的一个微型图表，可提供数据的直观表示。使用迷你图可以显示一系列数值的趋势，或者可以突出显示最大值和最小值。

Excel 2010 提供了折线图、柱形图和盈亏图三种迷你图，借助这些清晰简明的图形表示方法显示出相邻数据的趋势，只需占用少量空间。在数据旁边放置迷你图，方便快速查看迷你图与其基本数据之间的关系，而且当数据发生更改时，在迷你图中可立即看到相应的变化。

与本章 4.5 中讲述的工作表中的图表不同，迷你图不是对象，它实际上是单元格背景中的一个微型图表，可以在单元格中输入文本并使用迷你图作为其背景；除了为一行或一列数据创建一个迷你图之外，也可以通过选择与基本数据相对应的多个单元格来同时创建若干个迷你图，还可以使用填充柄为以后添加的数据行创建迷你图。

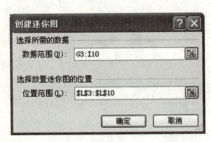

图 4-81 "创建迷你图"对话框

操作方法：选择"插入"卡→单击"迷你图"组中"折线图"/"柱形图"/"盈亏图"钮→弹出"创建迷你图"框（见图 4-81）→选择所需的数据范围和放置的位置范围→单击"确定"钮。

在工作表中，选择已创建的一个或多个迷你图时，如图 4-79 所示，会出现"迷你图工具"，并显示"设计"选项卡。可对迷你图进行编辑和格式化。例如，更改其类型、设置其格式、显示或隐藏折线迷你图上的数据点，或设置迷你图组中的垂直轴的格式等。

例 4.12 在学生成绩表的"图表"工作表中创建各门课程的迷你图。

操作方法：选择"插入"卡→单击"迷你图"组中的"柱形图"钮→弹出"创建迷你图"框→如图 4-81 所示设置"数据范围"和"位置范围"→单击"确定"钮，得到如图 4-79 所示效果。

2. 页面设置

制作好电子表格后，可以在需要的时候打印出来。为了获得理想的打印效果，通常在打印之前都要进行一些设置，如页面设置等。

页面设置包括指定页边距、纸张方向、纸张大小和打印标题等，操作可以通过"页面布局"卡的"页面设置"组中的按钮来完成，如图 4-82 所示；也可以单击"页面设置"的对话框启动器，在弹出的"页面设置"框中进行详细设置。

图 4-82 "页面设置"功能组

（1）"页面"设置

"页面"选项卡可用于设置纸张大小、打印方向（纵向或横向）、缩放比例和工作表起始页码（起始页码默认为"自动"，表示起始页码为"1"）。

(2)"页边距"设置

"页边距"选项卡可用于设置纸张的上、下、左、右页边距,页眉、页脚边距和居中方式。通常会设置表格为"水平居中"方式。

(3)"页眉/页脚"设置

"页眉/页脚"选项卡可用于设置每页的页眉和页脚,既可以从下拉列表中直接选用系统提供的页眉/页脚方式,也可以自定义页眉和页脚。此外,还可以在选项卡的下方设置"奇偶页不同"、"首页不同"和"与页边距对齐"等选项。

(4)"工作表"设置

"工作表"选项卡可用于设置打印的工作表区域、打印标题和打印顺序等。其中打印标题项中的"顶端标题行"表示将工作表中的某一行作为每一页的水平标题,"左端标题列"则表示将表中某一列作为每一页的垂直标题。

例4.13 为学生成绩表中"图表"工作表进行页面设置:纸张大小为A4;纸张方向:横向;上、下、左、右页边距均为2厘米,水平居中显示,页脚显示页码和页数。

操作方法:单击"图表"标签→选择"页面设置"卡→单击"页面设置"组中的"纸张方向"钮→选择"横向"项→单击"纸张大小"钮→选择"A4"项→单击"页面设置"的对话框启动器→弹出"页面设置"框→选择"页边距"卡→如图4-83所示设置页边距和对齐→选择"页眉/页脚"卡→从"页脚"下拉列表中选择第3项(见图4-84)→单击"确定"钮。

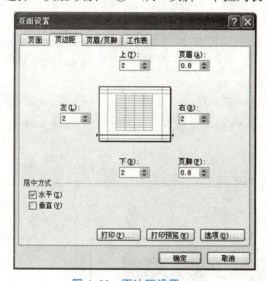

图4-83 页边距设置

图4-84 页脚设置

3. 打印设置

页面参数设置完成,就进入到打印参数的设置环节,这里主要介绍设置打印区域和打印标题的操作。

(1)设置打印区域

在默认情况下,系统会把当前的活动工作表的数据区域作为打印区域。用户可设置页面区域,只将工作表中指定的部分数据区域打印出来,操作方法如下:

方法一:选定打印区域所在的工作表→选定工作表中需要打印的区域→选择"页面布局"卡→"页面设置"组→单击"打印区域"钮→选择"设置打印区域"项。

方法二：选定工作表→选定需要打印的区域→选择"文件"卡→选择"打印""项→从"设置"下方选择"打印选定区域"，即可在右侧显示打印的预览效果。

※ 提示：借助方法二，用户可在"设置"列表中选择"打印整个工作簿"或"打印活动工作表"来设置打印整个工作簿中的全部工作表或选定工作表。

方法三：选择"页面布局"卡→单击"页面设置"组中"页面设置"的对话框启动器→弹出"页面设置"框→选择"工作表"卡→设置"打印区域"→单击"确定"钮。

（2）打印标题

实际应用中，一个电子表格的内容较多时，需要分多页打印，在默认情况下，Excel 不会将屏幕上看到的列标题或行标题打印在每一页，这样就会影响第一页以外数据的可读性。因此，用户需要通过设置"打印标题"使得每页上都能打印出列标题和行标题。

方法一：选择"页面布局"卡→单击"页面设置"组中的"打印标题"钮→弹出"页面设置"框→选择"工作表"卡→在"打印标题"中设置"顶端标题行"或"左端标题列"→单击"确定"钮。

方法二：选择"页面布局"卡→单击勾选"工作表选项"组中"标题"下方的"打印"复。

（3）打印预览

打印预览功能可用于在打印前查看当前工作簿或工作表的实际打印效果。操作方法：选择"文件"卡→选择"打印"项→页面右侧显示出打印预览的效果。

此外，还可以根据需要在此页面设置"打印份数"和"打印机"等。

例 4.14 对学生成绩表进行打印设置，只打印"图表"工作表中的数据区域，打印两份，预览效果如图 4–80 所示。

操作方法：单击"图表"标签→选择 A1:K10 区域→选择"页面布局"卡→单击"页面设置"组中的"打印区域"钮→选择"设置打印区域"项→选择"文件"卡→选择"打印"项→设置打印份数为"2"，如图 4–85 所示。

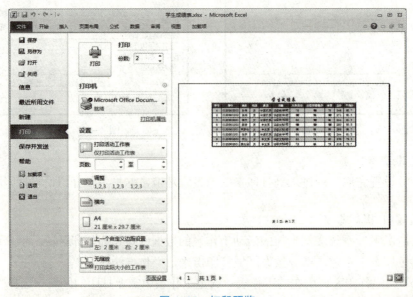

图 4–85 打印预览

思考与练习

一、简答题

1. Excel 2010 的工作界面与 Excel 2007 有哪些主要区别?
2. 与 Word 表格相比,Excel 表格有哪些更强、更方便的数据处理功能?

二、操作题

请完成以下图书销售统计表的制作。图书的销售数据如表 4-6 所示,其中:销售利润=(销售价−进货价)×销售数量,销售总利润=销售利润的总和,百分比=销售利润/销售总利润。

表 4-6 图书销售统计表

书名	出版社	进货价/元	销售价/元	销售数量/册	销售利润/元	百分比/%
数学之美	人民邮电出版社	29.50	45.00	20		
浪潮之巅	电子工业出版社	27.50	55.00	30		
Excel 2010 操作与技巧	电子工业出版社	39.60	59.00	50		
推手凶猛	清华大学出版社	24.20	35.00	130		
销售总利润						

要求如下:

(1) 新建工作簿,参照表 4-6 输入"图书销售统计表"工作表内容。
(2) 利用公式或函数计算工作表中的销售利润、销售总利润和百分比。
(3) 对工作表进行格式化设置:设置表名在首行水平居中;为表格设置合适的行高和列宽;设置表格中内容的字体和字号、单元格中内容对齐方式、表格的外边框和内部线条。
(4) 建立图书销售利润图表,图表样式自定。
(5) 以"图书销售.xlsx"为文件名保存在"E:\学号_姓名"文件夹中。

第 5 章

计算机网络基础
——案例：网页浏览及邮件收发

教学目标

本章通过介绍网页浏览和邮件收发，使读者掌握使用 IE 9.0 浏览器进行网页浏览的基本操作；电子邮件的发送接收；计算机网络相关的基础知识。

教学重点和难点

（1）保存当前网页及保存网页中的图片。
（2）查看当前计算机的 IP 地址。
（3）使用 FoxMail 进行邮件收发。

引言

孙阳同学需要就论文的撰写跟老师和同学沟通，那就要利用浏览器上网查找资料以及收发电子邮件，因此要求孙阳同学掌握浏览器的使用、电子邮件的收发、病毒防范以及计算机网络相关的基础知识。

计算机网络最主要的目的是实现资源共享，用户通过 Internet 可以访问其他用户的共享资源，随着 Internet 的广泛应用和网络技术的快速发展，使用户共享的信息资源涉及范围更加广泛，如商业、金融、政府管理、医疗卫生和科研教育等。另外，云计算、网络多媒体计算以及移动计算网络等正成为新的研究热点。

5.1 计算机网络的基础知识

计算机网络发展到今天，已经渗透到人们工作和生活的各个方面，从联网的桌面办公系统，到随时随地提供网络连接的手机浏览器，无所不在的网络连接不断地扩展着计算机网络的领域，并将继续以迅猛的势头发展，对企业的业务模式、人们的工作和生活方式，甚至对社会的进步都会产生深远的影响。

5.1.1 计算机网络的定义、分类、组成和功能

【提要】

本节介绍计算机网络方面的基本知识，主要包括：

> 计算机网络的定义
> 计算机网络的分类
> 计算机网络的组成
> 计算机网络的功能

1. 计算机网络的定义

计算机网络是现代通信技术与计算机技术相结合的产物。人们认为，计算机网络是把地理位置不同、功能独立自治的计算机系统及数据设备通过通信设备和线路连接起来，在功能完善的网络软件运行支持下，以实现信息交换和资源共享为目标的系统。

2. 计算机网络的分类

计算机网络可以按照其不同的特点进行分类，如按照网络的规模分类、按照网络所提供服务的用户属性分类等。下面列举常见的几种分类。

（1）按照网络的规模分类

按照网络的规模由小到大划分，计算机网络可以分为以下四种：

① 个人区域网（Personal Area Network，PAN）：用于个人工作区内不同设备的互联，覆盖范围一般不超过 10 米，常用无线的方式互联，如连接键盘鼠标、耳机音箱、显示器或其他计算机的外部设备。

② 局域网（Local Area Network，LAN）：通常提供有限地理范围内的主机互联，如家庭、宿舍、计算机实验室或办公楼区域内的互联。局域网的特点有覆盖范围有限、传输速率高（常用的以太网技术能提供 10 Mbps～10 Gbps 的传输速率）和无须租用电信的通信线路（拥有高度的自主权）等。局域网的覆盖范围可以从几米到几千米。

③ 城域网（Metropolitan Area Network，MAN）：城域网主要覆盖一个城市范围，提供城市范围内多个企事业单位、学校等局域网的互联，规模介于局域网和广域网之间，最典型的城域网是有线电视网络。

④ 广域网（Wide Area Network，WAN）：也称为远程网，所覆盖的范围比城域网更广，它一般是不同城市或地区之间的局域网或城域网互连。

（2）按照网络所提供服务的用户属性分类

按照网络所提供的服务是面向公众用户还是面向行业组织内部划分，计算机网络又可以分为以下两种：

① 公用网（Public Network）：通常由电信运营商所建设和管理的网络，为企业和社会用户提供有偿的网络服务。

② 专用网（Private Network）：由某个行业或组织自行建设和管理的供内部使用的网络。

（3）按照通信的方式分类

按照通信的方式可分为以下两种：

① 点对点传输网络：数据以点对点的方式在计算机或通信设备中传输。

② 广播式传输网络：数据在共用介质中传输。

3. 计算机网络的组成

计算机网络的组成部分有不同的划分方法，主要区别在于考察网络的方向不同。下面介绍三种不同的划分方法。

（1）从功能角度划分

① 通信子网：由通信链路和中间的转发节点组成，承担通信的任务，实现数据包的传输和转发。

② 资源子网：由网络的端节点组成，主要承担数据的存储和处理、网络应用服务。

（2）从网络运营和规划的角度划分

① 网络边缘：用户的端设备、用户驻地网和用户接入网（汇聚用户流量）。

② 网络核心：网络主干，具有高带宽、高性能和高可靠性特点。

（3）从一般网络用户的角度划分

① 网络硬件：通常包括计算机（桌面型、便携式或其他手持设备，在网络中通常称为主机）、网络接入设备、网络互连设备和通信链路。

② 网络软件：通常包括网络协议软件、网络操作系统、网络应用软件以及网络管理及安装软件。

4. 计算机网络的功能

（1）数据通信

数据通信是计算机网络最基本的功能。它用来快速传送计算机与终端、计算机与计算机之间的各种信息，包括文字信件、新闻消息、咨询信息、图片资料和报纸版面等。利用这一特点，可实现将分散在各个地区的单位或部门用计算机网络联系起来，进行统一的调配、控制和管理。

（2）资源共享

资源共享指的是网络中的用户可以部分或全部使用网络中所有的硬件、软件和数据等资源。通常，在计算机网络范围内的各种输入设备、输出设备、大容量存储设备及高性能计算机等都是可以共享的硬件资源。主机中的各种应用软件、工具软件和数据文件等也是可以共享的。

（3）分布式处理

分布式处理可以将大型综合性的复杂任务分配给网络系统内的多台计算机协同并行处理，从而平衡各计算机的负载，提高效率。对解决复杂问题来说，联合使用多台计算机并构成高性能的计算机体系，这种协同工作、并行处理所产生的开销要比单独购置高性能的大型计算机所产生的开销少得多。

5.1.2 计算机网络的体系结构

【提要】

本节介绍计算机网络体系结构方面的知识。

计算机网络体系结构是网络层次模型和各层协议的集合。它反映了整个计算机网络系统的逻辑结构和功能划分，包含了硬件和软件的组织与设计时所必须遵守的规定。

1. 计算机网络体系结构产生的原因

计算机网络环境的相对复杂，使得实现起来需要解决许多技术问题，例如需要支持多种通信介质，需要支持多厂商的设备和结构相异的机器互联，需要支持多种不同的高层应用以及低层通信接口等。因此，为了设计和实现这样一个复杂的系统，人们引入了分层的思想，即将整个计算机网络从功能上划分若干层，每一层完成一定的任务，层与层之间既有明显的界限，又能相互协调工作，这就是计算机网络体系结构的框架。

2. 主流计算机网络体系结构的介绍

主流的网络体系结构有 OSI/RM（开放式系统互联/参考模型）、TCP/IP（传输控制协议/

互联网协议）等。

（1）OSI/RM 模型概述

不同国家、不同公司有着许多不同的计算机网络，它们遵守自定义的网络通信协议。要实现这些网络之间的连接与通信，就好像讲不同语言的人要相互交谈一样困难。国际标准化组织 ISO 为了解决不同网络之间的互联问题，于 1984 年提出了"开放系统互联参考模型"，即 OSI/RM（Open System Interconnection Reference Model），简称 OSI 模型。"开放"的含义为"只要所有的计算机网络遵循 OSI 标准，它们就能够互联，并进行通信"。

OSI 模型采用的是分层体系结构，整个模型分为七层，下层为其上层服务，这七层从低到高依次是物理层、数据链路层、网络层、传输层、会话层、表示层和应用层。

（2）TCP/IP 模型概述

TCP/IP 参考模型是计算机网络的"祖父"ARPANET 和其后继的互联网使用的参考模型。ARPANET 是由美国国防部 DoD（U.S. Department of Defense）赞助的研究网络。逐渐地，它通过租用的电话线联结了数百所大学和政府部门。当无线网络和卫星出现以后，现有的协议在和它们相连的时候出现了问题，所以需要一种新的参考体系结构。这个体系结构在它的两个主要协议出现以后，被称为"TCP/IP 参考模型"（TCP/IP reference model）。

TCP/IP 是一组用于实现网络互连的通信协议。Internet 网络体系结构以 TCP/IP 为核心。基于 TCP/IP 的参考模型将协议分成四个层次，它们分别是网络接口层、网际互联层、传输层（主机到主机）和应用层，OSI 参考模型与 TCP/IP 参考模型的对比如图 5-1 所示。

① 网络接口层（即主机—网络层）。

网络接入层与 OSI 参考模型中的物理层和数据链路层相对应。它负责监视数据在

OSI	TCP/IP对应层次
应用层	应用层
表示层	
会话层	
传输层	传输层
网络层	网际互联层
数据链路层	网络接口层
物理层	

图 5-1 OSI 参考模型与 TCP/IP 参考模型对比

主机和网络之间的交换。事实上，TCP/IP 本身并未定义该层的协议，而由参与互连的各网络使用自己的物理层和数据链路层协议，然后与 TCP/IP 的网络接入层进行连接。

② 网际互联层。

网际互联层对应于 OSI 参考模型的网络层，主要解决主机到主机的通信问题。它所包含的协议负责设计数据包在整个网络上的逻辑传输。注重重新赋予主机一个 IP 地址来完成对主机的寻址，它还负责数据包在多种网络中的路由。该层有四个主要协议：网际协议（IP）、地址解析协议（ARP）、互联网组管理协议（IGMP）和互联网控制报文协议（ICMP）。

IP 协议是网际互联层最重要的协议，它提供的是一个不可靠、无连接的数据包传递服务。

③ 传输层。

传输层对应于 OSI 参考模型的传输层，为应用层实体提供端到端的通信功能，保证了数据包的顺序传送及数据的完整性。该层定义了两个主要的协议：传输控制协议（TCP）和用户数据报协议（UDP）。

TCP 协议提供的是一种可靠的、面向连接的数据传输服务；UDP 协议提供的则是不可靠的、无连接的数据传输服务。

④ 应用层。

应用层对应于 OSI 参考模型的高层（会话层、表示层和应用层），为用户提供所需要的各种服务，如 FTP、Telnet、DNS 和 SMTP 等。

5.1.3 局域网的组成与拓扑结构

【提要】

本节介绍局域网方面的基本知识，主要包括：
- 局域网的组成
- 计算机网络的拓扑结构
- 常见的传输介质

1. 局域网的组成

局域网由网络硬件（包括网络服务器、网络工作站、网络打印机、网卡以及网络互联设备等）、网络传输介质及网络软件所组成。

2. 计算机网络的拓扑结构

计算机网络的拓扑结构是指网络上计算机或设备与传输媒介形成的"节点"与"线"的物理构成模式。常见的网络拓扑结构有总线型、环型、星型、树型和网状，如图 5-2 所示。

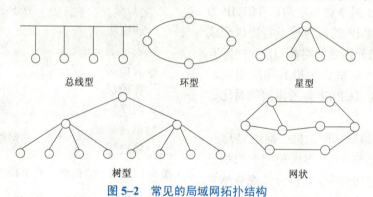

图 5-2 常见的局域网拓扑结构

（1）总线型结构

总线型结构网络是将各个节点设备和一根总线相连。网络中所有的节点工作站都是通过总线进行信息传输的。作为总线的通信连线可以是同轴电缆、双绞线，也可以是扁平电缆。在总线结构中，作为数据通信必经的总线的负载能量是有限度的，这是由通信媒体本身的物理性能决定的。所以，总线结构网络中工作站节点的个数是有限制的，如果工作站节点的个数超出总线负载能量，就需要延长总线的长度，并加入相当数量的附加转接部件，使总线负载达到容量要求。总线型结构网络简单、灵活，可扩充性能好。所以，进行节点设备的插入与拆卸非常方便。另外，总线结构网络可靠性高、网络节点间响应速度快、共享资源能力强、设备投入量少、成本低和安装使用方便，当某个工作站节点出现故障时，对整个网络系统影响小。因此，总线结构网络是最普遍使用的一种网络。但是由于所有的工作站通信均通过一条共用的总线，所以，实时性较差。

（2）环型

环型是网络中各节点通过一条首尾相连的通信链路连接起来的一个闭合环型网。环型网络的结构也比较简单，系统中各工作站地位相等。系统中通信设备和线路比较节省。在网络中信息设有固定方向单向流动，两个工作站节点之间仅有一条通路，系统中无信道选择问题；网络中各工作站都是独立的，如果某个工作站节点出故障，此工作站节点就会自动旁路，不影响全网的工作，所以可靠性高。环网中，由于环路是封闭的，所以系统响应延时长，且信息的传输效率相对较低。

（3）星型结构

这种结构的网络是各工作站以星型方式连接起来的，网络中的每一个节点设备都以中心节点为中心，通过连接线与中心节点相连，如果一个工作站需要传输数据，它首先必须通过中心节点。由于在这种结构的网络系统中，中心节点是控制中心，任意两个节点间的通信最多只需两步，所以，数据传输速度快，并且网络构形简单、建网容易且便于控制和管理。但这种网络系统，网络可靠性低，网络共享能力差，并且一旦中心节点出现故障则会导致全网瘫痪。

（4）树型结构

树型结构网络是天然的分级结构，又被称为分级的集中式网络。其特点是网络成本低，结构比较简单。在网络中，任意两个节点之间不产生回路，每个链路都支持双向传输，并且，网络中节点扩充方便、灵活，寻查链路路径比较简单。但在这种结构网络系统中，除了节点及其相连的链路外，任何一个工作站或链路产生故障都会影响整个网络系统的正常运行。

（5）网状结构

在网状拓扑结构中，节点之间可以有任意的连接。极端的情况是全网状连接，即在 N 个节点中任意一个节点都和另外 $N–1$ 个节点有通信连接。网状结构不单以连通为目标，还考虑网络的负载和冗余部署。因此，网状拓扑的主要优点是系统可靠性高，容灾能力强，但是结构复杂，建设和维护成本高。

3. 传输介质

传输介质，即信息的载体，或者说是连接线路的实体。目前，网络的传输介质可以分为两大类：有线介质和无线介质。

（1）有线介质

常见的有线传输介质有双绞线、同轴电缆和光缆，如图 5–3 所示。

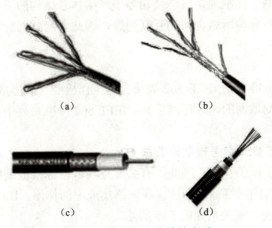

图 5–3 常见的有线传输介质

(a) 非屏蔽双绞线；(b) 屏蔽双绞线；(c) 同轴电缆；(d) 光缆

① 双绞线：是指将一对互相绝缘的金属导线采用互相绞合的方式来抵御一部分外界电磁波干扰的电缆。典型的双绞线有四对的，也有更多对双绞线放在一个电缆套管里的，在点到点的方式中用得比较普遍。与其他传输介质相比，双绞线在传输距离、信道宽度和数据传输速度等方面均受到一定的限制，但价格较为低廉。有非屏蔽双绞线和屏蔽双绞线之分。屏蔽双绞线主要是用在电磁干扰较大的环境，价格比非屏蔽双绞线要高一些。

② 同轴电缆：内外由相互绝缘的同轴心导体构成的电缆，内导体为铜线，外导体为铜管或网。无论是传输信息量还是性价比方面都比双绞线要好，主要用于大距离的局域网。

③ 光缆：是由光导纤维（细如头发的玻璃丝）和塑料保护套管及塑料外皮构成。它也叫光纤电缆，是一定数量的光纤按照一定方式组成缆心，外包有护套，有的还包覆外护层，用以实现光信号传输的一种通信线路。其优点是传输频率宽，传输速率快，信号衰减极低，不受电磁干扰，不需要地线。虽然价格高些，但随着价格逐步降低、优点突出，其使用率越来越高，现在大多数网络中都使用了光缆。

（2）无线介质

无线传输介质是指在两个通信设备之间不使用任何物理连接，而是通过空间传输的一种技术。无线传输介质主要有微波、红外线和激光等。

在组网时，用户可以根据计算机网络的类型、性能、成本及其使用环境等因素，选择不同的传输介质。

5.1.4 局域网的标准

【提要】

本节介绍局域网的标准。

1. 局域网标准的特点

与互联网的技术标准相比较，局域网的标准有两个显著的特点，这两个特点都和网络技术的发展历史有关系。

第一个特点是局域网的技术标准主要来源于 IEEE 组织，而互联网的协议标准主要来源于 IETF 组织。这是因为早期局域网技术的发展是独立于互联网发展的。

第二个特点是局域网的标准通常只涉及相当于网络体系结构的下面两层（物理层和数据链路层）的功能，不解决异构网络之间的互联问题，因此，局域网标准通常不定义网络层及以上的层次。

2. IEEE 802 标准

局域网和城域网的标准都是 IEEE 802 委员会的工作核心，所形成的一系列 IEEE 802 标准已被 ISO 采纳，作为局域网的国际标准系列。IEEE 802 标准系列中各个子标准之间的关系如图 5-4 所示。

3. IEEE 802 标准与 OSI 参考模型的关系

由于局域网已普遍实现了互联，因此，有必要把局域网标准放到网络体系架构中来认识局域网的定位，理解不同的网络标准和协议在网络集成中的作用。IEEE 802 标准的局域网参考模型与 OSI 参考模型的对应关系如图 5-5 所示。

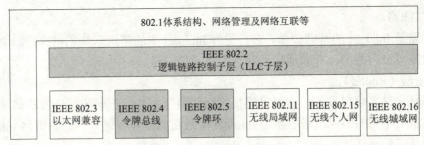

图 5-4　IEEE 802 标准系列

为了使数据帧的传送独立于所采用的物理媒体和媒体访问控制方法，数据链路层在 IEEE 802 参考模型中被分成 MAC 子层和 LLC 子层。因为当时局域网采用的媒体访问控制方法有很多种，IEEE 802 标准体系把 LLC 独立出来形成一个单独的子层，因此 LLC 子层与物理媒体无关，仅让 MAC 子层与物理媒体直接相连。

MAC 子层的主要功能有为 LLC 子层提供媒体访问控制、实现帧的寻址和识别、产生帧检验序列和完成帧检验等功能。

LLC 子层只负责逻辑链路控制，规定了无确认连接、有确认无连接和面向连接三种类型的链路服务。

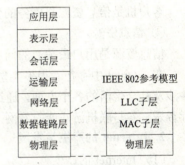

图 5-5　IEEE 802 标准的局域网参考模型与 OSI 参考模型的对应关系

5.1.5　Internet 的基本概念

【提要】

本节介绍 Internet 方面的基本知识，主要包括：

➢ Internet 的基本概念

➢ Internet 的产生与发展

Internet 是世界上最大的计算机互联网，是全球最大的、最有影响的计算机信息资源网。它将世界范围内成千上万个相同或不同类型的计算机和计算机网络连接在一起，彼此遵循 TCP/IP（Transmission Control Protocol/Internet Protocol）协议，实现相互之间的通信。

1. Internet 的基本概念

Internet 表示"互联网"或"网际网"。但是随着 Internet 的发展，它现在已经变成了一个专有名词，它表示一个采用特定规则把世界各地的计算机网络连接在一起，实现网络信息资源共享，并提供各种应用服务的、遍及全球的计算机网络系统。

（1）Internet 的含义

"Inter"在英语中的含义是"交互的"，"net"是指"网络"。简单地讲，Internet 是一个计算机交互网络，又称为"网间网"。它是一个全球性的、巨大的计算机网络体系，它把全球数万个计算机网络、数千万台主机连接起来，包含了难以计数的信息资源，向全世界提供信息服务。

（2）Internet 的组成

Internet 主要由通信线路、路由器（Router）、服务器与客户机以及信息资源等部分组成。

① 通信线路。

通信线路是 Internet 的基础设施，它负责将 Internet 中的路由器与主机连接起来。Internet 中的通信线路可分为两类：有线通信线路与无线通信信道。

② 路由器（Router）。

路由器是一种多端口设备，它可以连接不同传输速率并运行于各种环境的局域网和广域网，也可以采用不同的协议。路由器是 Internet 中最重要的设备之一，它负责将 Internet 中的各个局域网或广域网连接起来。

③ 服务器与客户机。

服务器是信息资源与服务的提供者，它一般是性能较高、存储容量较大的计算机。

客户机是信息资源与服务的使用者，它可以是普通的微型机或便携机。

④ 信息资源。

信息资源是用户最关心的问题，它会影响到 Internet 受欢迎的程度。

在 Internet 中存在着很多类型的信息资源，如文本、图像、声音与视频等多种信息类型，并涉及社会生活的各个方面。通过 Internet，我们可以查找科技资料、获得商业信息、下载流行音乐、参与联机游戏或收看网上直播等。

2. Internet 的产生与发展

（1）Internet 的产生

Internet 的发展史要追溯到美国最早的军用计算机网络 ARPANET，ARPANET 同时也是世界上第一个远程分组交换网。

美国国家科学基金会（NSF）于 1984 年开始着手筹建一个向所有大学开放的计算机网络。NSF 利用 56 Kbps 的租用线路建成了连接全美六个超级计算机中心的骨干网，并且筹集资金将大约 20 个地区网连接到骨干网上，骨干网和地区网的整个网络被称为 NSFNET，NSFNET 通过线路与 ARPANET 相连。与此同时，其他国家和地区也建立了类似于 NSFNET 的网络，这些网络通过通信线路同 NSFNET 或 ARPANET 相连，20 世纪 80 年代中期人们将这些互联在一起的网络看作一个互联网络，后来就以 Internet 来称呼它。

Internet 的规模一直呈指数增长，除了网络规模在扩大外，Internet 应用领域也在走向多元化。最初的网络应用主要是电子邮件、新闻组、远程登录和文件传输，网络用户主要是科技工作者。然而到了 20 世纪 90 年代早期，一种新型的网络应用——万维网问世后，一下子将无数非学术领域的用户带进了网络世界，万维网以其信息量大、查询快捷方便而很快被人们所接受。随着多媒体通信业务的开通，Internet 已经实现了网上购物、远程教育、远程医疗、视频点播和视频会议等新应用，可以说 Internet 的应用领域已经深入到社会生活的方方面面。虽然 ARPANET 在 20 世纪 80 年代初已取得巨大成功，但仍不能满足广大用户日益增长的需要。为了解决这一问题，1986 年美国国家科学基金会又计划建立横跨全美国的国家科学基金会网 NSFNET，计划在全美国设置若干个超级计算机中心，并建设一个高速主干网，把这些中心的计算机连接起来，从而形成 NSFNET。1990 年开始，由 IBM、MCI 和 Merit 三家公司共同组建了先进网络服务公司 ANS（Advanced Network Services），专门为 NSFNET 提供服务。NSFNET 的形成和发展，使它后来成为 Internet 的主干网。Internet 已有近 40 年的历史，目前已具有上万个技术资料库，其信息内容涉及政治、经济、科学、教育、法律、文艺、体育和商业等社会生活的各个方面，其使用者也遍布了社会生活的各个领域。

（2）Internet 在中国的发展

Internet 在我国的发展，大致可分为两个阶段：第一个阶段是 1985—1993 年，一些科研机构通过 X.25 实现了与 Internet 的电子邮件转发的联结；第二阶段是从 1994 年开始，实现了和 Internet 的 TCP/IP 联结，从而开始了 Internet 全功能服务，几个全国范围的计算机信息网络相继建立，Internet 在我国得到了迅猛发展。

目前，国内的 Internet 主要由九大骨干互联网络组成，而中国教育和科研计算机网、中国科技网、中国公用计算机互联网和宽带中国 CHINA 169 网四大网络是其中的典型代表。

① 中国教育和科研计算机网（CERNET）。

中国教育和科研计算机网（Chinese Education and Research Network，CERNET）是由国家投资建设，教育部负责管理，清华大学等高等学校承担建设和管理运行的全国学术性计算机互联网络。其网址为：http：//www.edu.cn，它主要面向教育和科研单位，是全国最大的公益性互联网络。

② 中国科技网（CSTNET）。

中国科技网（Chinese Science and Technology Network，CSTNET）是在中关村地区教育与科研示范网和中国科学院计算机网络的基础上建设和发展起来的覆盖全国范围的大型计算机网络，其网址为：http：//www.cnc.ac.cn，是我国最早建设并获国家承认的具有国际信道出口的中国四大互联网络之一。

③ 中国公用计算机互联网（CHINANET）。

CHINANET 是中国最大的 Internet 服务提供商。它是在 1994 年由前邮电部（现为中华人民共和国工业和信息化部）投资建设的公用计算机互联网，现由中国电信经营管理，于 1995 年 5 月正式向社会开放，其网址为：http：//www.chinanet.cn，它是中国第一个商业化的计算机互联网，旨在为中国的广大用户提供 Internet 的各类服务，推进信息产业的发展。

④ 宽带中国 CHINA 169 网。

中国网通宽带中国 CHINA 169 是以原中国电信中国宽带互联网 CHINANET 的北方十省的互联网络为基础，通过大规模的技术改造和扩容，从网络特性上满足未来各类宽带业务的需要，在全国范围内提供组播、VPN、网络电视、宽带游戏、视频会议和大容量网上洽谈聊天等宽带网络功能。其网址为：http：//www.cnc.cn。

5.1.6 TCP/IP 协议、IP 地址与域名及域名服务

【提要】

本节介绍 TCP/IP 协议方面的基本知识，主要包括：
- TCP/IP 协议
- IP 地址
- 域名及域名服务
- 统一资源定位符 URL（Uniform Resource Locate）

1. TCP/IP 协议

TCP/IP（Transmission Control Protocol/Internet Protocol，传输控制协议/互联网络协议）协议是 Internet 最基本的协议，简单地说，就是由底层的 IP 协议和 TCP 协议组成的。TCP/IP 协议的开发工作始于 20 世纪 70 年代，是用于互联网的第一套协议。

下面我们分别来介绍这两个无处不在的协议。

(1) IP 协议

IP（Internet Protocol）协议指的是互联网协议。从这个名称我们就可以知道 IP 协议的重要性。在现实生活中，我们进行货物运输时都是把货物包装成一个个的纸箱或者是集装箱之后才进行运输，在网络世界中各种信息也是通过类似的方式进行传输的。IP 协议规定了数据传输时的基本单元和格式。如果比作货物运输，IP 协议规定了货物打包时的包装箱尺寸和包装的程序。除了这些以外，IP 协议还定义了数据包的递交办法和路由选择。同样用货物运输做比喻，IP 协议规定了货物的运输方法和运输路线。

(2) TCP 协议

我们已经知道了 IP 协议的重要性，IP 协议已经规定了数据传输的主要内容，那么 TCP（Transmission Control Protocol）协议是做什么的呢？通常可以发现，在 IP 协议中定义的传输是单向的，也就是说发出去的货物对方有没有收到我们是不知道的，就好像平邮寄出的信件。那对于重要的信件我们要寄挂号信怎么办呢？TCP 协议就是帮我们寄"挂号信"的。TCP 协议提供了可靠的、面向对象的数据流传输服务的规则和约定。简单地说，在 TCP 模式中，对方发一个数据包给你，你要发一个确认数据包给对方，通过这种确认来提供可靠性。

2. IP 地址

(1) IP 地址的含义

所谓 IP 地址，就是指给每个连接在 Internet 上的主机分配的一个 32 bit 地址。按照 TCP/IP 协议规定，IP 地址用二进制来表示，每个 IP 地址长 32 bit，比特换算成字节，就是 4 个字节。例如，一个采用二进制形式的 IP 地址是"00001010000000000000000000000001"，这么长的地址，人们处理起来也太费劲了。为了方便人们的使用，IP 地址经常被写成十进制的形式，中间使用符号"."分开不同的字节。于是，上面的 IP 地址可以表示为"10.0.0.1"。IP 地址的这种表示法叫作"点分十进制表示法"，这显然比 1 和 0 容易记忆得多。

与接入电话网的电话号码相类似，每台接入 Internet 的计算机和路由器都必须有一个由授权机构分配的号码，我们将它称为 IP 地址。举例说明，如读者的电话号码是 5825722，读者所在的地区区号是 0774，而我国的电话区号为 086，那么完整的表述该电话号码应该是 086-0774-5825722，这个电话号码在全世界都是唯一的。这是一种很典型的分层结构的电话号码定义方法。

同样，IP 地址也采用分层结构，IP 地址是由网络号与主机号两部分组成。其中，网络号用来标识一个逻辑网络，主机号用来标识网络中的一台主机。一台 Internet 主机至少有一个 IP 地址，而且这个 IP 地址是全网唯一的。

(2) 标准的 IPv4 分类地址

为了便于记忆，IPv4 地址采用点分十进制的方法表示。IPv4 地址长度为 32 位，将 32 位数字每 8 位为一组分为四组，中间用一个小数点分隔，如×.×.×.×的格式来表示，然后把每一组数翻译成相应的十进制数，其范围在 0~255 之间。实际上 0 和 255 在 Internet 中用于广播，因此每组数字中真正用于 IP 地址的范围是 1~254。

(3) IP 地址的分类

由于在 Internet 中，有些网络的主机多，有些网络的主机少，为了充分利用数字位数，按照规模将网络分为大、中、小三种类型，相应地把网络分为 A、B、C 三类。

在 A 类网络中，四段数字中的第一段为网络号码，剩下三段号码为本地的主机号码。第一段数字的第一位数字以 0 开头，后面是 7 个二进制数，每位都是 1，只能是十进制的 127，所以网络号码小于 128，即：

	7 位	24 位
0	网络标识	主机标识

在 B 类网络中，将四段数字对半分，前两段数字为网络号码，后两段数字为本地主机号码。在第一段数字中，因为前两位以 10 开头，所以第一段数字最小是二进制数 10000000，转换为十进制数是 128，最大是二进制数 10111111，转换为十进制数是 191，所以第一段数字大于等于 128，小于等于 191，即：

		16 位	16 位
1	0	网络标识	主机标识

在 C 类网络中，前三段数字为网络号码，最后一段为本地主机号码。因此，从 IP 地址的号码书写可以知道其网络的类型。前三位以 110 开头，按上述的算法，第一段数字转换成十进制数字就是大于等于 192，小于等于 223，即：

			24 位	8 位
1	1	0	网络标识	主机标识

根据这样的划分，Internet 中全部 IP 地址空间的情况如表 5-1 所示。

表 5-1 Internet 的 IP 地址空间容量

项目	第一组数字	网络地址数	每个网络中最大主机数
A 类网络	1～127	126	16 777 214
B 类网络	128～191	16 384	65 534
C 类网络	192～223	20 752	254

对于 IP 地址为"212.193.66.38"的主机来说，第一段数字范围属于 192～223 的范围，属于小型网络（C 类）中的主机，其网络号码是 212.193.66，本地主机号码是 38。

（4）查看本地计算机的 IP 地址

查看本地计算机 IP 地址的步骤如下：

步骤 1：单击"⊙"→"开始"菜，单击 控制面板，打开"控制面板"窗。

步骤 2：在"控制面板"窗中，单击 网络和共享中心，打开"网络和共享中心"窗。

步骤 3：在"网络和共享中心"窗中，选择"更改适配器设置"项。

步骤 4：在"网络连接"窗中，找到并右键单击 本地连接 Realtek PCIe GbE 捷→"属性"钮，打开"本地连接属性"窗，如图 5-6 所示。

步骤 5：在"本地连接 属性"窗中选择"Internet 协议版本 4"项，如图 5-7 所示。

在"Internet 协议版本 4（TCP/Ipv4）属性"窗中，可以看到当前计算机的 IP 地址、子网掩码、默认网关和 DNS 服务器的地址，我们可以根据系统管理员给定的各项参数进行设

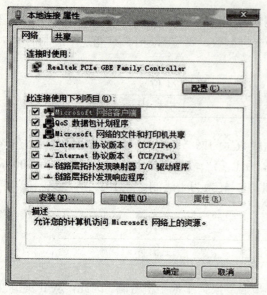

图 5–6 "本地连接 属性"窗口

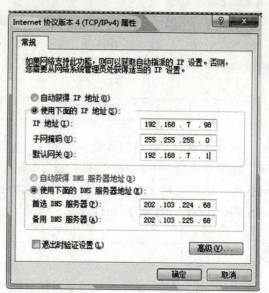

图 5–7 "Internet 协议版本 4（TCP/IPv4）属性"窗口

置和修改。

3. 域名及域名服务

（1）域名概念的提出

IP 地址为 Internet 提供了统一的标识方式，直接使用 IP 地址，就可以访问 Internet 中的主机。一般来说用户很难记住 IP 地址。例如，用点分十进制表示的某个主机的 IP 地址为 202.113.19.111，大家就很难记住这样一串数字。

但是，如果告诉你要访问的是梧州学院的 Web 服务器地址，用字符表示为 www.gxuwz.edu.cn，每个字符都有一定意义，并且书写有一定的规律，这样用户就容易理解，又容易记住，因此就提出了域名这个概念。

域名的解读按照美国人书写人名的习惯，从右到左按地理位置分级别：最右边一组为顶级域名，表示国别或大地区，如 www.gxuwz.edu.cn 上面的 cn 表示中国，它的写法是国际上规定的。第二组为二级域名，按照中国的域名体系，中国互联网的二级域名分为类别域名和行政区域名两类。类别域名是纵向域名，按单位的机构性质分为 6 个，其中 edu 表示教育单位。行政域名是横向域名，使用省、自治区、直辖市的名称缩写表示，如广西为 gx。学校网站的二级域名都是使用类别域名。最左边为单位的名称缩写。在美国，大部分 Internet 站点都使用表 5–2 中的三字母区域名。

虽然主机的域名也用小数点将全名分段，但它与用小数点分隔 IP 地址的分段是没有必然的对应关系，只是采用小数点将长字符串分成几段而已。

表 5–2 三字母区域名

区域	含义
com	商业机构
edu	教育机构

区域	含义
gov	政府部门
int	国际机构（主要指北约组织）
mil	军事网点
net	网络机构
org	其他不符合以上分类规定的机构

（2）域名服务（DNS）

域名服务（Domain Name Service，DNS）是互联网的一项核心服务，它作为可以将域名和 IP 地址相互映射的一个分布式数据库，能够使人更方便地访问互联网，而不用去记住能够被机器直接读取的 IP 数串。

4. 统一资源定位符 URL

目前，互联网的建议标准对统一资源定位符 URL（Uniform Resource Locate）是这样定义的："统一资源定位符 URL 是对互联网上得到的资源的位置和访问方法的一种简洁表示。URL 给资源的位置提供一种抽象的识别方法，并用这种方法给资源定位。只要能够对资源定位，系统就可以对资源进行各种操作，如存取、更新、替换和查找其属性。"

上述的"资源"是指在互联网上可以被访问的任何对象，包括文件目录、文件、文档、图像和声音等，以及与互联网相连的、任何形式的数据。"资源"还包括电子邮件的地址和 USENET 新闻组，或 USENET 新闻组中的报文。

URL 是一种统一格式的 Internet 信息资源地址的标识方法，URL 的位置对应在 IE 浏览器窗口中的地址栏，URL 将 Internet 上提供的服务统一编址，URL 的格式为：

协议服务类型：//主机域名［：端口号］/文件路径/文件名

URL 由四部分组成，第一部分指出协议服务类型，第二部分指出信息所在的服务器主机域名，第三部分指出包含文件数据所在的精确路径，第四部分指出文件名。URL 中的服务类型如表 5–3 所示。

表 5–3 URL 中的服务类型

协议名	服务	传输协议	端口号
http	World Wide Web 服务	HTTP	80
telnet	远程登录服务	Telnet	23
ftp	文件传送服务	FTP	21
mailto	E-mail 电子邮件服务	SMTP	25
news	网络新闻服务	NNTP	119

URL 中的域名可以唯一地确定 Internet 上的每一台计算机的地址。域名中的主机部分一般与服务类型相一致，如提供 Web 服务的 Web 服务器，其主机名往往是 www，提供 FTP 服务的 FTP 服务器，其主机名往往是 ftp。

用户程序使用不同的 Internet 服务与主机建立连接时，一般要使用某个缺省的 TCP 端口号，也称为逻辑端口号。端口号是一个标记符，标记符与在网络中通信的软件相对应。一台服务器一般只通过一个物理端口与 Internet 相连，但是服务器可以有多个逻辑端口用于进行客户程序的连接。例如，Web 服务器使用端口 80，Telnet 服务器使用端口 23。这样，当远程计算机连接到某个特定端口时，服务器用相应的程序来处理该连接。端口号可以使用缺省标准值，不用输入；有的时候，某些服务可能使用非标准的端口号，则必须在 URL 中指明端口号。

URL 相当于一个文件名在网络范围的扩展。例如，对 Web 服务器的访问，输入的 URL 为：http: //www.w3.org/hypertext/project.html，其中协议的名字为 http，Web 服务器主机域名为 www.w3.org，包含该 Web 页面的文件路径和文件名为 hypertext/project.html。

在一台主机上可以安装多种服务器软件，通过不同的端口号提供不同的服务，如一台主机可以用作 Web 服务器，也可以用作邮件服务器。

下面简单介绍使用得最多的一种 URL。

对于万维网的网点的访问要使用 HTTP 协议。HTTP 的一般形式是：

http: // <主机>：<端口>/<路径>

HTTP 的默认端口号是 80，通常可省略。若再省略文件的【路径】项，则 URL 就指互联网上的某个主页（home page）。主页是个很重要的概念，它可以是以下几种情况之一：

① 一个 WWW 服务器的最高级别的页面。
② 某一个组织或部门的一个定制的页面或目录。
③ 由某一个人自己设计的描述他本人情况的 WWW 页面。

从这样的页面可链接到因特网上的与本组织或部门有关的其他站点。例如，要查有关梧州学院的信息，就可先进入到梧州学院的主页，其 URL 为 http: //www.gxuwz.edu.cn，这里省略了默认的端口号 80。我们从梧州学院的主页开始，就可以通过许多不同的超链接找到所要查找的各种有关梧州学院各个部门的信息。更复杂一些的路径是指向层次结构的从属页面，如 http: //www.gxuwz.edu.cn/kyc 是梧州学院的"科研处"页面的 URL。

虽然 URL 里面的字母不分大小写，但有的页面为使读者看起来方便，故意用了一些大写字母，实际上这对使用 Windows 的 PC 用户来说是没有关系的。

用户使用 URL 不但能访问万维网的页面，而且还能通过 URL 使用其他的互联网应用程序，如 FTP 或新闻组等。

5.1.7 Internet 的基本接入方式

【提要】

本节介绍 Internet 的基本接入方式，主要包括：
➢ 局域网接入
➢ 电话线拨号接入（PSTN）
➢ ADSL
➢ CABLE MODEM
➢ 光纤宽带接入
➢ 无线网络

1. 局域网接入

大部分政府机关、企业和学校都创建了属于自己的局域网，只要局域网与 Internet 的一台主机已连接，局域网内的用户无须增加设备就能访问 Internet。局域网与 Internet 连接一般使用专线接入，如采用 ADSL、DDN 和帧中继等相对固定不变的通信线路，以保证局域网上的每一个用户都能正常使用 Internet 资源。

2. 电话线拨号接入（PSTN）

家庭用户接入互联网的普遍方式为窄带接入，即通过电话线，利用当地电话拨号接入运营商提供的接入号码，拨号接入互联网，速率不超过 56 Kbps。其特点是使用方便，只需要有效的电话线及自带调制解调器（MODEM）的 PC 就可完成接入。

运用在一些低速率的网络应用（如网页浏览查询、聊天和 E-mail 等），主要适合于临时性接入或无其他宽带接入场所的使用。其缺点首先是速率低，无法实现一些高速率要求的网络服务；其次是费用较高（接入费用由电话通信费和网络使用费组成）。

3. ADSL

在通过本地环路提供数字服务的技术中，最有效的类型之一是数字用户线（Digital Subscriber Line，DSL）技术，是目前运用最广泛的铜线接入方式。ADSL 可直接利用现有的电话线路，通过 ADSL MODEM 后进行数字信息传输。理论速率可达到 8 Mbps 的下行和 1 Mbps 的上行，传输距离可达 4 000～5 000 米。ADSL 2+速率可达 24 Mbps 下行和 1 Mbps 上行。另外，最新的 VDSL 2 技术可以达到上下行各 100 Mbps 的速率。其特点是速率稳定、带宽独享和语音数据不干扰等。它适用于家庭、个人等用户的大多数网络应用需求，满足一些宽带业务，包括 IPTV、视频点播（VOD）、远程教学、可视电话、多媒体检索、LAN 互联和 Internet 接入等。

4. CABLE MODEM

CABLE MODEM 是一种基于有线电视网络铜线资源的接入方式。它适用于拥有有线电视网的家庭、个人或中小团体。其特点是速率较高，接入方式方便（通过有线电缆传输数据，不需要布线），可专线上网连接允许用户通过有线电视网实现高速接入互联网，可实现各类视频服务和高速下载等。其缺点在于基于有线电视网络的架构是属于网络资源分享型的，当用户激增时，速率就会下降且不稳定，扩展性不够。

5. 光纤宽带接入

它指的是通过光纤接入到小区节点或楼道，再由网线连接到各个共享点上（一般不超过 100 米），提供一定区域的高速互联接入。其特点是速率高、抗干扰能力强，适用于家庭、个人或各类企事业团体，可以实现各类高速率的互联网应用（视频服务、高速数据传输和远程交互等）。其缺点是一次性布线成本较高。

6. 无线网络

无线网络是一种有线接入的延伸技术，使用无线射频（RF）技术越空收发数据，减少使用电线连接，因此无线网络系统既可达到建设计算机网络系统的目的，又可让设备自由安排和搬动。在公共开放的场所或企业内部，无线网络一般会作为已存在有线网络的一个补充方式，装有无线网卡的计算机通过无线手段可以更加方便地接入互联网。

目前，我国 3G 移动通信有三种技术标准：中国移动、中国电信和中国联通。它们各使用自己的标准及专门的上网卡，各网卡之间互不兼容。

5.1.8 Internet 的基本服务

【提要】

本节介绍 Internet 的基本服务，主要包括：
- 远程登录服务 Telnet（Remote Login）
- 文件传送服务 FTP
- 电子邮件服务 E-mail（Electronic Mail）
- 电子公告板系统（BBS）
- 万维网（WWW）

1. 远程登录服务 Telnet（Remote Login）

远程登录是 Internet 提供的基本信息服务之一，是提供远程连接服务的终端仿真协议。它可以使你的计算机登录到 Internet 的另一台计算机上。那台计算机就成为你所登录计算机的一个终端，可以使用那台计算机上的资源，如打印机和磁盘设备等。Telnet 提供了大量的命令，这些命令可用于建立终端与远程主机的交互式对话，可使本地用户执行远程主机的命令。

2. 文件传送服务 FTP

FTP 允许用户在计算机之间传送文件，并且文件的类型不限，可以是文本文件，也可以是二进制可执行文件、声音文件、图像文件和数据压缩文件等。FTP 是一种实时的联机服务，在进行工作前必须首先登录到对方的计算机上，登录后才能进行文件的搜索和文件传送的有关操作。普通的 FTP 服务需要在登录时提供相应的用户名和口令，当用户不知道对方计算机的用户名和口令时就无法使用 FTP 服务。为此，一些信息服务机构为了方便 Internet 的用户通过网络使用他们公开发布的信息而提供了一种"匿名 FTP 服务"。

3. 电子邮件服务 E-mail（Electronic Mail）

电子邮件好比是邮局的信件一样，不过它的不同之处在于，电子邮件是通过 Internet 与其他用户进行联系的快速、简洁、高效和价廉的现代化通信手段。而且它有很多的优点，如 E-mail 比通过传统的邮局邮寄信件要快得多，同时在不出现黑客蓄意破坏的情况下，信件的丢失率和损坏率也非常小。

4. 电子公告板系统（BBS）

BBS（Bulletin Board System），中文名为电子公告板系统，它是 Internet 上著名的信息服务系统之一，发展非常迅速，几乎遍及整个 Internet，因为它提供的信息服务涉及的主题相当广泛，如科学研究、时事评论等各个方面，世界各地的人们可以开展讨论、交流思想和寻求帮助等。BBS 站为用户开辟了一块展示"公告"信息的公用存储空间作为"公告板"，这就像实际生活中的公告板一样，用户在这里可以围绕某一主题开展持续不断的讨论，可以把自己参加讨论的文字"粘贴"在公告板上，或者从中读取其他人"粘贴"的信息。电子公告板的好处是可以由用户来"订阅"，每条信息也能像电子邮件一样被复制和转发。

5. 万维网（WWW）

WWW（World Wide Web）的中文译名为万维网或环球网。WWW 的创建是为了解决 Internet 上的信息传递问题，在 WWW 创建之前，几乎所有的信息发布都是通过 E-mail、FTP 和 Telnet 等。但由于 Internet 上的信息散乱地分布在各处，因此除非知道所需信息的位置，否则无法对信息进行搜索。万维网采用超文本和多媒体技术,将不同文件通过"关键字"建立链接,提供一种交叉式查询方式。在一个超文本的文件中,一个关键字链接着另一个关键字有关的文件,该文件可以在同一台主机上,也可以在 Internet 的另一台主机上建立链接,同样该文件也可以是另一个超文本文件。

除此之外,还有电子商务、网上炒股、网上图书馆、远程教育、网上旅游和网上游戏等应用。伴随 Internet 技术日新月异的发展,网络的各种应用正逐步走进我们的现实生活。

5.2 子案例一:IE 9.0 浏览器的使用

子案例一效果如图 5-8 所示。

图 5-8 子案例一效果

【提要】

要达到熟练操作 IE 9.0 浏览器的目的需掌握以下操作:
- 浏览不同的网页
- 使用收藏夹访问网页
- 使用历史记录访问网页
- 保存当前网页
- 保存当前网页的图片

浏览 Internet 是最常见的一种上网方式,也是 Internet 最常用的服务方式。万维网(WWW)并非 Internet,它只是 Internet 下的一种具体应用。这一点初学者必须区别开来。其实,任何与 Internet 有关的操作，都是在 Internet 环境下的一些软件工具的具体应用。由于 WWW 是在 Internet 上建立起来的全球性的信息服务系统，其目的是让用户能够迅速、方便地获取各种不同的信息资料，因此浏览万维网就成为浏览 Internet 最常见的方式了。

1. IE 9.0 浏览器

要浏览万维网，浏览器是必备的工具。随着万维网的出现，众多的浏览器也应运而生，现在普遍使用的是微软公司的 Internet Explorer，简称 IE 浏览器，Windows 操作系统一般都已捆绑 IE 浏览器，本节以 IE 9.0 为例介绍它的使用方法。

（1）IE 9.0 浏览器的概述

IE 9.0 浏览器利用了现代 Windows PC 的硬件优势，全方位改进了网络浏览性能。其是唯一使用跨所有图形、文字、音频和视频的硬件加速 HTML 5 的浏览器，最大限度地发挥了图形处理单元（GPU）的性能，释放了原先浏览器 90% 未开发的 PC 性能。

IE 9.0 是值得信赖的浏览器，因为其内置了丰富的安全、隐私和可靠性技术，让用户可更安全地上网。2010 年 12 月，微软公司推出了 Tracking Protection（反跟踪保护）工具，允许用户控制数据共享。IE 9.0 还推出第一个集成了 SmartScreen 恶意件保护的下载管理器。

IE 9.0 将会是微软迄今为止支持标准最广泛的 IE 浏览器。与旧版的 IE 8.0 相比，IE 9.0 的基准支持也会有所提高，其中包括新的 Chakra JavaScript 引擎，以及面向图形、文本和媒体内容的 HTML 5 硬件加速功能。

（2）IE 9.0 的启动方法

IE 9.0 通常有三种启动方法：

方法一：双击桌面上的 IE " " 图标 。
方法二：单击任务栏上的 " " → 选择 "所有程序" → "Internet Explorer"。
方法三：单击任务栏上的 IE " " 图标。

2. 网上漫游操作

网上漫游，即浏览 Internet，大致有以下情况：浏览不同的网页、使用"收藏夹"再次访问网页、利用历史记录再次访问网页、保存当前网页和保存当前浏览网页的图片。

（1）浏览不同的网页

方法一：从地址栏中输入网站的地址并回车，如图 5-9 所示。

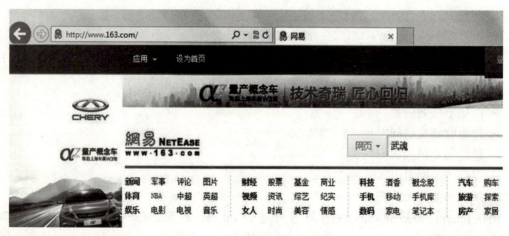

图 5-9　从地址栏中输入网址

方法二：利用网页导航选择自己感兴趣的网页，如图 5-10 所示。

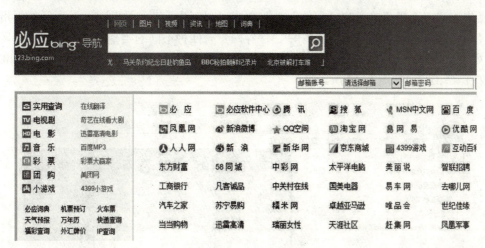

图 5-10 网页导航

（2）使用"收藏夹"再次访问网页

操作方法：在网上浏览时，对感兴趣的网页，可单击菜单栏"收藏夹"→"添加到收藏夹"，需要时打开"收藏夹"，单击其中的列表项，即可快速访问该网页，如图 5-11 所示。

图 5-11 使用"收藏夹"再次访问网页

（3）利用历史记录再次访问网页

操作方法：单击地址栏右侧的小三角形，找到该网页地址，单击即可访问，如图 5-12 所示。

图 5-12 利用历史记录再次访问网页

（4）保存当前网页

操作方法：选择菜单栏的"文件"菜，单击"另存为"钮，如图 5–13 所示；再指定保存路径和文件名，然后单击"保存"钮。保存网页有四种不同的类型可选择，分别是网页，全部（*.htm；*.html）；Web 档案，单个文件（*.mht）；网页，仅 HTML（*.htm；*.html）和文本文件（*.txt），如图 5–14 所示。

图 5–13　保存当前网页

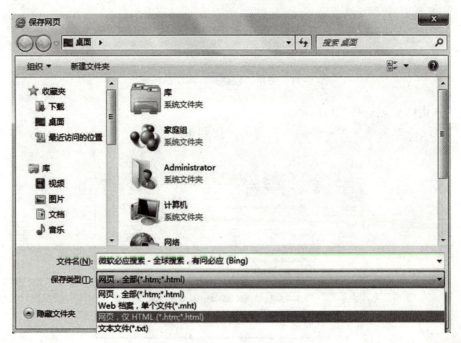

图 5–14　选择不同类型保存网页

（5）保存当前浏览网页的图片

在当前浏览的网页上选择图片，然后在该图片上单击鼠标右键，在弹出的菜单中选择"图片另存为"，如图 5–15 所示。最后选择保存图片的保存位置、图片的文件名称及保存类型，如图 5–16 所示。

图 5–15　保存当前网页图片

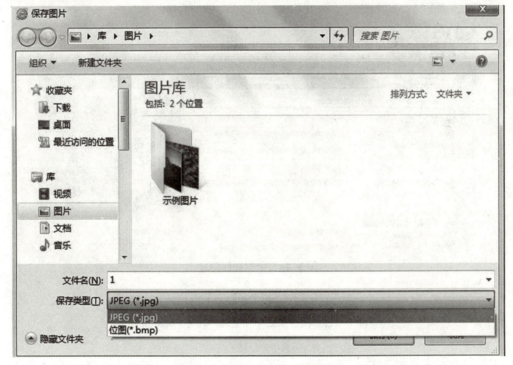

图 5–16　选择不同类型保存图片

3. 信息检索

信息检索是从大量相关信息中利用人—机系统等各种方法加以有序识别与组织，以便及时找出用户所需部分信息的过程。信息检索包括存储与检索两个部分。存储是对有关信息进行选择，并对信息特征进行著录标引和组织，建立信息数据库；检索则根据提问制定策略和表达式，利用信息数据库。按检索内容来划分，信息检索一般可分为数据信息检索、事实信息检索和文献信息检索三大类。普通用户多利用常见搜索引擎输入关键字查询，即可获取相关信息资源，如利用微软公司的必应（BING），如图5-17所示；如果用户需要文献信息检索，则可以选择中国知网（CNKI）等专业搜索引擎来检索相关的文献资源，如图5-18所示。

图 5-17 微软公司必应搜索引擎界面

图 5-18 中国知网网站

5.3 子案例二：电子邮件收发

子案例二效果如图5-19所示。
【提要】
利用Foxmail进行电子邮件收发需要掌握以下功能：
➢ 设置邮箱账户
➢ 收取邮件

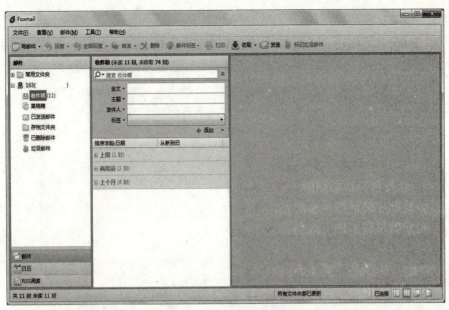

图 5–19　子案例二效果

➤ 撰写和发送邮件

电子邮件（Electronic Mail，E-mail），是网上师生沟通、作业提交的主要方式。它是一种用电子手段提供信息交换的通信方式，是 Internet 应用最广的服务。通过网络的电子邮件系统，用户可以用非常低廉的价格（不管发送到哪里，都只需负担电话费和网费即可），以非常快速的方式（几秒钟之内可以发送到世界上任何你指定的目的地），与世界上任何一个角落的网络用户联系，这些电子邮件可以是文字、图像或声音等各种方式。同时，用户可以得到大量免费的新闻和专题邮件，并实现轻松的信息搜索。

电子邮件在 Internet 上发送和接收的原理可以很形象地用我们日常生活中的邮寄包裹来形容：当我们要寄一个包裹时，我们首先要找到一个有这项业务的邮局，在填写完收件人姓名、地址等之后，过段时间包裹就寄出而到了收件人所在地的邮局，那么对方取包裹的时候就必须去这个邮局才能取出。同样的，当我们发送电子邮件时，这封邮件是由邮件发送服务器（任何一个都可以）发出，并根据收信人的地址判断对方的邮件接收服务器而将这封信发送到该服务器上，收信人要收取邮件也只能访问这个服务器才能完成。

电子邮件地址的格式由三部分组成。第一部分是"USER"，代表用户信箱的账号，对于同一个邮件接收服务器来说，这个账号必须是唯一的；第二部分是"@"，代表分隔符；第三部分是用户信箱的邮件接收服务器域名，用以标志其所在的位置。

收发电子邮件有两种方式：

① 服务器端的浏览器方式（Web 方式）。大多数的邮箱都支持浏览器方式收取信件，并且都提供一个友好的管理界面，只要在提供免费邮箱的网站登录界面中输入自己的用户名和口令，就可以收发信件并进行邮件的管理。

② 客户机端的专用软件方式（POP3 方式）。其用一个邮件管理软件来收发邮件，这样的软件有 Outlook、Foxmail 等。

下面我们将重点介绍 Foxmail 的使用。

1. 设置邮箱账户

① 启动 Foxmail。单击"工具"菜，选择"账户管理"项，如图 5-20 所示；单击左下角的"新建"钮，进入"新建账号向导"界面，然后进行邮箱账号设置。

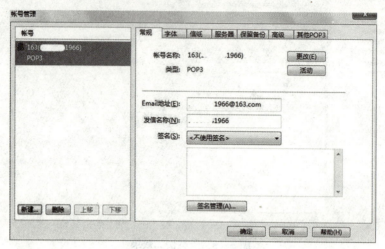

图 5-20 新建邮箱账号

② 打开账户设置向导后，首先填上自己的邮箱地址，如图 5-21 所示；然后单击"下一步"钮。

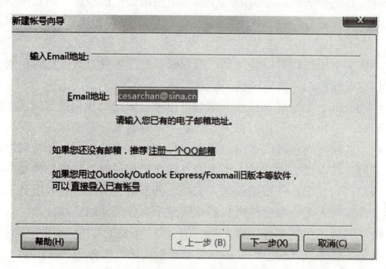

图 5-21 设置邮箱地址

③ 由于 Foxmail 软件能自动识别邮件服务器，所以无须更改设置，直接输入邮箱密码即可，如图 5-22 所示；设置完毕后单击"下一步"钮。

④ 确认账户建立完成。

2. 收取邮件

① 在 Foxmail 主界面左侧用鼠标右键单击欲收取邮件的邮箱账户，在弹出的菜单中选择"收取邮件"项，进行邮件收取，如图 5-23 所示。

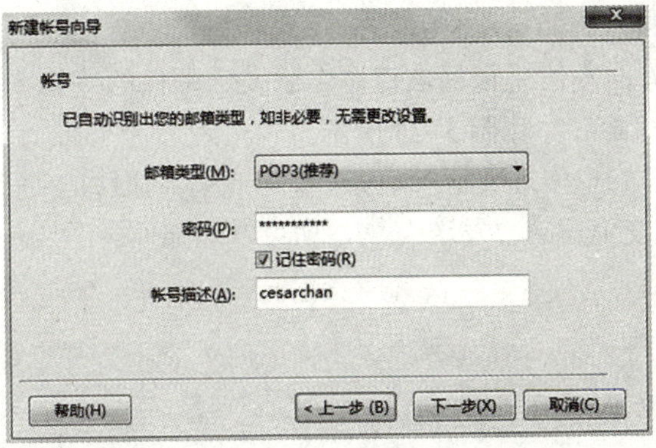

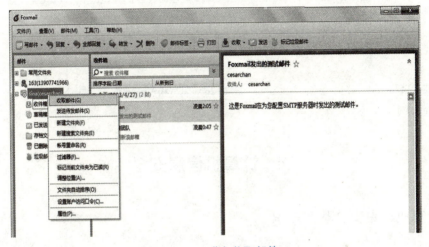

图 5-22 设置邮箱密码

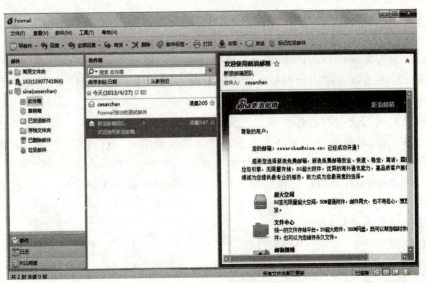

图 5-23 准备收取邮件

② 收取完毕后,收件箱中会出现收取到的邮件;单击想要阅读的邮件,则收件箱中会显示该邮件的内容以及附件等信息,如图 5-24 所示。

图 5-24 收取的邮件内容

3. 撰写和发送邮件

① 在 Foxmail 主界面左侧用鼠标右键单击欲发送邮件的邮箱账户，然后单击工具栏的"写邮件"钮，准备撰写邮件，如图 5-25 所示。

② 在弹出的写邮件窗口中，填写"收件人"、"主题"、邮件正文等内容，如图 5-26 所示；撰写完毕后，单击窗口左上角的"发送"钮，即可发送邮件。

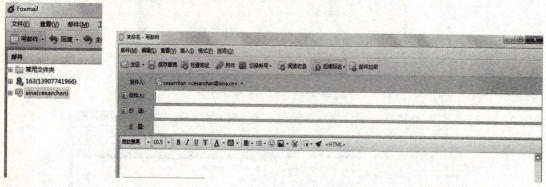

图 5-25 准备撰写邮件　　　　图 5-26 撰写和发送邮件

5.4 计算机信息安全

5.4.1 计算机信息安全基本知识

【提要】

本节介绍计算机信息安全方面的基本知识，主要包括：
- 计算机信息安全的定义
- 计算机信息安全之威胁与来源
- 计算机信息安全之保证机制
- 主要的计算机信息安全法规

计算机信息安全问题涉及国家安全、社会公共安全和公民个人安全等领域，与人们的工作、生产和日常生活有着密切的关系。近年来随着计算机技术、网络技术的迅速发展与普及，计算机信息犯罪呈越来越严重的趋势。

影响信息系统的安全因素有很多，主要有：

① 计算机信息系统的使用与管理人员。它包括普通用户、数据库管理员、网络管理员和系统管理员，其中系统管理员对系统安全承担重大的责任。

② 信息系统的硬件部分。它包括服务器、网络通信设备、终端设备、通信线路和个人使用的计算机等。

保证信息安全的机制有：

① 信息加密。
② 访问控制。
③ 数字签名。

④ 数据完整性。
⑤ 鉴别交换。
⑥ 公证机制等。

1. 计算机信息安全的定义

人们从不同的角度对信息安全给出了不同的定义。

从信息安全所涉及层面的角度进行描述，计算机信息安全定义为，保障计算机及其相关配套的设备、设施（网络）的安全，运行环境的安全，保障信息安全，保障计算机功能的正常发挥，以维护计算机信息系统的安全。

从信息安全所涉及安全属性的角度进行描述，计算机信息安全定义为，信息安全涉及信息的机密性、完整性、可用性和可控性。综合起来说，就是要保障电子信息的有效性。

2. 计算机信息安全之威胁与来源

（1）信息泄露

进入信息社会以后，信息已成为一种重要的资源。对于国家而言，其军事、经济和政治情报是一个国家的重要机密信息；对于企业而言，其技术与经济信息是企业核心机密，是其进行市场竞争的重要资源。保护信息不被泄露成为信息安全的首要任务。

（2）完整性破坏

完整性破坏是指数据被错误更改、数据遗漏或存放顺序错乱。

（3）服务拒绝

服务拒绝是指系统在运行过程中不理睬合法用户的访问请求，不为其提供有效服务。在信息系统的使用过程中这种现象最为普遍，通常被称为"死机"，其主要原因是由于系统使用不当、系统自身潜在的缺陷或系统资源受到非法程序控制，造成信息服务能力下降或完全丧失。

（4）未授权访问

未授权访问是指未得到合法授权的用户访问计算机系统信息及数据信息。一般而言，现在的信息系统都有一个合法的用户群，其信息资源只对合法用户开放，只有经过合法授权的用户才能使用系统资源，并对指定的数据进行限定性的操作，不是合法的用户不能进入系统。

3. 计算机信息安全之保证机制

（1）信息加密

采用某种加密变换算法对信息原文进行加密，以密文的形式存储和发送重要的信息，使攻击者即使窃取了相关信息，也无法对描述这些信息的数据进行正确解释，从而保证了信息的安全。

（2）访问控制

拒绝非授权用户对计算机信息的访问，对授权用户限制其访问方式，只允许其执行与规定权限相符的操作。

（3）数字签名

数字签名采用一种数据封装机制，即在一个文件正文后附加一个与全文相关的计算信息，并把信息正文和附加信息封装成一个整体并进行一种只有发文者才知道的加密运算后（解密运算方法只有文件接收者知道）发出，接收者从文件加密方法上可以确认发文者的身份，由此防止了伪造和抵赖，接收者不能篡改文件内容，否则无法和附加信息项匹配，因此防止了篡改行为的发生。数字签名机制是解决信息发送者和接收者之间争端的基础。

（4）数据完整性

数据完整性包括数据单元的完整性和整个数据的完整性两方面内容。数据单元的完整性可用数字签名机制保证，而整个数据的完整性需要借助于每个数据单元提供的一种连接顺序号，保证没有遗失、新增数据单元且数据单元间没有顺序混乱。如果数字签名信息是对整个数据文件的，那么签名信息也可以验证整个数据文件的完整性。

（5）鉴别交换

两个通信主体通过交换信息的方式确认彼此的身份，并且只有当彼此的身份确认后才开始通信过程，以防止把机密信息泄露给第三者。鉴别身份的一般方式有口令和密码技术两种。

（6）公证机制

在两方或多方进行通信时，找一个公信的第三方作为鉴证，以对彼此的通信内容进行公证，并在通信双方发生争端后做出客观证明。作为公证机制的第三方要有为大家所接受的公信力，同时要能接受通信双方的通信数据。

4. 主要的计算机信息安全法规

我国十分重视信息化法制建设，并运用法律手段保障和促进信息网络的健康发展，从1994年国务院令145号发布《中华人民共和国计算机信息系统安全保护条例》开始，国务院与相关部委陆续发布了《中华人民共和国计算机信息网络国际联网管理暂行规定》、《计算机信息网络国际联网安全保护管理办法》、《商用密码管理条例》、《计算机病毒防治管理办法》、《互联网信息服务管理办法》和《中华人民共和国电子签名法》等多部法规文件。

5.4.2　计算机病毒的特点、分类与防治

【提要】

本节介绍计算机病毒方面的基本知识，主要包括：
- 计算机病毒的特点
- 计算机病毒的分类
- 计算机病毒的传播方式
- 计算机病毒的防治

《中华人民共和国计算机信息系统安全保护条例》明确定义，计算机病毒（Computer Virus）是指"编制的或者在计算机程序中插入的破坏计算机功能或者破坏数据，影响计算机使用并且能够自我复制的一组计算机指令或者程序代码"。计算机病毒是一段特殊的计算机程序，可以在瞬间损坏系统文件，使系统陷入瘫痪，导致数据丢失。病毒程序的目标任务就是破坏计算机信息系统程序、毁坏数据、强占系统资源和影响计算机的正常运行。在通常情况下，病毒程序并不是独立存储于计算机中的，而是依附（"寄生"）于其他的计算机程序或文件中，通过激活的方式运行病毒程序，对计算机系统产生破坏作用。

1. 计算机病毒的特点

当前流行的计算机病毒主要由病毒安装模块、病毒传染模块和病毒激发模块三部分构成，并具有传染性、破坏性、潜伏性和隐蔽性4个基本特点。

（1）传染性

计算机病毒像生物病毒一样具有传染性，这是病毒程序最基本的特征。计算机病毒会通

过各种渠道从已被感染的计算机扩散到未被感染的计算机。计算机病毒是一段人为编制的计算机程序代码，这段程序代码一旦进入计算机并得以执行后，它会搜寻其他符合其传染条件的程序或存储介质，确定目标后再将自身代码插入其中，达到自我繁殖的目的。只要一台计算机染上病毒，如不及时处理，那么病毒会在这台机器上迅速扩散，其中的大量文件（一般是可执行文件）会被感染。而被感染的文件又成了新的传染源，再与其他机器进行数据交换或通过网络接触，病毒会继续进行传染。

（2）破坏性

计算机病毒具有很大的破坏性，有些病毒删除文件、破坏 FAT 表以及部分或全部格式化磁盘，使用户的信息受到不同程度的损失；有些病毒占用内存空间或磁盘空间、降低计算机运行速度，影响用户的正常使用。病毒本身是可执行程序，一般不损坏硬件，但这是在 CIH 病毒出现之前。CIH 病毒会损坏计算机的主板，破坏硬件系统。有些病毒并不破坏系统，但它不断地侵占系统的资源，资源耗尽时将引起系统崩溃。如"美丽杀"病毒将自身的复制品通过 Outlook 软件用 E-mail 方式发给新的受害者，每一次病毒被激活就会发出 50 封 E-mail，使得大量的信件涌入邮件服务器使用户的服务器因为不堪重负而瘫痪，从而破坏网络通信。还有一些病毒不仅会像"美丽杀"病毒破坏网络通信那样，还会像传统病毒一样修改文件，毁坏数据，造成重要信息的损坏和丢失，如"Happy 99"（欢乐时光）病毒和"Worm.Explore.Zip"病毒就属于这一类型。

（3）潜伏性

大部分病毒感染系统之后一般不会马上发作，它可长期隐藏在系统中，只有在满足其特定条件时才启动其表现（破坏）模块。只有这样它才可进行广泛的传播。著名的"黑色星期五"在逢 13 号的星期五发作。最令人难忘的便是 26 日发作的 CIH。这些病毒在平时会隐藏得很好，只有在发作日才会露出本来面目。

（4）隐蔽性

计算机病毒一般是具有很高编程技巧、短小精悍的程序。通常依附在正常程序中或磁盘较隐蔽的地方，也有个别的以隐含文件的形式出现，目的是不让用户发现它的存在。如果不经过代码分析，病毒程序与正常程序是不容易区别开来的。一般在没有防护措施的情况下，计算机病毒程序取得系统控制权后，可以在很短的时间里传染大量程序。而且受到传染后，计算机系统通常仍能正常运行，使用户不会感到任何异常。试想，如果病毒在传染到计算机上之后，机器马上无法正常运行，那么它本身便无法继续进行传染了。正是由于隐蔽性，计算机病毒得以在用户没有察觉的情况下扩散到上百万台计算机中。

另外，从对病毒的检测方面来看，病毒还有不可预见性。不同种类的病毒，它们的代码千差万别，但有些操作是共有的（如驻内存、改中断）。有些人利用病毒的这种共性，制作了声称可查所有病毒的程序。这种程序的确可查出一些新病毒，但由于目前的软件种类极其丰富，且某些正常程序也使用了类似病毒的操作甚至借鉴了某些病毒的技术。使用这种方法对病毒进行检测势必会造成较多的误报情况，而且病毒的制作技术也在不断提高，病毒对反病毒软件而言永远是超前的。

2. 计算机病毒的分类

计算机病毒的种类很多，其分类的方法也不尽相同，下面从不同的分类方法对计算机病毒的种类进行归纳和简要的介绍。

(1) 按病毒存在的媒体分类

① 网络病毒：通过计算机网络传播感染网络中的可执行文件。

② 文件病毒：感染计算机中的文件（如 COM，EXE，DOC 等）。

③ 引导型病毒：感染启动扇区（Boot）和硬盘的系统引导扇区（MBR）。

④ 混合型病毒：是上述三种情况的混合。例如，多型病毒（文件和引导型）感染文件和引导扇区两种目标，这样的病毒通常都具有复杂的算法，它们使用非常规的办法侵入系统，同时使用了加密和变形算法。

(2) 按病毒传染的方法分类

① 引导扇区传染病毒：主要使用病毒的全部或部分代码取代正常的引导记录，而将正常的引导记录隐藏在其他地方。

② 执行文件传染病毒：寄生在可执行程序中，一旦程序执行，病毒就被激活，进行预定活动。

③ 网络传染病毒：这类病毒是当前病毒的主流，特点是通过互联网络进行传播。例如，蠕虫病毒就是通过主机的漏洞在网上传播。

(3) 按病毒破坏的能力分类

① 无害型：除了传染时减少磁盘的可用空间外，对系统没有其他影响。

② 无危险型：这类病毒仅仅是减少内存、显示图像、发出声音及同类音响。

③ 危险型：这类病毒在计算机系统操作中造成严重的错误。

④ 非常危险型：这类病毒删除程序、破坏数据、清除系统内存区和操作系统中重要的信息。

3. 计算机病毒的传播方式

计算机病毒的传播方式主要包括以下几种：

(1) 存储介质

存储介质包括软盘、硬盘、磁带、移动 U 盘和光盘等。在这些存储设备中，软盘和移动 U 盘是使用最广泛的移动设备，也是病毒传染的主要途径之一。

(2) 网络

随着 Internet 技术的迅猛发展，Internet 在给人们的工作和生活带来极大方便的同时，也成为病毒滋生与传播的温床，人们从 Internet 下载或浏览各种资料的同时，病毒可能也就伴随这些有用的资料侵入用户的计算机系统。

(3) 电子邮件

当电子邮件（E-mail）成为人们日常生活和工作的重要工具后，电子邮件病毒无疑是病毒传播的最佳方式，近几年出现的危害性比较大的病毒几乎全是通过电子邮件方式传播的。

4. 计算机病毒的防治

(1) 病毒防治策略

要采用"预防为主、管理为主、清杀为辅"的防治策略。

① 不使用来历不明的移动存储设备（如软盘、光盘和 U 盘等），不浏览一些格调不高的网站，不阅读来历不明的邮件。

② 系统备份。要经常备份系统，防止万一被病毒侵害后导致系统崩溃。

③ 安装防病毒软件。

④ 经常查毒、杀毒。

(2) 杀毒软件

如国外的有 Norton 系列等，国内有瑞星、公安部的 KILL、超级巡警 KV3000、金山毒霸等，其技术在不断更新，版本也在不断升级。

杀毒软件一般由查毒、杀毒及病毒防火墙三部分组成。

① 查毒过程。反病毒软件对计算机中所有的存储介质进行扫描，若遇某文件中某一部分代码与查毒软件中的某个病毒特征值相同，它就会向用户报告发现了某病毒。

由于新的病毒还在不断出现，为保证反病毒程序能不断认识这些新的病毒程序，反病毒软件供应商会及时收集世界上出现的各种病毒，并建立新的病毒特征库向用户发布，用户下载这种病毒特征库才有可能抵御网络上层出不穷的病毒侵袭。

② 杀毒过程。在设计杀毒软件时，按病毒感染文件的相反顺序写一个程序，以清除感染病毒，恢复文件原样。

③ 病毒防火墙。当外部进程企图访问防火墙所防护的计算机时，防火墙可直接阻止这样的操作，或者询问用户并等待用户命令。

当然，杀毒软件具有被动性，一般需要先有病毒及其样品才能研制查杀该病毒的程序，不能查杀未知病毒，有些软件声称可以查杀新的病毒，其实也只能查杀一些已知病毒的变种，而不能查杀一种全新的病毒。迄今为止还没有哪种反病毒软件能查杀现存的所有病毒，更无须说新的病毒。

(3) 网络病毒的防治

① 基于工作站的防治技术。工作站就像是计算机网络的大门，只有把好这道大门，才能有效防止病毒的侵入。工作站防治病毒的方法有三种：一是软件防治，即定期或不定期地用反病毒软件检测工作站的病毒感染情况。软件防治可以不断提高防治能力。二是在工作站上插防病毒卡。防病毒卡可以达到实时检测的目的。三是在网络接口卡上安装防病毒芯片。它将工作站存取控制与病毒防护合二为一，可以更加实时有效地保护工作站及通向服务器的桥梁。实际应用中应根据网络的规模、数据传输负荷等具体情况确定使用哪一种方法。

② 基于服务器的防治技术。网络服务器是计算机网络的中心，是网络的支柱。网络瘫痪的一个重要标志就是网络服务器瘫痪。目前基于服务器的防治病毒的方法大都采用防病毒可装载模块，以提供实时扫描病毒的能力。有时也结合在服务器上安装防毒卡的技术，目的在于保护服务器不受病毒的攻击，从而切断病毒进一步传播的途径。

③ 加强计算机网络的管理。计算机网络病毒的防治，单纯依靠技术手段是不可能十分有效地杜绝和防止其蔓延的，只有把技术手段和管理机制紧密结合起来，提高人们的防范意识，才有可能从根本上保护网络系统的安全运行。首先，应从硬件设备及软件系统的使用、维护、管理和服务等各个环节制定出严格的规章制度，对网络系统的管理员及用户加强法制教育和职业道德教育，规范工作程序和操作规程，严惩从事非法活动的集体和个人。其次，应有专人负责具体事务，及时检查系统中出现病毒的症状，在网络工作站上经常做好病毒检测的工作。

网络病毒防治最重要的是：应制定严格的管理制度和网络使用制度，提高自身的防毒意识；应跟踪网络病毒防治技术的发展，尽可能采用行之有效的新技术、新手段，建立"防杀结合、以防为主、以杀为辅、软硬互补、标本兼治"的最佳网络病毒安全模式。

5.5 能力拓展

当前，计算机网络的应用已经非常普及，只要计算机中安装一块有线或无线局域网卡，或者是一个 Modem，就可以将计算机连接到局域网或 Internet。但是，并不是说只要有这些网络硬件就可以实现和其他计算机的网络连接，还必须对计算机进行配置。

要使计算机连接到网络，在局域网环境中，只要配置合适的 IP 地址即可，此时用户还可以通过局域网连接到 Internet。如果是家庭用户的宽带连接，或者是通过 Modem 拨号，则需要建立一个网络连接，然后通过双击该网络连接，输入用户账户和密码，然后才能连接到 Internet。

本节的子案例：通过学习，掌握网络连接的建立与配置。

1. 建立局域网连接，并配置连接属性

在家里、宿舍、学校或者办公室，如果多台电脑需要组网共享，或者联机游戏和办公，并且这几台电脑上安装的都是 Windows 7 系统，那么实现起来非常简单和快捷。因为 Windows 7 中提供了一项名称为"家庭组"的家庭网络辅助功能，通过该功能我们可以轻松地实现 Windows 7 电脑互联，在电脑之间直接共享文档、照片和音乐等各种资源，还能直接进行局域网联机，也可以对打印机进行更方便的共享。

家庭组是家庭网络上可以共享文件和打印机的一组电脑。使用家庭组可以使共享变得比较简单。用户可以与家庭组中的其他人共享图片、音乐、视频、文档以及打印机。其他人不能更改用户共享的文件，除非用户为他们提供了执行此操作的权限。用户可以使用密码帮助保护家庭组，可以随时更改该密码。在设置运行 Windows 7 的电脑时，会自动创建一个家庭组。如果用户的家庭网络中已存在家庭组，则可以加入该家庭组。创建或加入家庭组后，可以选择要共享的库。用户可以阻止共享特定文件或文件夹，也可以在以后共享其他库。必须是运行 Windows 7 的电脑才能加入家庭组。所有版本的 Windows 7 都可使用家庭组。其具体操作步骤如下：

（1）创建家庭组

在 Windows 7 系统中打开"控制面板"窗，进入"网络和 Internet"，单击其中的"家庭组"，就可以在界面中看到家庭组的设置区域。如果当前使用的网络中没有其他人建立的家庭组存在的话，则会看到 Windows 7 提示你创建家庭组进行文件共享的信息，如图 5-27 所示。

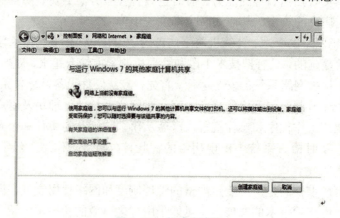

图 5-27 创建家庭组

此时单击"创建家庭组",就可以开始创建一个全新的家庭组网络,即局域网。

(2) 设置共享内容

打开创建家庭网的向导,首先选择要与家庭网络共享的文件类型,默认共享的内容是图片、音乐、视频、文档和打印机 5 个选项,如图 5-28 所示。除了打印机以外,其他 4 个选项分别对应系统中默认存在的几个共享文件。

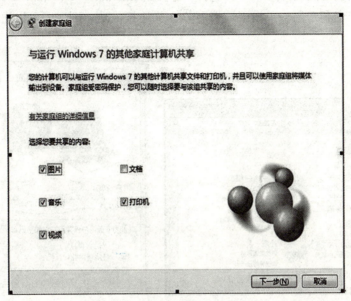

图 5-28　设置共享内容

单击"下一步"钮后,Windows 7 家庭组网络创建向导会自动生成一连串的密码,此时需要把该密码复制、粘贴发给其他电脑用户;当其他计算机通过 Windows 7 家庭网连接进来时,必须输入此密码串。虽然密码是自动生成的,但也可以在后面的设置中修改成自己熟悉的密码,如图 5-29 所示。单击"完成"钮,这样一个家庭网络就创建成功了;返回家庭网络中,就可以进行一系列相关设置。

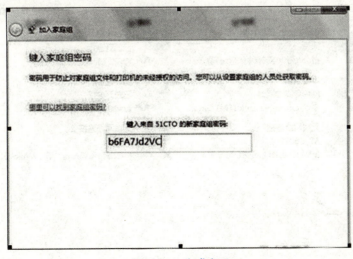

图 5-29　生成密码

2. 建立一个到 Internet 的宽带连接

操作步骤如下：

① 先打开控制面板，单击"查看网络状态和任务"项，如图 5-30 所示。

② 进入"查看网络状态和任务"项后，单击"设置新的连接或网络"钮。

③ 打开"设置连接或网络"窗，选择"连接到 Internet"项，单击"下一步"钮。

④ 输入用户名和密码，单击"连接"钮；如连接成功，则代表可以通过宽带上网，如图 5-31 所示。

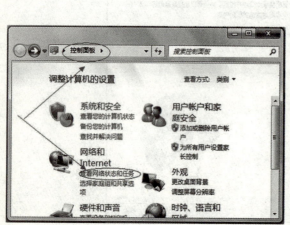

图 5-30 查看网络状态和任务　　图 5-31 宽带连接

最后，如想查看你设置的宽带网络，找到"宽带连接"项，可以通过单击"更改适配器设置"钮来查看，结果如图 5-32 所示。

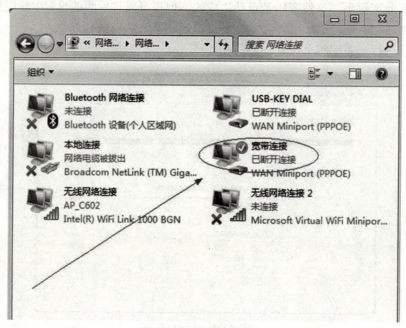

图 5-32 查看宽带连接

思考与练习

一、简答题

1. 简述计算机网络的产生与发展。
2. 简述计算机网络的定义和功能。
3. 简述计算机网络的分类。
4. 简述互联网的发展。
5. Internet 提供的基本服务有哪些？
6. Internet 用户的接入方式有哪几种？
7. IE 9.0 的功能有哪些？
8. 如何申请电子邮箱和收发电子邮件？
9. 按照传染方式，计算机病毒分为哪几类？如何防范计算机病毒？

二、操作题

1. 设置计算机的 IP 地址为 218.135.36.22，子网掩码为 255.255.255.0。
2. 启动 IE 浏览器，进入 www.baidu.com，检索"世界知识产权日"的相关信息。
3. 申请一个个人电子邮箱，并用该邮箱进行带有附件的电子邮件的发送、接收、阅读以及附件的打开与保存等操作。
4. 下载 CuteFTP 软件，登录学校 FTP 服务器下载所需资料。
5. 下载电脑管家套装，对自己的微型机算机进行信息安全防护。

第 6 章

数据库基本知识和 Access 2010
——案例：学生信息管理系统

 教学目标

本章首先介绍了数据库的一些基本知识，然后通过搭建一个学生信息管理系统，逐步往应用系统里添加基本表、查询、报表和窗体等对象充实和完善系统。通过这个过程使读者掌握数据库的创建、基本表的创建与编辑、表之间关系的建立、查询和报表的创建等知识。

 教学重点和难点

（1）数据库的创建。
（2）基本表的创建与编辑。
（3）查询的创建。
（4）报表的创建。

 引言

孙阳同学独立自主性强，利用业余时间在学校进行勤工俭学。学校教务处交给孙阳一个任务，让他利用 Access 完成一个"学生信息管理系统"。要求能记录学生的基本信息、课程信息、学生选课信息和成绩信息等，还能根据条件进行信息查询以及创建报表等。

使用 Access 能对大批量的数据进行规范化的管理，还能提高数据的安全性。要创建"学生信息管理系统"，首先要分析该系统应包括哪些方面的数据，如学生信息、成绩信息、课程信息和选课信息表等，然后对每一种信息创建一张对应的表格用来存放数据。Access 提供了查询、报表和窗体等对象类型，利用这些对象类型可以方便地创建查询、报表和窗体等。由于 Access 管理数据的专业性，很多场合都可以使用 Access 来进行数据的管理，如图书馆图书的管理、超市里的货物管理、仓库里的库存管理和企业单位的人事管理等。

6.1 概　　述

Access 2010 是 Office 软件中的一个重要组成部分，也是 Access 系列版本中较新的版本。Access 2010 有着更友好的界面、更便捷的操作，能更好地提高用户的工作效率。Access 2010 是一种中小型的数据库管理系统，但其功能丰富，提供了查询、报表、窗体和宏等一些基本数据对象，能大大方便用户进行数据库的一系列开发与管理。

6.1.1 Access 2010 简介

【提要】

本节介绍 Access 2010，主要包括：
➢ 启动 Access 2010
➢ 关闭并退出 Access 2010
➢ 工作界面

Access 经历了数个版本的变化，Access 2010 是当前的较新版本，主要功能包括建立数据库、数据库操作和数据通信。Access 2010 相对之前的版本功能更强大、界面更友好，具备易学、易用等优点，其在界面使用的方便性和网络数据库功能的强大性方面都做了不少的改进。

我们首先对 Access 2010 界面做一个整体的介绍，使大家对界面各部分的功能有一个大体的认识，掌握 Access 2010 各个部分的使用方法及功能。

1. 启动 Access 2010

启动 Access 2010 的方式与启动 Word、Excel 等应用程序的方式相同。可以通过桌面图标快速启动、开始菜单选项快速启动和已存文件快速启动，这里不再叙述，请读者自行操作练习。

2. 关闭并退出 Access 2010

退出操作与其他 Office 软件的退出操作完全相同，这里不再介绍。

3. 工作界面

成功启动 Access 2010 后，显示的是 Access 2010 的初始界面。在这个界面可以新建数据库，也可以打开已存在的数据库文件，如图 6–1 所示。

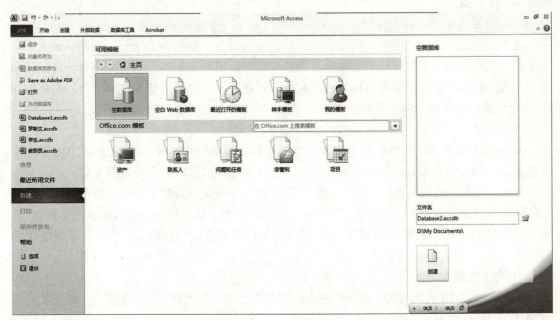

图 6–1   Access 2010 工作首界面

Access 2010 的工作界面包括标题栏、自定义快速访问工具栏、功能区（包括各种选项卡）、状态栏、导航窗口、数据库对象窗口以及帮助等部分，如图 6–2 所示。

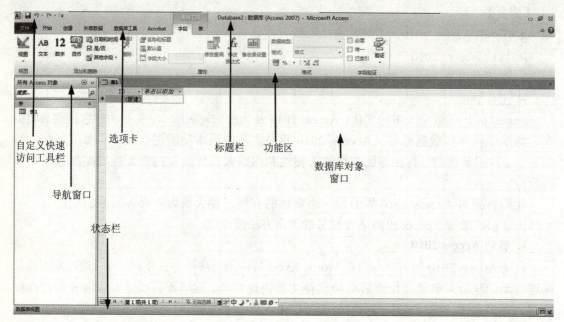

图 6–2　Access 2010 工作界面

（1）标题栏

"标题栏"位于 Access 2010 工作界面的最顶端，"标题栏"用以显示当前打开的数据库文件名，跟其他窗口应用程序一样，"标题栏"的右端还包含最小化、最大化（还原）和关闭应用程序 3 个按钮。

（2）自定义快速访问工具栏

用于放置命令按钮，使用户快速启动经常使用的命令，如图 6–2 所示。在默认情况下，快速访问工具栏中只有数量较少的命令，用户可以根据需要添加多个自定义命令。在默认情况下，快速访问工具栏位于窗口标题栏的左侧，用户可通过自定义快速访问工具栏右侧按钮 进行切换，使其显示在功能区的下方。

（3）功能区

Access 2010 取消了传统的菜单操作方式，而代之于各种功能区。在 Access 2010 窗口上方看起来像菜单的名称其实是功能区的名称，当单击这些名称时并不会打开菜单，而是切换到与之相对应的功能区面板。每个功能区根据功能的不同又分为若干个组，如图 6–3 所示。功能区是各种命令的集中区域，通过功能区可以非常方便、快捷地使用系统提供的各种命令，而且功能区的选项卡会根据当前处理不同的对象会做相应的调整变化，使之具备智能化的特性。

① 命令选项卡。

在 Access 2010 中，功能区包括的命令选项卡有"文件"、"开始"、"创建"、"外部数据"、"数据库工具"，如图 6–2 所示。

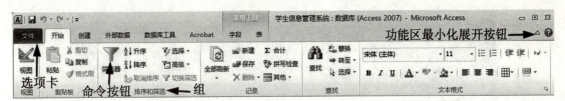

图6-3 功能区

每个选项卡都包含若干个组，其中"开始"选项卡包括"文本格式"、"查找"等7个组。"开始"选项卡还包含一些较为常用的数据库操作功能按钮，如"视图"、"筛选"和"记录"等。对于不同的数据库对象，选项卡里的组有所不同。每个按钮都有两种状态：可用和禁用。当按钮处于可用状态时图标和字体是黑色的，当处于禁用状态时图标和字体是灰色的。当对象可以使用某一命令按钮进行处理时，命令按钮处于可用状态，即按钮是黑色的。否则命令按钮处于禁用状态。

其他命令选项卡包括"创建"、"外部数据"和"数据库工具"选项卡。通过"创建"选项卡能创建 Access 数据库中所有的对象。"外部数据"选项卡能实现内外部数据交换的管理和操作。"数据库工具"选项卡提供了各种管理数据库的工具。

② 上下文命令选项卡。

Access 2010 较之前版本更智能、好用，其中之一就是增加了"上下文命令选项卡"，这种上下文命令正如其名称一样，可以根据当前操作的对象、当前的上下文环境而适时地出现在常规选项卡旁边。例如，在表设计视图中打开一个表，则在"数据库工具"选项卡旁将会出现一个叫作"表格工具"的上下文命令选项卡。上下文命令选项卡，根据操作对象的不同，可以自动弹出或自动关闭，具有智能功能。

③ "文件"选项卡。

"文件"选项卡较之其他选项卡是一个特殊的选项卡，它与其他选项卡的结构、布局和功能完全不同，此选项卡占据 Access 整个窗口。该选项卡提供"打开"、"保存"、"关闭"、"新建"和"打印"等功能。单击"文件"卡，打开文件窗口。该窗口的下方分成3个子窗口。左侧窗口包括"打开"、"关闭"等一系列命令按钮，右侧两个子窗口显示选择不同命令后的结果。

（4）导航窗口

打开任意一个数据库，可以在 Access 2010 左侧看到一个导航窗口。在默认情况下，导航窗口是展开的，实际上导航窗口也可以折叠起来，也即包含折叠状态和展开状态两种。单击导航窗口上部的》按钮，可以展开导航窗口，单击《按钮，可以折叠导航窗口。在某些情况下，窗口的宽度不够，可以把导航窗口折叠起来。

通过导航窗口可以对数据库包含的对象进行有条理的、清晰的、分门别类的管理，把具有某种关系的数据库对象分类别地组织起来，如某一种对象类可能是同一个时间段创建的表、同一个时间段修改的表、同一个表衍生出来的相关对象、同一种数据库对象类型等。在导航窗口上部的有一个下拉箭头，单击可以打开分组列表，如图6-4所示。

单击导航窗口中的任何对象，系统会弹出一个与对象相关的快捷菜单，通过快捷菜单能对对象进行打开、导出、复制和删除等操作。

通过分组的方式可以更有条理的管理数据库中的对象。导航窗口可以根据对象的某种联

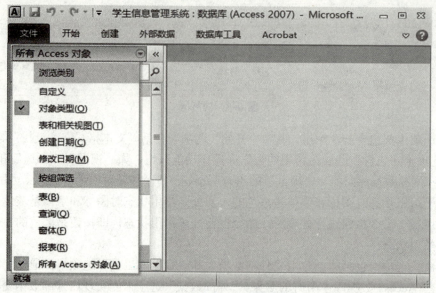

图 6-4 导航窗口中对象分组

系对对象进行分组。例如在一个数据库中，如果一个窗体、两个查询和一个报表都是从某一张数据表中获取数据，则选择导航窗口中"表和相关视图"的对象组织方式，则导航窗口将把上述的对象组织在一起。

（5）数据库对象窗口

Access 2010 数据库对象窗口（也称为对象工作区）是用来设计、编辑、修改、显示以及运行各种对象的区域，是 Access 2010 进行所有对象操作的位置，可以通过隐藏导航窗口和功能区扩大工作区范围。

对象工作区所占的区域最多，它位于功能区的右下方，导航窗口右侧，如图 6-5 所示。

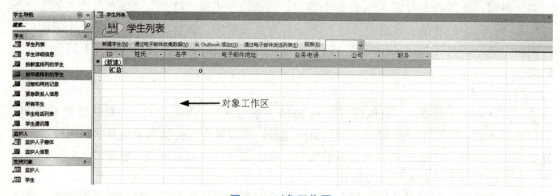

图 6-5 对象工作区

（6）状态栏

与其他 Office 2010 程序一样，状态栏位于 Access 2010 窗口的底部，在进行某项操作时，状态栏会显示进度指示、属性提示以及操作提示等。需要注意的是，在 Access 2010 状态栏右下角有几个视图切换按钮，根据操作对象的不同，视图切换按钮的个数也不一样，单击其中的按钮，即可切换到相应的视图，如图 6-6 所示。

图 6-6　视图切换按钮

6.1.2　案例：学生信息管理系统

【提要】

本节主要介绍学生信息管理系统数据库样图。

本案例将以学生管理信息系统数据库为例介绍 Access 2010 的主要功能，案例的效果图如图 6-7 所示。

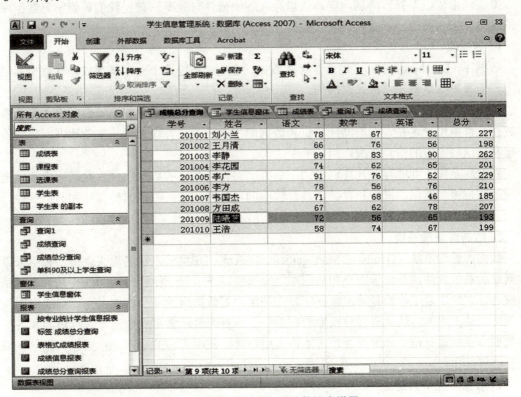

图 6-7　学生管理信息系统数据库样图

6.2　子案例一：数据库基本知识及数据模型

子案例一效果图如图 6-8 所示。

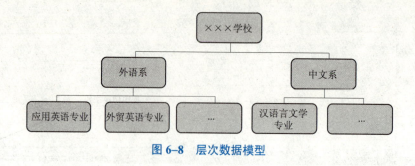

图 6-8　层次数据模型

6.2.1　数据库基本知识

【提要】

本节介绍数据库的基本概念，主要包括：
- 数据库概念
- 数据库管理系统概念
- 数据库系统概念

要实现用数据库管理信息，提高信息存取的便捷性与效率，首先我们需要学习数据库相关的基本知识与概念，下面我们学习数据库的基本知识。

1. 数据库

数据库（Database，DB），也就是存放数据的仓库。不过这个仓库是存放在计算机存储设备上，而且数据是按一定格式存放的。

在科学技术飞速发展的今天，人们的视野越来越广，数据量急剧增长。过去人们把数据存放在文件柜里，现在人们借助计算机和数据库科学技术来管理大量的复杂数据，以便能充分地利用这些宝贵的信息资源。

数据库是指长期储存在计算机内的、有组织的、可共享的数据集合。数据库中的数据按一定的数据模型组织、描述和存储，具有较小的冗余度、较高的数据独立性和易扩展性，并可为各种用户共享。在 Access 2010 中数据库是由一张表格或多张表格组成的。

2. 数据库管理系统

数据库管理系统（Database Management System，DBMS），顾名思义就是一种用来管理数据库的系统软件，是位于用户和数据库之间起接口作用的一种软件，DBMS 是数据库系统的核心，它的主要工作就是管理数据库，支持用户对数据库的各项操作，为用户或应用程序提供访问数据库的方法。通过数据库管理系统，数据库管理者可对数据库进行更新和备份，对数据库系统进行维护和用户管理等工作，用户可对数据库中的数据进行插入、删除、修改和查询等操作。

3. 数据库应用系统

数据库应用系统是指在数据库管理系统的基础上为解决具体管理或数据处理任务而编制的一系列命令的有序集合，也可称为数据库应用程序，着重强调的是数据库的应用，如学籍管理系统就是针对学籍管理开发的一种数据库应用系统。

4. 数据库管理员

数据库管理员（Database Administrator，DBA）通俗地讲也就是数据库的管理人员，负责数据库的建立、使用和维护等工作的专门人员。

5. 数据库系统

前面所说数据库只是数据库系统的其中一个重要组成部分，它的概念与数据库系统是有区别的。数据库系统（Database System，DBS）是指引入数据库技术后的计算机应用系统，它可以实现有组织地、动态地存储大量相关数据，提供数据处理和信息资源共享服务。

通常认为数据库系统由硬件、操作系统、数据库、数据库管理系统、数据库应用系统、数据库管理员和用户等组成。它们之间的关系如图 6-9 所示。

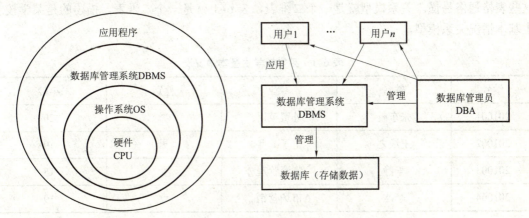

图 6-9 数据库系统示意图

6.2.2 数据模型

【提要】

本节介绍常用的几种数据库模型，主要包括：
➢ 层次模型
➢ 网状模型
➢ 关系模型及其中的一些基本概念

前一小节学习了数据库的基本知识，我们知道数据库是某个单位、组织或部门所涉及的数据的提取和综合，它不仅要反映数据本身的内容，还要反映数据之间的联系。因此，数据库采用数据模型来抽象、表示和处理现实世界中的数据和信息。现有的数据库系统都是基于某种数据模型的。

模型是现实世界特征的模拟和抽象。例如，汽车模型、航空模型和建筑上使用的沙盘和各种地图等都是具体的模型。数据模型是现实世界数据特征的抽象，它反映了客观世界中各种事物之间的联系，是这些联系的抽象和归纳。常用的数据模型可以分为层次模型、网状模型和关系模型。

1. 层次模型

层次模型是将概念世界的实体彼此之间抽象成一种自上而下的层次关系。层次模型反映了客观事务之间一对多（$1:n$）的关系。例如，一个学校的组织情况，如图 6-8 所示。

2. 网状模型

现实世界有些问题，用层次结构不能解决，网状模型用来描述事物间的网状联系，反映了客观事物之间的多对多（$m:n$）的联系。例如，课程和学生的联系，一门课有多个学生学习，一名学生学习多门课程，因此课程和学习的学生是多对多的联系，如图 6-10 所示。

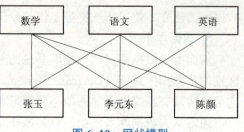

图 6-10　网状模型

3. 关系模型

在现实生活中，表达事物数据之间关联性最常用、最直观的方法就是制作各种各样的关系表格，这些表格通俗易懂。关系模型就是一个二维表，表 6-1 就是一个二维表，描述的是某学校学生基本情况关系模型。

表 6-1　某学校学生基本情况表

学号	姓名	专业	性别	年龄
201001	张东震	外贸英语	男	20
201002	王涣之	电子商务	男	19
201003	李静	物流管理	女	18
201004	李冰	市场营销	女	19

关系模型涉及以下几个基本概念：

（1）关系

一个关系就是一张二维表，通常将一个没有重复行、重复列的二维表看成一个关系，每个关系都有一个关系名。在 Access 2010 中，一个关系对应于一个表。

（2）元组

二维表的每一行在关系中称为元组。在 Access 2010 中，一个元组对应表中一个记录。

（3）属性

二维表的每一列在关系中称为属性，每个属性都有一个属性名，属性值则是各元组属性的取值。在 Access 2010 中，一个属性对应表中一个字段，属性名对应字段名，属性值对应于各个记录的字段值。

（4）域

属性的取值范围称为域。域作为属性值的集合，其类型与范围由属性的性质及其所表示的意义具体确定。同一属性只能在相同域中取值。

（5）关键字

关系中能唯一区分、确定不同元组的属性或属性组合，被称为该关系的一个关键字。单个属性组成的关键字称为单关键字，多个属性组合的关键字称为组合关键字。需要强调的是，关键字的属性值不能取"空值"。所谓空值就是"不知道"或"不确定"的值，因为空值无法唯一地区分、确定元组。

（6）候选关键字

关系中能够成为关键字的属性或属性组合可能不是唯一的。凡在关系中能够唯一区分确定不同元组的属性或属性组合均称为候选关键字。

(7) 主关键字

在候选关键字中选定一个作为关键字称为该关系的主关键字。关系中主关键字是唯一的。

(8) 外部关键字

关系中某个属性或属性组合并非关键字，但却是另一个关系的主关键字，称此属性或属性组合为本关系的外部关键字。关系之间的联系是通过外部关键字实现的。

(9) 关系模式

对关系的描述称为关系模式，其格式为：

关系名（属性名 1，属性名 2，…，属性名 n）

关系既可以用二维表格来描述，也可以用数学形式的关系模式来描述。一个关系模式对应一个关系的结构。在 Access 2010 中，也就是表的结构。

6.3 子案例二：学生信息数据库的创建及表的基本操作

通过前面的学习我们知道，数据库是指长期存储在计算机内的、有组织的、可共享的数据集合。它不仅包含数据集合，还包含数据之间的各种关系与针对数据的各种操作的对象，也就是说数据库是数据以及其他相关对象的容器。具体来说，在 Access 2010 中，数据库包含基本表、查询、报表、宏和模块等内容，所以在创建其他数据对象，如表、查询、报表等之前先必须创建数据库。

子案例二的效果图如图 6–11 和图 6–12 所示。

学生表				
学号	姓名	性别	专业	出生日期
201001	刘小兰	女	中医药	1991-7-7
201002	王月清	女	中文	1990-6-8
201003	李静	女	应用英语	1990-10-8
201004	李花园	女	物流管理	1990-6-14
201005	李广	男	计算机科学	1992-11-24
201006	李方	男	中文	1990-3-16
201007	韦国杰	男	应用英语	1991-2-27
201008	方田成	男	计算机科学	1989-9-11
201009	陆曦芝	女	物流管理	1991-5-18
201010	王浩	男	应用英语	1990-4-21

图 6–11 学生表数据输入效果图

完成图 6–11 学生表数据输入效果图使用了 Access 2010 的以下主要功能：

➢ 基本表的创建
➢ 基本表中记录的增加
➢ 基本表中数据的输入

完成图 6–12 效果图需要用到 Access 2010 的以下主要功能：

➢ 创建表之间的关系

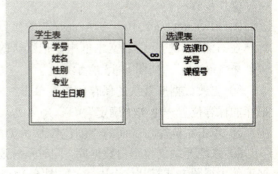

图 6–12 创建关系后的效果图

6.3.1 创建 Access 2010 数据库

【提要】

本节介绍数据库的创建方法及数据库中各种基本对象,主要包括:
➢ 数据库的创建
➢ 数据库的各个基本对象及其作用
➢ 数据库对象的基本操作

在 Access 数据库系统中,数据库就相当于一个容器,所有数据库对象都是存放在一个数据库中,通常一个数据库应用系统,以一个文件的形式进行保存,该文件的扩展名为.accdb,这是从 Access 2007 开始采用的一种数据库存储格式,取代了之前采用的.mdb 格式。在设计数据库应用系统时,首先要创建一个数据库,然后再根据实际情况向数据库中加入数据表,并建立表间关系。然后在此基础上,逐步创建查询、窗体、报表等其他对象,最终形成完备的数据库应用系统。

在 Access 2010 中创建数据库有两种方法:一种是创建空白数据库;另一种是通过模板创建数据库。系统提供了几种模板供选择,如样本模板、我的模板、最近打开的模板以及 Office.com 等模板,如图 6-1 所示。用户可以结合自己的需要选用相应的模板,如果没有满足要求的模板,则可以创建一个空白的数据库,然后再根据需要创建其他对象。

在 Access 2010 中,数据库按照是否需要远程访问分为传统数据库和 Web 数据库两种,这里仅介绍传统数据库的创建和设计。

1. 创建空白数据库

在创建数据库的过程中,如果能够找到与需求一致的模板并使用模板创建数据库,能够大大简化数据库的设计工作,并能使用已定义的经典模板数据库。但是如果没有任何模板能够满足需要,那么可以先创建空白数据库,然后再在空白数据库里创建需要的表、窗体、查询、报表、宏和模块等对象。正如空白数据库名称所表达的一样,空白数据库中没有任何预定义的对象和数据。

虽然在空白数据库中需要自己定义、创建各种对象,而且工作量相对来说更多。但这种创建数据库的方法,可以摆脱原有模板数据库的束缚,根据自己的需要创建个性化的、复杂的、与具体应用结合更紧密的数据库系统。

例 6.1 在 Access 2010 中创建"学生信息管理系统"数据库。

操作步骤:

① 启动 Access 2010→在 Access 初始化界面,在中间窗口的上方,单击"空数据库"图标→在右侧窗口的文件名文本框中,把默认的文件名"Database1.accdb"修改为"学生信息管理系统.accdb",如图 6-13 所示。

② 更改数据库默认的保存位置,单击 🗁 钮→在打开的"文件新建数据库"框中选择数据库的保存位置→单击"确定"钮。

③ 单击右侧窗口下面的"创建"钮,如图 6-13 所示。

④ 系统开始创建空白数据库,同时系统还会自动创建一个名称为表 1 的数据表,并以数据工作表视图方式打开这个表 1,如图 6-14 所示。

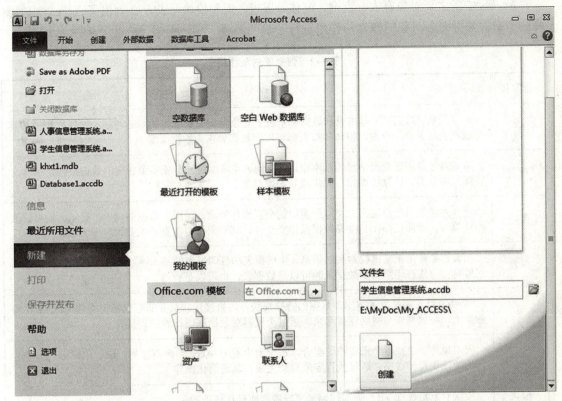

图 6-13 修改数据库名称

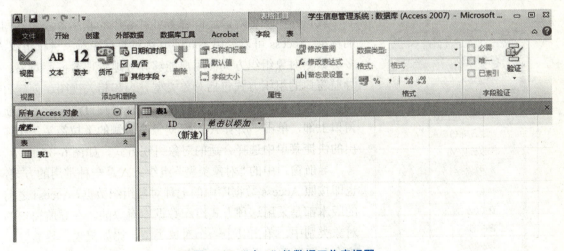

图 6-14 "表1"的数据工作表视图

⑤ 新创建的"表1"包含了一个名为"ID"的字段，表结构不完整，需要进一步设计其他的字段。在后面的内容中将会讲到怎样创建基本数据表。

2. 数据库对象的组织

Access 包含了七种类型的数据库对象，每一种类型的对象又分别有不同的、具体的对象，对于初学者来说不容易区分与识别。正是由于这个原因，Access 提供了导航窗口来有效地管理数据库中的各种对象。

Access 中的主要对象有表、查询、窗体、报表、宏和模块，表 6-2 列出了 Access 中数据库的所有对象并对各对象的概念与作用进行了说明。

表 6-2　数据库对象作用表

对象名	描　　述
表	表（关系、数据表、基本表和数据基本表）对象是构成数据库的基础与核心，所有数据都要存放在表对象中。查询、窗体和报表都可以用数据表作为数据来源
查询	查询对象是用于查询信息的基本模块。查询对象可以对一个或多个表中的数据按特定条件进行筛选、分类、计算等操作，并生成新的数据集合
窗体	窗体对象是用户自定义的类似于窗口的交互操作界面，可用于数据的输入、显示、编辑修改和计算等，能简化操作、提高数据操作安全性，其数据来自数据表或查询
报表	报表对象是用来输出检索到的信息、生成报表和打印报表的基本模块，通过它可以分析数据或以特定方式打印数据，数据来源可以是数据表，也可以是查询
页	（Web）页对象是显示数据库数据的特殊模块，可直接建立页并储存到指定文件夹或 Web 服务器上，将数据库与网络连接起来，通过浏览器对数据库进行维护和操作
宏	宏对象是一个或多个宏操作的集合，每个宏由若干 Access 命令序列组成。用户可把一些经常性的操作设计成宏并通过执行宏来自动完成，从而简化操作
模块	模块对象是通过 VBA 编写代码来完成数据库操作任务的

图 6-15　导航窗口的组织方式列表

数据库中的各对象之间有着各种各样的联系，按照不同的标准，Access 可以采用不同的方式对数据库对象进行组织，多种数据对象组织方式使用户能够高效地管理数据库对象。导航窗口的组织方式包括对象类型、表和相关视图、创建日期、修改日期、按组筛选、按对象类别以及自定义。在导航窗口上部，单击"所有 Access 对象"右侧的下拉箭头，在弹出的快捷菜单中选择合适的对象组织方式，如图 6-15 所示。

导航窗口中的"对象类型"组织方式是一种常用的方式，也即按照 Access 数据库中的七种对象组织数据，Access 之前的版本都是采用这种方式组织数据库对象的。在导航窗口的对象类别中，单击其中一个对象类型，比如报表，导航窗口将会显示数据库中所有的报表。

3. 操作数据库对象

通过导航窗口可以方便地管理各种对象，使各对象有条理地展现出来，同时还能方便地对对象进行各种操作，如打开、备份、删除和导入数据库对象。

（1）打开数据库对象

如果需要打开某个数据库对象，只需双击需要打开的对象，操作的对象就会出现在工作区中。

（2）复制数据库对象

在对某些对象进行操作时，有可能因为误操作或系统的原因导致数据丢失或损坏。因此，在操作前可对相应的对象进行备份，以备不测。

例 6.2 为"学生表"创建一个副本。

操作步骤：

① 在导航窗口的上部，单击"所有 Access 对象"右侧的下拉箭头。

② 弹出组织方式列表→单击"对象类型"项，如图 6-15 所示。

③ 在表对象列表中，找到"学生表"右击"学生表"图标→在弹出的快捷菜单中，单击"复制"项，如图 6-16 所示。

④ 将鼠标移动到导航窗口中的任意位置→右击鼠标→在弹出的快捷菜单中单击"粘贴"项→弹出粘贴表方式的对话框→确定表的名称，这里采用默认的名称"学生表的副本"。如果要复制原表的结构，可以选择"仅结构"选项，如果要复制表结构和数据，选择"结构和数据"选项，如果要将原表数据追加到已有表的末尾，选择"将数据追加到已有的表"选项→单击"确定"钮，这样就创建了"学生表"的一个副本。

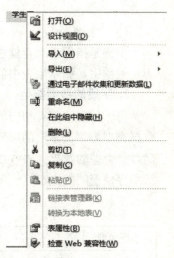

图 6-16 快捷菜单

（3）删除数据库对象

如果要删除某个数据库对象，首先要确保数据库对象未处于打开状态，如果是打开状态，则先将之关闭，也即不能使要删除的对象出现在选项卡文档窗口中。然后在导航窗口中找到要删除的对象，右击鼠标，在弹出的快捷菜单中选择"删除"项即可。

6.3.2 表的创建与编辑

【提要】

本节介绍基本表的创建与编辑，主要包括：
- 表的一些基本概念
- 字段的数据类型
- 字段的属性
- 基本表的创建

表又称为基本表、二维表和数据表等。表是 Access 数据库中非常重要、基础、核心的对象，在 Access 中所有数据都是直接存储在基本表中，而其他基本对象，如查询、报表、窗体等，都是把基本表作为数据源，也即都是从表中获取原始数据。在 Access 中，表有四种视图：第一种是设计视图，在此视图下可以创建或修改表的结构；第二种是数据表视图，主要用于浏览、编辑和修改表中的数据内容；第三种是数据透视图视图，它能以图形的形式显示数据；第四种是数据透视表视图，在此视图下可以对数据进行分析与统计。最常用的是前两种视图。

我们创建了一个"学生信息管理系统"数据库，但这个数据库中还没有任何内容。现在还需要为数据库创建"表"对象，创建了"表"对象后才可以向数据库中存放我们需要的数据。本小节将依次介绍表的基本概念、字段的数据类型、字段属性、利用数据表视图创建表以及利用设计视图创建表。

1. 表的基本概念

（1）字段

将表中的列称为字段，它描述事物的某种属性，如课程表中的课程号、课程名称等字段。

（2）记录

将表中的行称为记录，记录一般用于描述某一个对象具备的各种属性，通常由若干字段组成。

（3）主键

主键是指用于对存储在表中的每行记录进行唯一标识的单个字段或多个字段，主键又称为主关键字。如学生表中的学号、课程表中的课程号都是主键。

2. 字段的数据类型

每一种字段都有相应的数据类型，它用来决定该字段可以存放什么样类型的数据。例如，数据类型为"文本"的字段可以存储由文本或数字字符组成的数据，而"数字"字段只能存储数值类型的数据。表 6-3 列出了在 Microsoft Access 2010 中所有可用的字段数据类型、用法和存储空间的大小。

表 6-3 数据类型说明

数据类型	说 明
文本	用于文本或文本与数字的组合，如地址；或者用于不需要计算的数字，如电话号码、零件编号或邮编。最多存储 255 个字符。"字段大小"属性可以控制输入的最多字符数
备注	用于长文本和数字，如注释或说明，最多可存储 65 536 个字符
数字	用于将要进行算术计算的数据，但涉及货币的计算除外（使用"货币"类型），存储 1、2、4 或 8 个字节；用于"同步复制 ID"（GUID）时存储 16 个字节。"字段大小"属性定义具体的数字类型
日期/时间	用于日期和时间，存储 8 个字节
自动编号	用于在添加记录时自动插入的唯一顺序（每次递增 1）或随机编号，存储 4 个字节；用于"同步复制 ID"（GUID）时存储 16 个字节
是/否	用于只可能是两个值中的一个（如"是/否"、"真/假"或"开/关"）的数据，不允许 Null 值，存储 1 位
OLE 对象	用于使用 OLE（OLE：一种可用在程序之间共享信息的程序集成技术。所有 Office 程序都支持 OLE，所以可通过链接和嵌入对象共享信息）协议在其他程序中创建的 OLE 对象（如 Microsoft Word 文档、Microsoft Excel 电子表格、图片、声音或其他二进制数据）。最多存储 1 GB（受磁盘空间限制）
超链接	用于超链接。超链接可以是 UNC 路径或 URL 统一资源定位符（URL：一种地址，指定协议（如 HTTP 或 FTP）以及对象、文档、万维网页或其他目标在 Internet 或 Intranet 上的位置，例如：http：//www.microsoft.com/）。最多存储 64 000 个字符
计算	用于表达式计算，该字段的值是一个表达式，可以通过计算得到某个结果，可存储 8 个字节
查阅向导	在数据类型列表中选择此选项，将会启动向导进行定义。需要与对应于查阅字段的主键大小相同的存储空间。一般为 4 个字节

3. 字段属性

在 Access 数据表中,一个字段通常有多个属性选项,这些属性选项决定了该字段的工作方式和显示形式,系统为各种数据类型的各项属性设定了默认值。

若要设置一个字段的属性,首先需要在表的设计视图的上方窗口中选定该字段,然后在其下方的"字段属性"中对该字段的属性进行设置。字段属性主要有以下几种:

(1) 字段标题

字段标题与字段名都能向用户展示字段的名称,如果没有定义字段标题,则向用户展示数据时采用的就是字段名称;如果定义了字段标题,在数据表视图中字段列标题以及在窗体和报表中的字段标签都显示的是定义的字段标题。

字段标题和字段名其含义是不同的,如字段名可以是"age",而标题是"年龄"。在数据表视图中,用户看到的是标题,在系统内部引用的则是字段名"age"。

(2) 字段格式

格式属性用来决定数据的显示方式和打印方式,即改变数据输出的形式,但不会改变数据的存储格式。格式属性可分为标准格式与自定义格式两种,例如,在"日期/时间"型字段的格式属性中就包含有"常规日期"、"长日期"等选项。

(3) 输入掩码

"输入掩码"属性可以设置该字段输入数据时的格式。并不是所有的数据字段类型都有"输入掩码"属性,只有文本、数字、货币和日期/时间四种数据类型拥有该属性,并只为文本和日期/时间型字段提供输入掩码向导。

(4) 有效性规则和有效性文本

不同的字段对输入的数据要求不一样,如成绩必须是大于 0 的,身高不能超过 3 米等,为了避免用户输入错误的数据,就可以通过设置"有效性规则"属性来指定对输入到本字段的数据的要求,如">0",同时还可以通过设置"有效性文本"属性来提示出错信息。当用户输入的数据不符合有效性规则时,将不能输入数据。

(5) 索引

表中使用的索引跟书中使用的目录非常相似,通过书中的目录可以快速定位我们要查看的内容,同样通过表中的索引可以快速查找我们需要的数据记录。索引有两个主要的作用:一是有助于快速查找和排序记录;二是建立表之间关系的一个前提条件,需要建立表关系的两张表必须事先对要连接的字段创建索引。

在 Access 2010 中,索引分为三种类型:主索引、唯一索引和普通索引。

主索引就是主键。主索引值不能为"空值",也不能重复。一个表中只能有一个主索引。

唯一索引也就是对能唯一标识记录的字段进行的索引,该索引字段值不能重复。例如,在学生表中学号和身份证号都可以成为唯一索引。

普通索引通常用来加快查找和排序速度。普通索引可以"有重复"。一张表中可以包含多个普通索引。

4. 利用数据表视图创建表

例 6.3 为"学生信息管理系统"数据库创建一张"选课"表,包含选课 ID、学号和课程号三个字段。

操作步骤:

① 启动 Access，选择"文件"卡→单击"打开"项，找到前面创建的"学生信息管理系统"数据库→打开数据库。

② 选择"创建"卡→单击"表格"组中的"表"钮→创建名为"表1"的新表，并在"数据表"视图中打开它。

③ 单击  →在弹出的菜单中选择"数字"菜，这时便建立了名称为"字段1"的字段，且"字段1"反白显示→把名称改为"学号"，如图6-17所示。用同样的方法可以创建"课程号"字段。

④ 双击"ID"字段名→字段名"ID"呈选中状态→把字段名"ID"修改为"选课ID"。

⑤ 单击"快速访问工具栏"中的"保存"钮。

⑥ 弹出"另存为"框→输入表的名称"选课表"→单击"确定"钮。最后创建的表如图6-18所示。

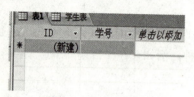

图6-17 创建"学号"字段

图6-18 创建"选课表"

如果需要修改字段的数据类型以及对字段的属性进行其他设置，可以打开表的设计视图，然后在设计视图中进行修改和设置。若需要将表从数据表视图切换到设计视图，则只需单击窗口右下角的 按钮即可。

5. 利用设计视图创建表

在设计视图中创建表，可以非常方便地指定字段的各种属性，十分灵活。但没有使用数据表视图创建表那么直观，因为这里不是对表直接操作，而是操作表的结构，即设计表的结构。

例6.4 在"学生信息管理系统"中，使用设计视图创建"成绩表"，该表包含的字段如表6-4所示。

表6-4 学生表结构

字段名称	数据类型	字段大小	其他属性
学号	数字	7	主键
姓名	文本	4	
性别	文本	1	
专业	文本	10	
出生日期	日期/时间		

操作步骤：

① 打开"学生信息管理系统"数据库→选择"创建"卡→单击"表格"组中的"表设计"钮→打开表的设计视图。如图6-19所示。

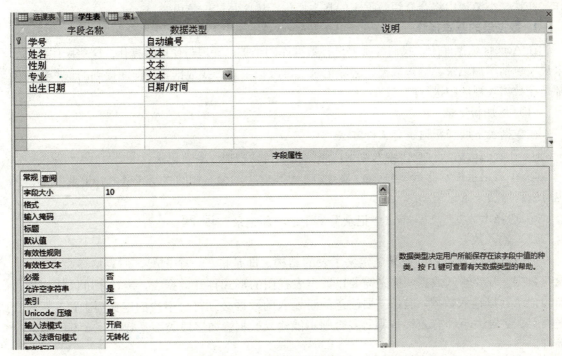

图 6-19 学生表设计视图

② 按照表 6-4 的内容，在字段名称列中输入字段名称→在数据类型列中选择相应的数据类型→在常规属性窗口中设置字段大小。如图 6-19 所示。

③ 单击"保存"钮→输入表名"学生表"保存表。

系统已默认把学号设置为主键。如果需要设置其他字段为主键，只需在设计视图界面选中相应的字段行并单击右键，然后在弹出的快捷菜单里选择"主键"即可，对于多字段主键也用同样的方法设置。

6. 使用其他方法创建表

在各种应用程序中共享文件和数据是一种很普遍的现象，能有效提高工作效率。Access 2010 也能与其他的应用程序共享数据。Access 2010 其中的导入与导出数据功能就是能与其他数据源共享数据的有效工具。比如，可以把 Excel 2010 表格数据、ODBC 数据库和文本文件导入 Access 2010 数据库系统。如果需要导入外部数据，只要选择"外部数据选项卡"中的"导入并链接"组中的相应按钮即可；如果需要导入 Excel 2010 文件，则选择 Excel 2010 图标，根据向导逐步提示便可导入数据到 Access 2010 里。

6.3.3 表数据的基本操作与检索

【提要】

本节介绍表数据的基本操作与检索，主要包括：
➢ 基本表数据的输入
➢ 基本表记录的增加与删除
➢ 数据的排序与筛选

前面介绍了怎样创建表，在创建表之后就可以往表里输入数据，对记录进行一些基本操作，在这一小节当中将会介绍数据表的基本操作、排序与筛选等内容。

1. 数据表的基本操作

在 Access 数据库中，我们经常要进行数据库的维护、管理与使用等操作，这些操作具体来说又包括增加记录、输入数据、删除记录、修改记录及查找数据等，前面提到的这些操作都是在数据表视图中进行的。

（1）增加新记录

往数据表里增加新记录有 3 种方法：

① 在表的最后一行直接输入数据，系统将会自动增加一条新记录。

② 单击记录指示器 记录: ⏮ ◀ 第1项(共1项) ▶ ⏭ 上的最右侧的"新（空白）记录"钮，也可以新增加一条记录。

③ 选择"数据"卡→单击"记录"组中的"新记录"钮。

（2）输入数据

创建好数据表以后，还只是定义了表的结构，即是搭了一个框架，但表格还是空的，没有数据。若要输入数据，首先需要以数据表视图的形式打开数据表，接着才可以往新增加的记录行里输入数据，但是需要注意的是输入的数据必须符合字段的定义要求，包括数据类型、字段大小和有效性规则等；否则不能输入数据。如字段类型是数值，就不能输入字符。

在输入数据的时候会看到两种标记：一种是 ✱，表示当前记录是可以添加的新记录；另一种是 ✎，表示正在往当前记录中输入数据。在光标离开输入数据记录行后，系统会自动将输入的数据进行保存。

（3）修改记录

以数据表视图的方式打开要修改记录的数据表，将光标移动到需要修改的数据处，然后就可以直接修改数据了。

（4）删除记录

以数据表视图的方式打开数据表→将鼠标移动到记录的最前端→单击鼠标选定要删除的记录→右击鼠标→在弹出的快捷菜单中选择"删除记录"菜→弹出"确认删除记录"框→单击"是"钮。

2. 数据排序

对数据排序能使我们对数据有更进一步的了解与分析。排序包含两种：升序，将记录按照某字段值从小到大进行排序；降序，将记录按照某字段值从大到小排序。跟 Excel 2010 中一样，Access 2010 中也可以同时为多个字段排序。

（1）单字段排序

例 6.5 将学生表中的姓名字段按升序排序。

操作步骤：

打开"学生信息管理系统"数据库→打开学生表→单击"姓名"字段名称右侧的下拉箭头→打开下拉菜单→在菜单中单击 ↓ 图标，按升序排序；也可以选择"开始"卡→单击"排序和筛选"组中的"升序"钮。

（2）按多个字段排序

对多个字段排序一定要同时选择需要排序的所有列。如果是对多个字段进行排序，系统先根据第一个字段值进行排序;如果第一个字段具有相同的值时,再按照第二个字段进行排序,依次类推。

设置多个字段排序跟单个字段排序相似,只要在排序之前把需排序的字段拖曳到相邻的列,然后同时选中多列,再单击"排序"钮即可。

3. 数据筛选

数据筛选可以反过来理解,也就是筛选数据,具体说是筛选出满足人为给定条件的记录,如筛选出计算机专业的所有学生。这点跟查询非常相似,我们可以认为查询是功能更强大的筛选。

Access 2010 筛选功能比较丰富,有 4 种筛选方式:"选择筛选"、"筛选器筛选"、"按窗体筛选"和"高级筛选"。

(1) 选择筛选

在进行选择筛选时,先需要把光标定位到要筛选的值所在的表格,接着单击"选择"钮,将会看到选择筛选包含"等于"、"不等于"、"小于等于"与"大于等于"等选项,选择其中一种条件,便可看到筛选结果。

例 6.6 筛选出"学生表"中的男学生。

操作步骤:

打开"学生信息管理系统"数据库→打开"学生表"→将光标定位到所要筛选内容"男"的某个单元格→选择"开始"卡→单击"筛选和排序"组中的"选择"钮 ▼选择▼ →在"下拉菜单"中单击"等于'男'"命令。如图 6-20 所示,其筛选结果如图 6-21 所示。

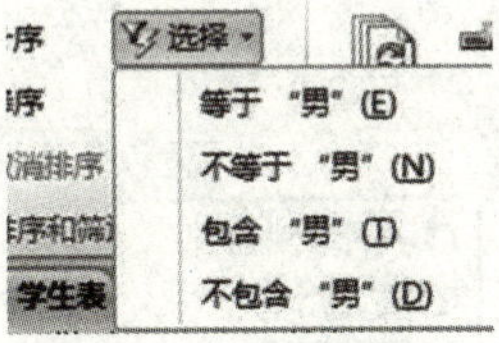

图 6-20 下拉菜单　　　　图 6-21 筛选结果

在出现筛选结果后,如果想返回筛选前的界面,可以单击"筛选和排序"组中的 ▼切换筛选 按钮,数据表恢复筛选前的状态。

(2) 筛选器筛选

筛选器适用于字段取值个数不多且要筛选的数据没有规律的情况。单击筛选器会弹出一个确认筛选数据的对话框,在对话框的下方列出了要筛选字段的所有取值,每一种取值前面有一个筛选框,如果需要筛选某一种取值的记录,则将之勾选。

例如,打开"学生信息管理系统"数据库"学生表"→选中"性别"列后→单击"筛选器"钮→打开下拉列表,如图 6-22 所示。在列表中显示的"男"和"女"复选框都被勾选。如需要筛选所有的男学生,只需首先单击"全选"前面的钩→取消对所有值的全选状态→再选中值列表中"男"取值→单击"确定"钮,就得到所有男学生的筛选结果。如图 6-23 所示。

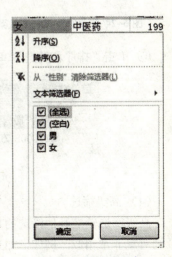

图 6-22 筛选器列表

学号	姓名	性别	专业	出生日期
201005	李广	男	计算机科学	1992-11-24
201006	李方	男	中文	1990-3-16
201007	韦国杰	男	应用英语	1991-2-27
201008	方田成	男	计算机科学	1989-9-11
201010	王浩	男	应用英语	1990-4-21

图 6-23 筛选结果

（3）按窗体筛选

Access 2010 中的"按窗体筛选"与 Excel 2010 中的自动筛选非常相似，单击"按窗体筛选"钮后，系统将会隐藏掉所有的数据，并出现一条空的记录，且在其中的一个字段旁出现下拉箭头。单击下拉箭头列出该字段的所有取值，选中要筛选的值，单击"切换筛选"钮就可以看到筛选的结果。

例 6.7 筛选出"学生表"中性别为"男"、专业为"计算机"的学生。

操作步骤：

① 打开"学生信息管理系统"数据库→打开"学生表"。

② 选择"开始"卡→单击"排序与筛选"组中的"高级"钮→在打开的下拉列表中单击"按窗体筛选"项。如图 6-24 所示。

③ 这时数据表视图转变为一条记录→单击鼠标，将光标移到"性别"字段列中。

④ 单击"性别"字段旁的下拉箭头→在弹出的列表中选择"男"→将光标移到"专业"字段中→打开下拉列表，选择"计算机科学"。如图 6-25 所示。

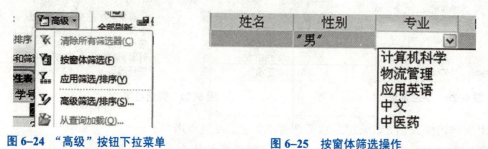

图 6-24 "高级"按钮下拉菜单　　　图 6-25 按窗体筛选操作

⑤ 单击"排序和筛选"组中的"切换筛选"，显示筛选结果如图 6-26 所示。

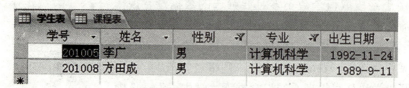

图 6-26 按窗体筛选结果

（4）高级筛选

高级筛选较之其他筛选的功能更强大，能使用复杂的筛选条件对数据进行筛选，与创建查询对象非常相似。例如，如果要筛选某年出生的学生，但是在表中只有出生日期字段。像这种需要对原字段进行处理之后再筛选的情况下，就可以使用高级筛选，当然也可以不对原字段进行处理，直接给出一个范围条件，下面的例子就是这样的。

例 6.8 在"学生表"中筛选出生日期是 1990 年的学生。

操作步骤:

① 打开"学生信息管理系统"数据库→打开"学生表"。

② 选择"开始"卡→单击"排序和筛选"组中的"高级/高级筛选和排序"钮→这时打开一个设计窗口,其窗口分为两个窗口,上部窗口显示为"学生表",下部是设置筛选条件的窗口。单击下部窗口中字段行第一列出现的下拉箭头→在弹出的下拉列表中选择"出生日期"字段→选中字段行的第二列,同样单击下拉箭头并在弹出的下拉列表中选择"出生日期"字段,如图 6-27 所示。

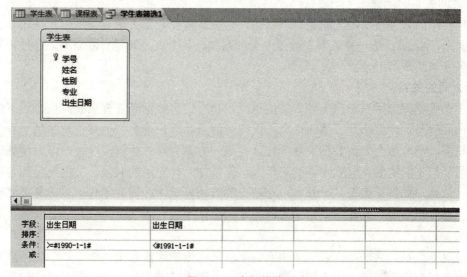

图 6-27 高级筛选

③ 在条件行的第一列中输入条件">=#1990-1-1#",在条件行的第二列中输入条件"<#1991-1-1#",在 Access 中输入条件时应注意,文本值用英文双引号括起来,日期值用英文"#"括起来,如图 6-27 所示。

④ 单击"排序和筛选"组中的"切换筛选"钮→显示筛选结果,如图 6-28 所示。

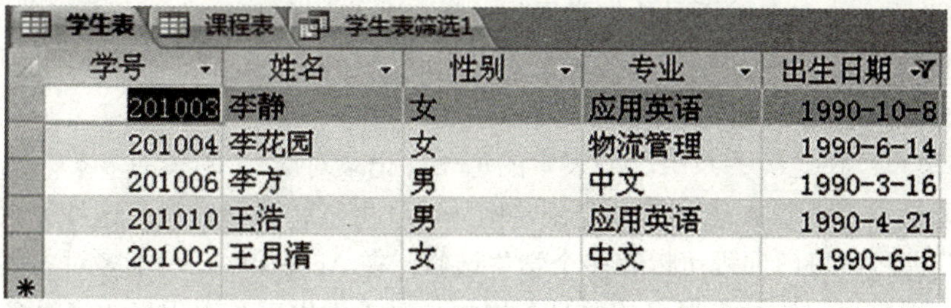

图 6-28 高级筛选结果

⑤ 如果经常需要进行同样的高级筛选,可以把结果保存下来,再次打开"高级"筛选列表,在列表中选择"另存为查询"项,在弹出的命名对话框中输入高级筛选的名字。

(5) 清除筛选

如果后面的筛选需要在之前筛选基础上进行,可直接进行再次筛选;否则,需要将表恢复到筛选之前的状态。如果不这样，会影响后面筛选的结果。清除筛选能把筛选的结果清除掉，恢复筛选之前的状态。操作方法：单击"排序和筛选"组中的"高级"钮→弹出"高级筛选"菜→单击"清除所有筛选"项。

6.3.4 表之间关系的创建

【提要】

本节介绍表之间关系的创建，主要包括：
➢ 表之间的几种关系
➢ 表之间关系的创建

现实世界中的事物与事物之间是有联系的，这种联系反映到关系数据库中就是建立表与表之间的关系，Access 是一种关系型数据库管理系统，各个表之间是有联系的，通过建立关系可以把多张表的数据组合到一起来。

1. 表之间的关系

通常一个数据库应用系统包含较多的信息，如超市销售数据库管理系统，包含如下的一些信息：商品信息、库存信息、销售信息、供应商信息和客户信息。如果把这些信息放到一张数据表里面，一方面会导致数据大量的冗余；另一方面会导致数据表过大，不方便处理。所以通常需要把不同的信息放到不同的表里面。但是在具体应用的时候，又需要用到各种表里面的各种信息，如需要查看某一天客户在超市的购物情况，既需要销售信息，又需要客户信息。那么怎样把这些相互联系的信息关联起来一起使用呢？那么就得依靠表之间的关系把表连接起来。

通常情况下，我们通过两张表里面相同的字段把两张表连接起来。例如，学生信息表包含学号、姓名和电话等字段，学生成绩表包含学号、语文成绩和英语成绩。现在我们就可以通过"学号"这个字段，把学生信息表和学生成绩表两个表连接起来。

在关系数据库中，表和表之间的关系有三种：

① 一对一关系：在一对一关系中，A 表中的每一条记录仅对应着 B 表中的一条记录，并且 B 表中的每一条记录仅对应着 A 表中的一条记录。例如，上面提到的学生信息表和学生成绩表之间就是一对一的关系。

② 一对多关系：一对多关系是比较常用的关系。A 表中的每一条记录对应着 B 表中的两条或两条以上的记录，B 表中的多条记录对应着 A 表的一条记录。例如，对于学生表的一个学号，在选课表中有多门课程与该学号相对应。

③ 多对多关系：在这类关系中，A 表中的每一条记录对应着 B 表的多条记录，同样 B 表中的每一条记录也对应着 A 表的多条记录。例如，学生表和课程表就是这种关系，每个学生可以选修多门课程，每门课程可以有多个学生选修。在 Access 中，对于多对多关系，必须建立第三张表，用来表示这种多对多的关系。例如，对于学生表和课程表的多对多关系，必须增加一个选课表，用来表示学生和课程之间的多对多关系。

2. 创建表之间的关系

创建表的关系能把不同的表里的信息组合起来一起使用，同时也能反映事物之间的内在联系。表之间的关系通常是通过相同的字段进行联系的，这个相同的字段可能同时是两个表主键，也可能是一个表的主键和另一个表的外键。

例 6.9 创建"学生表"与"选课表"之间的关系。

操作步骤：

① 打开"学生信息管理系统"数据库→选择"数据库工具"卡→单击"关系"组中的 ，打开"关系"窗口。

② 弹出"显示表"框，如果没有弹出对话框时，可单击显示表按钮，打开"显示表"框。

③ 在"显示表"框列出当前数据库中所有的表，按住【Ctrl】键，选择要添加关系窗口的表→单击"添加"钮，就把所选择的表添加进关系窗口了，这里选择所有的表，并将之添加进关系窗口，如图 6-29 所示。这些表的位置是可以改变的，可以拖动这些表格到新的位置以方便建立它们之间的关系。

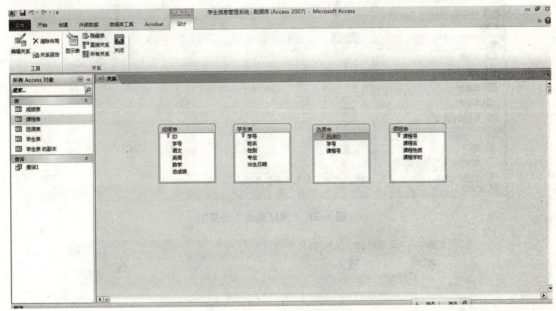

图 6-29 将表添加到关系窗口

④ 在"学生表"中，选中"学号"字段→按住左键不放，拖到"选课表"的"学号"字段上→松开左键→弹出一个"编辑关系"框→选中"实施参照完整性"和"级联更新相关字段"复，如图 6-30 所示。

⑤ 单击"创建"钮→关闭"编辑关系"框→返回到关系窗口，这时就建立好了两张表之间的关系，如图 6-12 所示。

Access 2010 能自动确定两张表之间连接关系的类型。在建立关系后，可以看到在两张表相同的

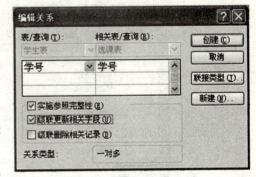

图 6-30 "编辑关系"对话框

字段之间出现了一条关系线，在"学生表"的一方显示"1"，而在"选课表"的一方显示"∞"，表示一对多的关系，即"学生表"中的一条记录对应着"选课表"中的多条记录。

6.4　子案例三：学生成绩信息查询

子案例三的效果图如图 6–31～图 6–33 所示。

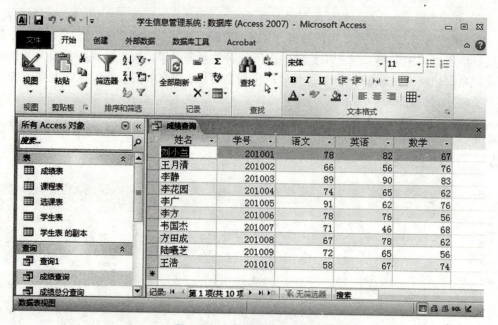

姓名	学号	语文	英语	数学
刘小兰	201001	78	82	67
王月清	201002	66	56	76
李静	201003	89	90	83
李花园	201004	74	65	62
李广	201005	91	62	76
李方	201006	78	76	56
韦国杰	201007	71	46	68
方田成	201008	67	78	62
陆曦芝	201009	72	65	56
王浩	201010	58	67	74

图 6–31　“成绩查询”效果图

学号	姓名	语文	英语	数学
201003	李静	89	90	83
201005	李广	91	62	76

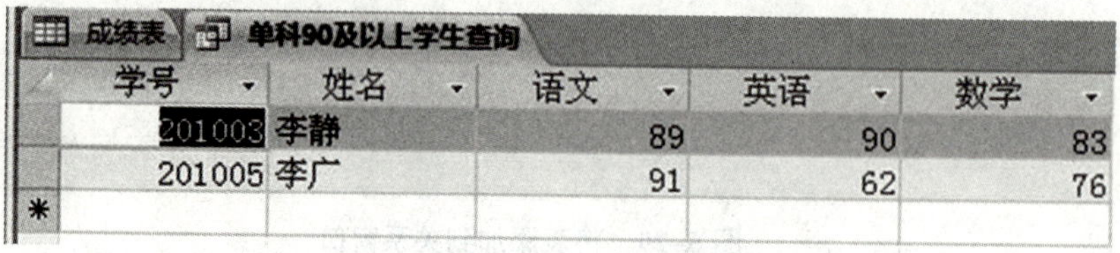

图 6–32　“单科 90 及以上学生查询”效果图

学号	姓名	语文	数学	英语	总分
201001	刘小兰	78	67	82	227
201002	王月清	66	76	56	198
201003	李静	89	83	90	262
201004	李花园	74	62	65	201
201005	李广	91	76	62	229
201006	李方	78	56	76	210
201007	韦国杰	71	68	46	185
201008	方田成	67	62	78	207
201009	陆曦芝	72	56	65	193
201010	王浩	58	74	67	199

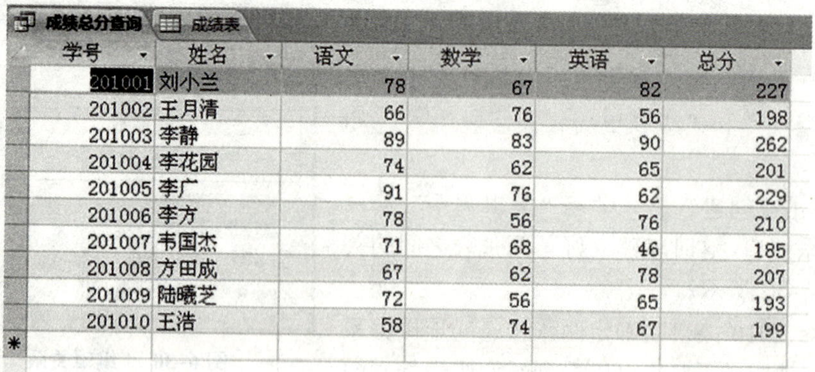

图 6–33　“成绩总分”查询效果图

完成图 6–31 效果图使用了 Access 2010 的以下主要功能：

➢ 使用查询向导创建查询

完成图 6-32 效果图使用了 Access 2010 的以下主要功能：
➢ 使用查询设计视图进行查询设计
完成图 6-33 效果图使用了 Access 2010 的以下主要功能：
➢ 使用表达式生成器构造表达式

6.4.1 使用查询向导创建查询

【提要】
本节介绍使用查询向导创建查询，主要包括：
➢ 查询的概念
➢ 查询的种类
➢ 使用查询向导创建查询

在前面的小节中我们介绍了怎样创建数据库各表之间的关系，这样就可以通过共有的字段把不同表的相关记录关联起来。通过创建查询，我们可以在一个临时表中显示创建了关系的表的部分或全部字段，还可以设置一定的条件来限定显示某些记录，还可以对一些数值类型的数据进行计算等。在本小节中，首先介绍查询的定义和分类，然后介绍怎样利用向导创建查询。

1. 查询的概念

查询是在一个或多个表中，筛选满足给定条件的信息，它是以表或查询为数据源的再生表。通过查询，用户能获取其想要查找的信息，同时也能增加对数据的理解，还能对数据进行分析、计算、合并、添加、更改或删除。

2. 查询的种类

在 Access 中，按照对数据源操作方式和操作结果的不同，把查询分为 5 种类别，分别是选择查询、参数查询、交叉表查询、操作查询和 SQL 查询。

（1）选择查询

选择查询是最常用的，也是最基本的查询。它是根据指定的查询条件，从一个表或多个表中获取数据并显示结果。使用选择查询还可以对记录进行分组、总计、计数和求平均值等计算。

（2）参数查询

参数查询是一种交互式查询，在执行参数查询时，会弹出一个对话框，要求用户输入查询的条件，输入查询条件后系统会根据条件检索记录。

（3）交叉表查询

交叉表查询是对表或查询的行和列数据进行统计输出的一种查询。交叉表查询所完成的计算是通过表的左边和表的上面的数据的交叉来实现的。

（4）操作查询

操作查询用于添加、更改或删除数据。具体包括以下 4 种操作查询：

① 追加查询。运行该查询可在表的尾部追加一条新记录。
② 更新查询。运行该查询可更新表中一条或多条记录。
③ 删除查询。运行该查询可删除表中一条或多条记录。
④ 生成表查询。运行该查询可生成一个新表。

（5）SQL 查询

SQL 查询是用户通过使用 SQL 语句创建的查询。SQL 功能强大，查询灵活。

3. 使用向导创建查询

创建选择查询有两种方法：一种是使用查询向导；另一种是使用设计视图。使用查询向导可以根据向导的逐步提示创建查询，其方法比较简单。

例 6.10 从"学生表"、"成绩表"中，创建一个包含"姓名"、"学号"、"语文"、"英语"和"数学"字段的成绩查询。

操作步骤：

① 打开"学生信息管理系统"数据库→选择"创建"卡→单击"查询"组中的"查询向导"钮。

② 弹出"新建查询"框→选择"简单查询向导"选项→单击"确定"钮。

③ 弹出"请确定查询中使用哪些字段"框→在"表/查询"列表框中选择"表：学生表"→在"可用字段"窗口中，选中"姓名"字段→单击 > 按钮，将"姓名"字段发送到"选定字段"窗口中。用同样的方法选择"表：成绩表"，然后把"学号"、"语文"、"数学"和"英语"字段发送到"选定字段"窗口中。如图 6-34 所示。需要注意的是，如果在一个查询里需要使用几个不同表里的字段，必须先创建表之间的关系。

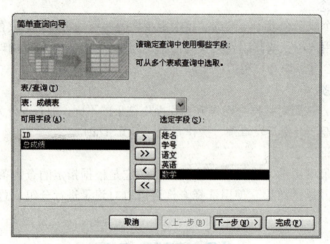

图 6-34 "选择字段"窗口

④ 弹出"请确定采用明细查询还是汇总查询"框→选择"明细"→单击"下一步"钮。

⑤ 弹出"请为查询指定标题"框→输入查询标题为"成绩查询"→使用默认设置"打开查询查看信息"→单击"完成"钮，便可看到查询结果如图 6-31 所示。

6.4.2 使用查询设计器创建查询

【提要】

本节介绍使用查询设计器创建查询，主要包括：
- 查询设计视图界面的介绍
- 使用查询设计视图进行查询设计

查询设计视图不仅能创建新的查询，而且能修改和完善既有的查询。查询设计视图功能强大,使用灵活,可以创建参数查询和复杂的查询。相对来说,使用查询向导操作简单,但不能创建根据给定条件进行查询的情况。在这一小节当中首先介绍查询设计视图的界面,然后就查询设计视图的使用举了一个具体应用的实例。

1. 查询设计视图界面介绍

查询设计视图由上下两部分构成,上半部分为表/查询显示区,用来显示创建查询需要用到的表或查询;下半部分是查询设计区域,用来设计查询包含的字段、查询的条件以及是否排序等,如图 6-35 所示。

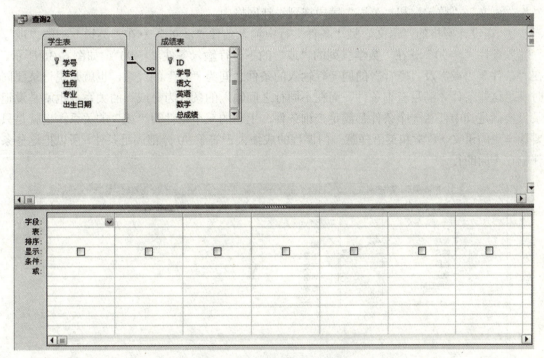

图 6-35 查询设计视图窗口

下半部各组成部分的含义及作用如下:
① 字段:查询需要的字段及用户自定义的计算字段。
② 表:表明字段是从哪个表或查询中获取的。
③ 排序:查询结果是否按某一个字段进行排序,有"降序"、"升序"和"不排序"三种选择。
④ 显示:是否将某字段显示在查询结果中。在默认情况下添加的字段都显示出来,对应的复选框是选中的状态,如果不想显示某个字段,但又需要使用它进行条件的指定,可以取消勾选复选框。
⑤ 条件:用来指定查询条件。
⑥ 或:用来指定其他查询条件。
⑦ 空:可以在空行里给出更多的查询条件。

2. 使用查询设计视图创建查询

例 6.11 查询语文、数学和英语中有一门成绩在 90 分以上学生名单,要求包括"学号"、"姓名"、"语文"、"数学"和"英语"字段。

操作步骤：

① 打开"学生信息管理系统"数据库→选择"创建"卡→单击"查询"组中的"查询设计"钮 →弹出"显示表"框。

② 在"显示表"框中，按住【Ctrl】不放，依次选择"学生表"和"成绩表"→单击"添加"钮→将"学生表"和"成绩表"添加进查询设计视图上半部分区域→单击"关闭"钮→关闭显示表。

③ 把"学生表"中的"姓名"字段拖到设计网格中，用同样的方法把"成绩表"中的"学号"、"语文"、"数学"和"英语"字段拖到设计网格中。

④ 在设计网格的"语文"列"条件"行中输入条件">=90"→在"英语"列的"或"行输入条件">=90"→在"数学"列的"或"的下一行输入条件">=90"，如图6–36所示。在"条件"、"或"及"空行"的同一行输入的条件之间为"且"的关系，也就是说记录要同时满足这些条件才满足查询条件，而在不同行之间输入的条件为"或"的关系，也就是说记录只要满足其中任意一个条件都满足查询条件。上述的三个条件为"或"的关系，也就是只要该学生的语文、数学和英语任意一门课程的成绩大于等于90分都满足条件，所以把这些条件输在不同的行。

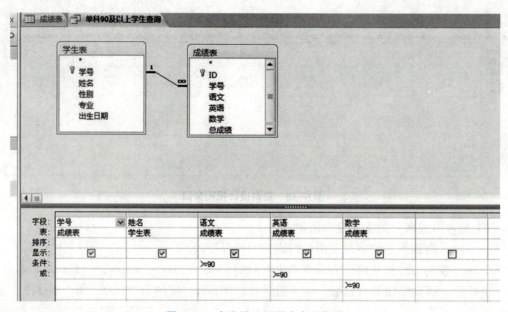

图6–36　查询设计视图中查询条件

⑤ 单击"保存"钮→打开"另存为"框→输入查询名称"单科90分以上学生查询"→单击"确定"钮。

⑥ 选择"设计"卡→单击"结果"组中的 或 ，打开"查询视图"框→显示查询结果，如图6–32所示。

6.4.3　表达式生成器的使用

【提要】

本节介绍表达式生成器的使用，主要包括：

➢ 表达式生成器
➢ 表达式生成器的使用

前面的一些示例我们只是从表中取一些字段和记录,但在实际应用中,有时需要对字段进行计算,比如在成绩表里添加一列求总分或者是平均分,这时候我们就可以使用查询设计视图里的表达式生成器生成一个新的字段。

例 6.12 对每个学生的单科成绩求和,即在原来的成绩表里增加"总分"一列。

操作步骤:

① 打开"学生信息管理系统"数据库→选择"创建"卡→单击"查询"组中的"查询设计"钮 →弹出"显示表"框。

② 在"显示表"框中,按住【Ctrl】不放,依次选择"学生表"和"成绩表"→单击"添加"钮,将"学生表"和"成绩表"添加进查询设计视图"对象"窗口→单击"关闭"钮→关闭显示表。

③ 把"学生表"中的"姓名"字段拖到设计网格中,用同样的方法把"成绩表"中的"学号"、"语文"、"数学"和"英语"字段拖到设计网格中。

④ 单击"英语"字段后的空白单元格→单击表达式生成器按钮 →弹出"表达式生成器"框。

⑤ 单击表达式元素窗口中"学生信息管理系统"前面的"+"号→在打开的目录树里再次单击"表"前面的"+"号→在打开的目录树里单击"成绩表",这时候在表达式类别窗口中将显示成绩表包含的所有字段→双击"语文"字段,这时"[成绩表]![语文]"将出现在表达式窗口中。如图 6-37 所示。

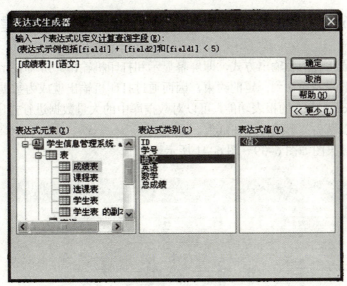

图 6-37 将字段添加到表达式窗口

⑥ 单击表达式元素窗口中的"操作符"→在表达式类别窗口中单击"【全部】"项→双击表达式值窗口里的"+"号,这时"+"号便出现在表达式窗口中。

⑦ 根据第⑤、⑥步的方法将字段"数学"、"英语"及"+"号添加到表达式窗口中,使表达式变为"[成绩表]![语文] + [成绩表]![英语] + [成绩表]![数学]",再在原表达式之前加上

"总分："，最终的表达式变为"总分：[成绩表]![语文] + [成绩表]![英语] + [成绩表]![数学]"，这里的"总分"是指字段名。如图 6-38 所示。

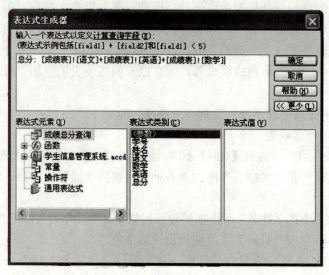

图 6-38　最终求和表达式

⑧ 单击"确定"钮→选择"设计"卡→单击"结果"组中的"运行"钮，最终得到查询结果，如图 6-33 所示→单击快捷菜单上的"保存"钮→在弹出的"保存"框里将查询结果保存为"成绩总分查询"。

6.5　子案例四：学生信息及成绩报表的创建

数据和文档通常有两种输出方式，即屏幕显示和打印机输出。屏幕显示因受屏幕的尺寸和不能永久保存的限制而受到一定的约束，因而通过打印机输出就成为数据及文档输出的常用手段。利用 Access 2010 的报表功能，可以对数据库中的大量数据进行排序、分类汇总、累计和求和，最终以精美的形式打印在纸上。

子案例四的效果图如图 6-39～图 6-41 所示。

成绩总分查询					2013年2月16日 星期六 11:33:37
学号	姓名	语文	数学	英语	总分
201001	刘小兰	78	67	82	227
201002	王月清	66	76	56	198
201003	李静	89	83	90	262
201004	李花园	74	62	65	201
201005	李广	91	76	62	229
201006	李方	78	56	76	210
201007	韦国杰	71	68	46	185
201008	方田成	67	62	78	207
201009	陆曦芝	72	56	65	193
201010	王浩	58	74	67	199

图 6-39　自动创建报表效果图

完成图 6–39 效果图使用了 Access 2010 的以下主要功能：
➢ 使用"自动创建报表"创建报表

专业	学号 姓名	性别	出生日期
计算机科学	201005 李广	男	1992-11-24
	201008 方田成	男	1989-9-11
物流管理	201004 李花园	女	1990-6-14
	201009 陆曦芝	女	1991-5-18
应用英语	201003 李静	女	1990-10-8
	201007 韦国杰	男	1991-2-27
	201010 王浩	男	1990-4-21
中文	201002 王月清	女	1990-6-8
	201006 李方	男	1990-3-16
中医药	201001 刘小兰	女	1991-7-7

2013年2月16日 星期六　　　　　　　　　　　　共 1 页，第 1 页

图 6–40　按专业统计学生信息报表效果图

完成图 6–40 效果图使用了 Access 2010 的以下主要功能：
➢ 使用"报表向导"创建报表

图 6–41　报表设计效果图

完成图 6–41 效果图使用了 Access 2010 的以下主要功能：
➢ 使用设计视图创建报表

6.5.1　使用"自动创建报表"创建报表

【提要】

本节介绍自动创建报表的使用，主要包括：
➢ 报表的概念
➢ 报表的分类
➢ 自动创建报表的使用

简单地说，表对数据进行存储，查询对数据进行筛选，窗体对数据进行查看，而报表是

对数据进行打印。Access 2010 中的报表概念来源于我们经常提到的各种报表，如会计报表、财务报表等。

1. 报表的概念

报表对象是 Access 2010 数据库的主要对象之一，它提供了把保存在数据库表和查询中的信息按需要的格式重新进行组织和打印。报表的主要功能就是将数据库中的数据按照用户选定的结果，以一定的格式打印输出。

2. 报表的分类

按照报表的结构可以把报表分为以下几种类型：

（1）表格式报表

表格式报表的结构就是一张表，每行显示一条记录，字段的名称显示在表的顶端。如图 6-42 所示。

表格式成绩报表

学号	姓名	语文	数学	英语	总分
201001	刘小兰	78	67	82	227
201002	王月清	66	76	56	198
201003	李静	89	83	90	262
201004	李花园	74	62	65	201
201005	李广	91	76	62	229
201006	李方	78	56	76	210
201007	韦国杰	71	68	46	185
201008	方田成	67	62	78	207
201009	陆曦芝	72	56	65	193
201010	王浩	58	74	67	199

图 6-42 表格式报表

（2）纵栏式报表

纵栏式报表的数据以纵向的形式显示，每行显示一个字段的字段名称及其取值，所占用的空间比较大。如图 6-43 所示。

纵栏式成绩报表

学号	201001
姓名	刘小兰
语文	78
数学	67
英语	82
总分	227
学号	201002
姓名	王月清
语文	66
数学	76
英语	56
总分	198

图 6-43 纵栏式报表

（3）标签报表

标签报表的显示比较紧凑，类似于一个标签。每一块小的区域集中显示具体的数据。如图 6-44 所示。

```
201001 刘小兰        201002 王月渚        201003 李静
78 67 82 227        66 76 56 198        89 83 90 262


201004 李花园        201005 李广          201006 李方
74 62 65 201        91 76 62 229        78 56 76 210


201007 韦国杰        201008 方田成        201009 陆曦芝
71 68 46 185        67 62 78 207        72 56 65 193
```

图 6-44　标签报表

3. 使用"自动创建报表"创建报表

"自动创建报表"是一种非常简单、方便和快捷的创建报表的方式，使用"自动创建报表"只需单击"报表"按钮，即可快速地生成一份报表。不需要指定任何参数，不需要进行任何的设置。

使用自动创建报表功能创建的报表，不一定能满足设计的需要，但对于迅速查看基础数据极其有用。如果对自动创建的报表不满意，也可以在布局视图或设计视图中进行修改、完善，以使报表达到满意的效果。

例 6.13　使用"自动创建报表"为"成绩总分查询"创建报表

操作方法：打开"学生信息管理系统"数据库→选中导航窗口中的"成绩总分查询"→选择"创建"卡→单击"报表"组中的"报表"钮，结果如图 6-39 所示。

6.5.2　使用"报表向导"创建报表

【提要】

本节介绍报表向导的使用，主要包括：

➢ 使用"报表向导"创建报表

使用自动创建报表的方式创建的报表，其形式比较单一，不能进行汇总计算以及指定字段。使用报表向导的方式创建的报表，可以指定报表的字段，对报表的布局及样式进行设定，还能进行分组、排序和数据汇总。

例 6.14　使用"报表向导"创建"按专业统计学生信息"的报表。

操作步骤：

① 打开"学生信息管理系统"数据库→在导航窗口中选择"学生表"。

② 选择"创建"卡→单击"报表"组中的"报表向导"钮→弹出"请确定报表上使用

哪些字段"框→选择"可用字段"窗中的"学号"字段→单击右移钮 ＞ ，用同样的方法将"学生表"其余字段右移至"选定字段"窗中→单击"下一步"钮。如图6-45所示。

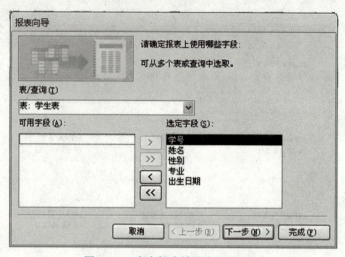

图6-45　确定报表使用字段对话框

③ 弹出"是否添加分组级别"框→双击左边窗中的"专业"字段→单击"下一步"钮。如图6-46所示。

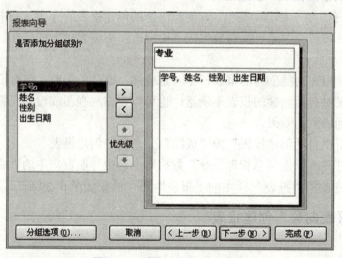

图6-46　确定分组级别对话框

④ 弹出"请确定明细记录使用的排序次序"框→在第一个下拉列表框中选择"学号"→单击"下一步"钮。

⑤ 弹出"请确定报表的布局方式"框→选择"块"布局→选择"纵向"→单击"下一步"钮。

⑥ 弹出"请为报表指定标题"框→输入标题"按专业统计学生信息报表"→单击"完成"钮。

最终创建的"按专业统计学生信息报表"如图6-40所示。

6.5.3 使用设计视图创建报表

【提要】

本节介绍报表设计视图的使用,主要包括:
- 报表设计视图中报表的结构
- 使用设计视图创建报表

1. 报表的结构

使用报表设计视图设计报表灵活性强,可以根据自己的需要打造最适合的报表风格。打开报表设计视图,可以看到报表的结构。报表的结构包括主体、报表页眉、报表页脚、页面页眉和页面页脚 5 部分,每个部分称为报表的一个节,如图 6-47 所示。

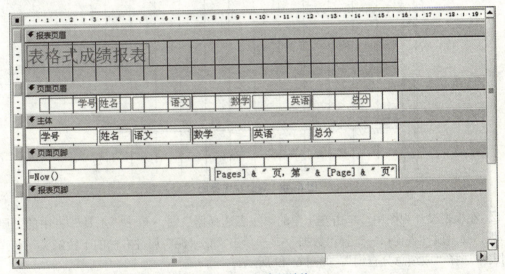

图 6-47 报表的结构

报表中的这些节根据其作用的不同,分布在报表的不同地方,有的是整个报表页眉,有的是页面页眉等。下面列出报表中各个节的作用。

① 主体:它是整个报表的中心。报表中要显示的数据全部放在主体节,每个报表必须要有一个主体节,否则报表没有存在的意义。

② 报表页眉:报表页眉位于报表第一页的页面页眉的上方,用于显示报表的标题、图形或报表用途等说明性文字。它在整个报表中只出现一次。

③ 报表页脚:它是和报表页眉相对的一个概念,是整个报表的页脚,出现在报表最后一页的页面页脚的位置。报表页脚主要用来显示报表总计等信息。

④ 页面页眉:它是报表页面的页眉,显示在报表每一页的顶部,每一页都会出现。可以用来显示报表的标题,在表格式报表中用来显示报表每一列的标题或用户要在每一页上方显示的内容。

⑤ 页面页脚:它是和页面页眉相对的一个概念,页面页眉出现在每一页顶部,而页面页脚出现在每一页的底部,用来显示日期、页码、制作者和审核人等要在每一页下方显示的内容。

2. 使用设计视图创建报表

例 6.15 以"成绩总分查询"为数据源,在报表设计视图中创建"成绩总分报表"。

操作步骤:

① 打开"学生信息管理系统"数据库→选择"创建"卡→单击"报表"组中的"报表设计"钮,打开报表设计视图,如图 6–48 所示。

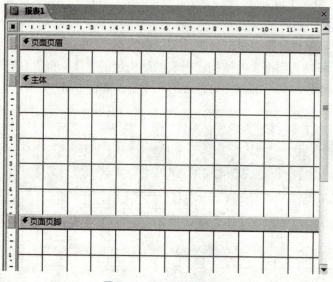

图 6–48 设计视图界面

② 在报表设计视图中,单击左上角的"报表选择器"钮→单击"工具"组中的"属性表"钮,弹出属性表窗口→选择"数据"卡→单击"记录源"属性右侧的下拉箭头→在弹出的列表中选择"成绩总分查询"。如图 6–49 所示。

③ 选择"设计"卡→单击"工具"组中的"添加现有字段"钮→弹出"字段列表"框,显示相关字段列表。如图 6–50 所示。

图 6–49 属性表窗口

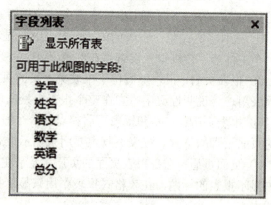

图 6–50 字段列表窗口

④ 在"字段列表"窗口中,把"学号"、"姓名"、"语文"、"数学"、"英语"和"总分"字段拖到主体节中,如图 6–51 所示。

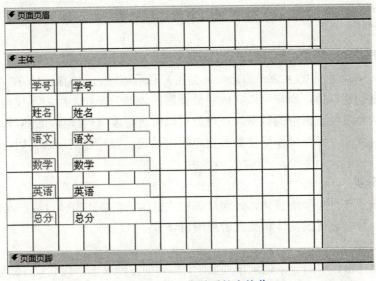

图 6–51 插入字段后的主体节

⑤ 在快速工具访问栏上,单击"保存"钮→弹出"另存为"框→输入报表名称"成绩信息报表"→单击"确定"钮→单击窗口左下角"报表视图"钮,报表的设计结果如图 6–41 所示。如果希望报表设计得美观一点,可以进一步修饰和美化。

6.6 能力拓展

本节介绍窗体的概念与窗体的分类,使用窗体向导为学生信息管理系统创建学生信息窗体,学生信息窗体效果图如图 6–52 所示。

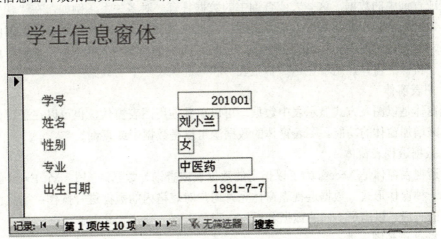

图 6–52 窗体设计效果图

完成图 6–52 效果图使用了 Access 2010 的以下主要功能:
➢ 使用窗体向导创建窗体
窗体是 Access 2010 数据库的重要对象之一。窗体以窗口的形式向用户展示数据,通过窗体用户可以方便地操作和管理数据库。这些操作主要包括输入数据、编辑数据、查询、排序、筛选和显示数据。Access 2010 利用窗体将整个数据库组织起来，从而构成完整的应用系统。

1. 窗体的概念

窗体是 Access 数据库的主要对象之一，是用户和数据库之间的接口，在 Access 2010 应用系统中，通过创建窗体，用户可以完成对数据库的大部分操作，用户不仅可以以多种数据组织方式查看数据表及查询中的数据，还可以对数据进行编辑、添加和删除等操作，从而设计出功能完善、界面友好、操作简便的数据库应用系统。窗体和宏一起使用，还可以控制程序流程。

2. 窗体的分类

Access 提供了 7 种类型的窗体，分别是纵栏式窗体、表格式窗体、数据表窗体、主/子窗体、图表窗体、数据透视表窗体和数据透视图窗体。

（1）纵栏式窗体

纵栏式窗体将窗体中的一条记录按列显示，每列的左侧显示字段名，右侧显示字段内容。

（2）表格式窗体

通常，一个窗体在同一时刻只显示一条记录。如果一条记录的内容比较少，单独占用一个窗体空间，就显得十分浪费。此时，可以建立一种表格式窗体，即在一个窗体中显示多条记录内容。

（3）数据表窗体

数据表窗体从外观上看与数据表和查询显示数据的界面相同。数据表窗体的主要功能是用来作为一个窗体的子窗体。

（4）主/子窗体

窗体中的窗体称为子窗体，包含子窗体的窗体称为主窗体。主窗体和子窗体通常用于显示多个表或查询中的数据，这些表或查询中的数据具有一对多关系。例如，在"学生信息管理系统"数据库中，每名学生可以选多门课程，这样"学生表"和"选课表"之间就存在一对多关系，"学生表"中的每一条记录都与"选课表"中的多条记录相对应。此时，可以创建一个带有子窗体的窗体，用于显示"学生表"和"选课表"中的数据。

（5）图表窗体

图表窗体是以图表方式显示表中数据。可以单独使用图表窗体，也可以在子窗体中使用图表窗体来增加窗体的功能。图表窗体的数据源可以是数据表或查询。

（6）数据透视表窗体

数据透视表窗体是 Access 为了以指定的数据表或查询为数据源产生一个 Excel 的分析表而建立的一种窗体形式。数据透视表窗体允许用户对表格内的数据进行操作；用户也可以改变透视表的布局，以满足不同的数据分析方式和要求。

（7）数据透视图窗体

数据透视图窗体是用于显示数据表和窗体中数据的图形分析窗体。数据透视图窗体允许通过拖动字段和项或通过显示和隐藏字段的下拉列表中项，查看不同级别的详细信息或指定布局。

3. 使用窗体向导创建窗体

采用自动创建窗体的方式可以方便快捷地创建窗体，但是在内容和外观上都受到很大的限制，不能满足用户较高的要求。使用窗体向导可以创建内容更为丰富的窗体。

例 6.16 使用窗体向导创建学生信息窗体。

操作步骤：

① 打开"学生信息管理系统"数据库→选中导航窗口的"学生表"→选择"创建"卡→单击"窗体"组中的"窗体向导"钮。

② 弹出"请确定窗体上使用哪些字段"框→单击全部选中钮 >> ，将"可用字段"窗口里的所有字段发送至"选定字段"窗中→单击"下一步"钮。

③ 弹出"请确定窗体使用的布局"框→选择"纵栏表"→单击"下一步"钮。

④ 弹出"请为窗体指定标题"框→输入窗体标题为"学生信息窗体"→单击"完成"钮。最终所创建的窗体如图 6-52 所示。

思考与练习

一、简答题

1. 在 Access 2010 数据库当中有几种基本对象，它们分别起什么作用？
2. 在 Access 2010 数据库当中报表与窗体的区别是什么？

二、操作题

1. 创建一个"图书出版数据库"。

（1）在数据库中创建如下结构的三张表（见表 6-5～表 6-7）。

表 6-5 "图书"表结构

字段名称	数据类型	字段大小	其他属性	说明
图书编号	文本	6	主键	主关键字
书名	文本	30		
作者编码	文本	4	索引（有无重复）	
责编编码	文本	4	索引（有无重复）	
出版日期	日期/时间	系统默认		
价格	货币	系统默认		
字数	数字	长整型		

表 6-6 "编辑"表结构

字段名称	数据类型	字段大小	其他属性	说明
责编编码	文本	4	索引（有无重复）	
编辑室	文本	3		
姓名	文本	6		
年龄	数字	整型		

续表

字段名称	数据类型	字段大小	其他属性	说明
性别	文本	2		
学历	文本	6		
职称	文本	6		

表 6-7 "编辑工作"表结构

字段名称	数据类型	字段大小	其他属性	说明
图书编号	文本	6	索引（有无重复）	主关键字
工作流程	文本	4		
开始时间	日期/时间	系统默认		
结束时间	日期/时间	系统默认		短日期
责编编码	备注	4	索引（有无重复）	

（2）建立"图书"与"编辑"两个表之间的一对一关系。
（3）建立"图书"与"编辑工作"两个表之间的一对多关系。
（4）根据表的结构向三个表中分别输入合适的数据。
（5）依据"编辑"表，创建一个选择查询，其中包括"姓名"、"性别"、"职称"和"年龄"字段。

第 7 章

PowerPoint 2010 演示文稿软件——案例：我的简历

教学目标

本章通过介绍"我的简历"的制作过程，使读者掌握 PowerPoint 2010 演示文稿软件的具体操作方法，包括演示文稿的创建、幻灯片的基本操作、主题的设置、幻灯片背景的设置、多媒体元素的应用、动画效果的设置、插入超链接及动作按钮、演示文稿的放映及打包等。

教学重点和难点

（1）幻灯片的基本操作。
（2）幻灯片背景的设置及主题的应用。
（3）多媒体元素的应用。
（4）动画效果的设置。
（5）插入超链接及动作按钮。
（6）演示文稿的放映、打包和打印。

引言

快毕业了，找工作可是头等重要的大事，怎样向用人单位"推销"自己呢？如果要应聘的单位在外地，怎样方便、快捷、全面地展示自己呢？

利用 PowerPoint 演示文稿制作软件，我们可以制作简历向别人介绍自己，将自己的个人信息、兴趣爱好、成绩以及获奖等情况配以文字、图片、表格、视频等多媒体元素很好地展示出来，由于演示文稿生动形象可以取得较好的效果。除此以外，利用 PowerPoint 应用软件还可以制作出广告宣传、个人相册、多媒体课件等演示文稿，应用于讲座、教学等不同场合。

7.1 概　　述

PowerPoint 是 Microsoft 公司推出的 Office 办公软件中的组件之一，能够让用户方便地制作出集文字、图形、表格、声音以及图像等多种媒体元素于一体的演示文稿，搭配各种色彩和动画效果，可设计出具有个性化、内容丰富的会议流程、产品宣传、教学课件、专题报告、工作总结和毕业答辩等演示文稿，且能通过电脑或投影仪等器材播放。

7.1.1 PowerPoint 2010 简介

【提要】

本节介绍 PowerPoint 2010 简介及相关概述。

PowerPoint 2010 是 Microsoft 公司推出的 Office 2010 办公套装软件中的重要一员,是一个可以方便用户快速创建、编辑和播放演示文稿的软件,它的运行基于 Windows 操作系统平台。和以往版本相比,PowerPoint 2010 将传统的菜单、工具栏布局方式转换成功能区,由各种选项卡组成,新增了屏幕截图功能,方便用户快速截取任意区域的屏幕图像并插入到演示文稿中。PowerPoint 2010 将 PowerPoint 2007 版本中的 Office 按钮变成了"文件"选项卡,更加符合用户的使用习惯,并且功能区更加强大,图片编辑功能更强,增加了新的 SmartArt 模板,这些新功能将在本章一一介绍。

PowerPoint 2010 的工作界面如图 7-1 所示,除包含与 Office 2010 其他组件相同的标题栏、功能区、状态栏和滚动条以外,PowerPoint 2010 工作窗口的基本组成元素还包括视图窗格、幻灯片编辑区、备注窗格和视图切换按钮等。对其中主要的组成部分介绍如下。

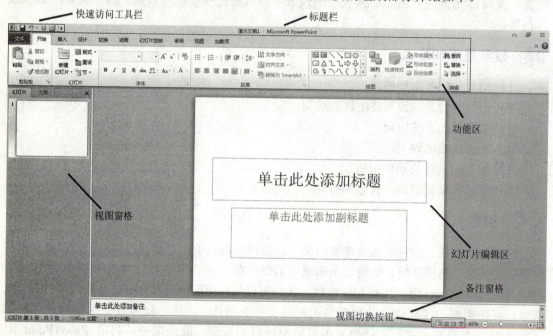

图 7-1 PowerPoint 2010 的工作界面

① 快速访问工具栏:位于标题栏左侧,包含一组常用命令按钮,单击按钮即可快速实现某个功能。单击 ▼ 可在展开的菜单中添加其他常用工具按钮。

② 功能区:位于标题栏下方,包含"开始"、"插入"和"设计"等选项卡,和 Office 2007 相比,Office 2010 重新使用了传统的"文件"菜单界面,单击"文件"即可展开"文件"菜单。其余选项卡均由多个选项组组成。例如,"开始"选项卡包含"剪贴板"、"幻灯片"、"字体"、"段落"、"绘图"和"编辑"六个组。有些选项组的右下角有"功能扩展"按钮,单击该按钮,可弹出对应的对话框和窗格。单击功能区右上角的"功能区最小化"按钮,可以将选项组隐藏,只显示选项卡名称,节省屏幕空间。此时,该按钮变成"展开功能区"按

钮♡，单击可展开选项组。

③ 幻灯片编辑区：位于 PowerPoint 2010 窗口中间的白色区域，演示文稿的核心部分，主要用于显示和编辑当前幻灯片。

④ 视图窗格：位于幻灯片编辑区左侧，包含"大纲"和"幻灯片"两个选项卡。

⑤ 备注窗格：位于幻灯片编辑区下方，可用于对幻灯片添加注释和说明，在演讲者播放演示文稿时作为参考。

⑥ 视图切换按钮：视图切换按钮位于状态栏的右侧，用于在演示文稿的普通视图、幻灯片浏览视图、阅读视图和幻灯片放映视图之间相互切换。

PowerPoint 2010 启动、退出的方法和 Word 2010 类似，简要介绍如下：

1. PowerPoint 2010 的启动

方法一：单击"🏁"→选择"所有程序"项→"Microsoft Office"项→"Microsoft PowerPoint 2010"项。

方法二：使用快捷方式。双击桌面上 PowerPoint 2010 应用程序的快捷方式图标。

方法三：打开已有文档。双击已保存过的演示文稿文档，可以启动 PowerPoint 2010，并且同时打开该文档。

2. PowerPoint 2010 的退出

方法一：单击 PowerPoint 2010 应用程序窗口右上角的"关闭"按钮❌。

方法二：单击标题栏左侧的控制菜单图标 P，在弹出的下拉菜单中选择"关闭"项。

方法三：单击"文件"卡，在出现的菜单中选择"退出"项。

7.1.2 案例：我的简历

【提要】

本节主要介绍"我的简历"样图。

本章将以"我的简历"的制作为总案例介绍 PowerPoint 2010 的主要功能，案例的效果图如图 7-2 所示。

图 7-2 "我的简历"样图

7.2 子案例一:"我的简历"的创建

子案例一效果图如图 7-3 所示。

图 7-3 子案例一效果图

完成图 7-3 所示效果图使用了 PowerPoint 2010 的以下主要功能:
- 演示文稿的创建、保存、打开与关闭
- 文本编辑
- 幻灯片的添加、移动、复制和删除
- 不同视图方式间的切换

7.2.1 演示文稿的创建、保存、打开与关闭

【提要】

本节介绍演示文稿的基本操作,主要包括:
- 演示文稿的创建与保存
- 演示文稿的打开与关闭

1. 创建演示文稿

使用 PowerPoint 2010 的第一步是创建一个演示文稿,分为创建空白演示文稿和根据模板创建演示文稿两种方法。

(1)创建空白演示文稿

启动 PowerPoint 2010 后,系统则自动创建一个名为"演示文稿1"的空白演示文稿。启动 PowerPoint 2010 或打开一个演示文稿以后,用户也可以根据需要重新创建一个空白演示文稿。方法如下:

① 单击"文件"卡→选择"新建"项,弹出"可用的模板和主题"任务窗格。

② 单击该任务窗格中的"空白演示文稿"项→单击"创建"钮,即可创建一个空白演示文稿,如图 7-4 所示。

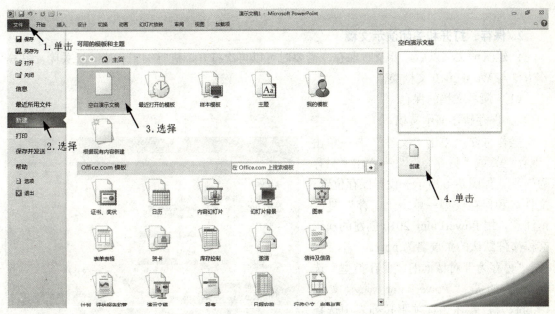

图 7-4 创建空白演示文稿

（2）根据模板创建演示文稿

为了提高创建演示文稿的效率，PowerPoint 2010 为用户提供了多种模板类型，这些模板包括幻灯片版式、配色方案、动画效果和幻灯片切换效果的不同组合，利用这些模板可以方便、快速地创建出各种专业的演示文稿。

使用模板创建演示文稿的具体操作步骤如下：

① 单击"文件"卡→选择"新建"项，弹出"可用的模板和主题"任务窗格。

② 在任务窗格中选择某种模板类型，如"样本模板"，如图 7-5 所示。

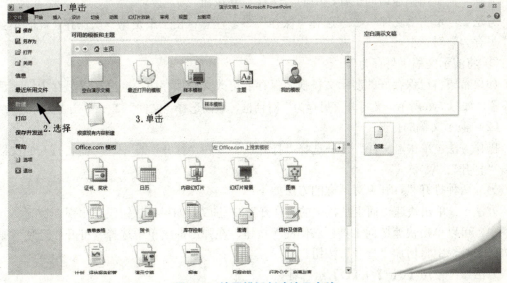

图 7-5 使用模板创建演示文稿

③ 在"样本模板"列表中选择需要的模板样式，如"PowerPoint 2010 简介"，单击"创

建"钮即可。

2. 保存、打开和关闭演示文稿

创建演示文稿以后，要及时保存，需要时可以再次打开，进行编辑和修改后关闭，其操作方法与 Word 2010 文档类似。

（1）演示文稿的保存

① 保存新建演示文稿。

操作方法：单击"文件"卡→单击"保存"项或"另存为"项→弹出"另存为"框，如图7-6所示→设置保存位置、文件名和保存类型→单击"保存"钮。请注意，用 PowerPoint 2010 创建的演示文稿文件默认的扩展名为.pptx。

"另存为"对话框的"保存类型"选项默认的是"PowerPoint 演示文稿(*.pptx)"，若在该选项下拉列表中选择"PowerPoint 97-2003 演示文稿"，可将 PowerPoint 2010 制作的演示文稿保存成 PowerPoint 97-2003 兼容格式，从而可以

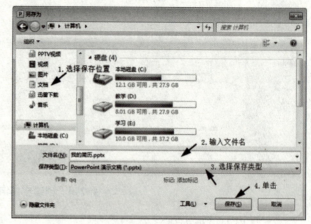

图 7-6 "另存为"对话框

通过早期版本的 PowerPoint 应用程序打开并编辑文档。演示文稿保存后，可返回编辑状态继续编辑，此时标题栏上会显示演示文稿的新名称。

② 保存已有演示文稿。

如果演示文稿已经保存过，用户仅对其中的内容进行了编辑和修改，则应将演示文稿的更改操作保存到原演示文稿中。其方法如下：

方法一：单击快速访问工具栏中的"保存"按钮。

方法二：单击"文件"卡→选择"保存"项。注意：由于不是第一次保存，此时不会弹出"另存为"对话框。

③ 将演示文稿"另存为"。

如果希望将已保存好的演示文稿换名保存或更改文档保存路径，需在"另存为"对话框中设置，如图7-6所示。要打开"另存为"对话框，只需选择"文件"卡→单击"另存为"项。

（2）演示文稿的打开

操作方法：单击"文件"卡→选择"打开"项→在"打开"框中选择需要打开的文稿→单击"打开"钮。

另外两种打开"打开"对话框的方法如下：

方法一：单击快速访问工具栏中的"打开"按钮。如果该按钮没有出现在快速访问工具栏中，可以单击快速访问工具栏右侧的按钮，在弹出的菜单中选择"打开"选项，则快速访问工具栏中将增加"打开"按钮。

方法二：使用【Ctrl】+【O】组合键。

（3）演示文稿的关闭

对演示文稿进行各种编辑操作并保存后，如果不再需要对演示文稿进行任何操作，应将

演示文稿关闭，以减少所占用的系统内存。关闭演示文稿的方法有以下几种：

方法一：单击演示文稿窗口右上角的"关闭"按钮 。

方法二：单击演示文稿窗口标题栏左侧的控制菜单 ，在弹出的菜单中选择"关闭"选项。

方法三：单击演示文稿窗口的"文件"卡→选择"关闭"项。注意：如果选择"退出"项，则在关闭当前文档的同时退出 PowerPoint 2010 应用程序，即关闭所有演示文稿。

例 7.1 创建演示文稿"我的简历"，并保存。

操作方法：启动 PowerPoint 2010→单击快速访问工具栏上"保存"钮或"文件"下拉菜单中"保存"项→打开"另存为"框→设置"保存位置"为"E:\MyDoc\My_Powerpoint"，文件名为"我的简历"→单击"确定"钮。

7.2.2 幻灯片的基本操作

【提要】

本节介绍幻灯片的基本操作，主要包括：
- 文本编辑的方法
- 幻灯片的添加与删除
- 幻灯片的移动与复制

演示文稿一般是由多张幻灯片组成的，对每一张幻灯片进行设计和编辑是最基本的操作。用户需要对输入到幻灯片中的文字和段落进行格式化，包括设置文字的字体、字号和行间距等。此外，用户还应熟悉幻灯片的选定、添加、删除、移动和复制等基本操作。

1. 编辑幻灯片文本

创建演示文稿后，接下来就应该编辑幻灯片，也就是在幻灯片中输入文本，可以说，文本的输入和编辑操作尤为重要。

（1）输入文本

幻灯片中显示的虚线框叫作占位符框，虚线框内的"单击此处添加标题"或"单击此处添加副标题"等提示文字为文本占位符。如图 7-7 所示，单击文本占位符，提示文字自动消失，此时即可在虚线框内输入文本。

如果文本占位符框的大小不能容纳输入的文本，可以调整其大小。将鼠标光标移到占位符框的边界线处，当鼠标光标变成四向箭头形状时左键单击，此时，占位符框的四周出现尺寸控制点，将鼠标停留在控制点上，当鼠标光标变成双向箭头时，按下鼠标拖动即可调整占位符框的大小。

图 7-7 文本占位符框

（2）编辑文本

输入文字以后，还应对文字与段落进行格式化，即设置字体、字号以及段落的对齐方式，其操作方法与 Word 文档的编辑方法类似，这里不再赘述。

如果需要在占位符框以外的地方输入文本，可以在幻灯片中先插入文本框，再在其中输入文本，并且可以利用鼠标拖动的方式随意调整文本框在幻灯片中的位置。

2. 幻灯片的基本操作

（1）选定幻灯片

在复制、移动、删除幻灯片之前首先要选定幻灯片，这里分为选定单张幻灯片、多张幻灯片和全部幻灯片三种情况。具体介绍如下：

① 选定单张幻灯片。

方法一：单击视图窗格的"幻灯片"选项卡，在下方列表中单击某张幻灯片的缩略图，即可选中该幻灯片，同时在幻灯片编辑区中可以对其进行编辑。

方法二：单击视图窗格的"大纲"选项卡，在下方列表中单击某张幻灯片的标题或序号，即可选中该幻灯片。

当需要选择当前幻灯片的上一张或下一张幻灯片时，可单击幻灯片编辑区右端的垂直滚动条下方的"上一张幻灯片"按钮 ≛ 或"下一张幻灯片"按钮 ≛。

② 选定多张幻灯片。

选定多张幻灯片包括选择连续的多张幻灯片和不连续的多张幻灯片两种情况。

● 选定连续的多张幻灯片：在视图窗格中，先选择第一张幻灯片，按住【Shift】键，单击选择最后一张幻灯片，则从第一张到最后一张幻灯片之间的所有幻灯片都被选中。

● 选定不连续的多张幻灯片：在视图窗格中，选择第一张幻灯片，按住【Ctrl】键，单击选择需要的幻灯片，则可选中多张不连续的幻灯片。

③ 选择全部幻灯片。

在视图窗格中，选中"幻灯片"或"大纲"选项卡，按下【Ctrl】+【A】组合键，即可选中当前演示文稿中的全部幻灯片。

（2）插入幻灯片

在新建演示文稿中默认只有一张空白的幻灯片，根据应用需要，可以添加幻灯片。其操作方法如下：

选择某张幻灯片→单击"开始"卡→选择"幻灯片"组→单击"新建幻灯片"钮→在弹出的列表框中选择幻灯片的版式和主题。如图 7-8 所示。

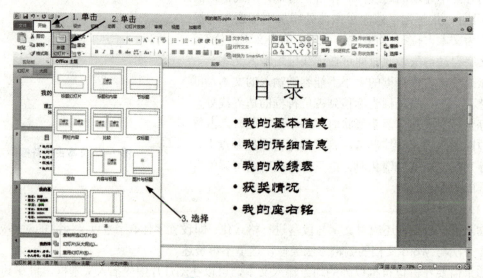

图 7-8　插入新幻灯片

如果需要在当前选中的某张幻灯片后插入一张和当前幻灯片版式相同的幻灯片，还可以采用以下方法。

方法一：选择某张幻灯片→单击"开始"卡→选择"幻灯片"组→单击"新建幻灯片"选项的图标。

方法二：选择某张幻灯片，按【Enter】键。

（3）删除幻灯片

在编辑演示文稿的过程中，如果某张幻灯片不再需要，可将其删除。其操作方法如下：

在视图窗格中切换到"幻灯片"选项卡，选中要删除的幻灯片，执行下列操作之一。

方法一：按【Delete】键。

方法二：单击右键，选择"删除幻灯片"项或"剪切"项。

方法三：切换到"开始"卡→选择"剪贴板"组→单击"剪切"钮。

注意：删除幻灯片的操作除了在普通视图中完成，也可以在幻灯片浏览视图方式下实现。

（4）复制幻灯片

操作方法：在普通视图或幻灯片浏览视图模式下，选择要复制的幻灯片→执行复制操作→定位到目标位置→执行粘贴操作。其中，"复制"和"粘贴"操作的实现方式有多种。

复制操作
① 单击鼠标右键，选择"复制"项。
② 单击"开始"卡→选择"剪贴板"组→单击"复制"钮。
③ 使用【Ctrl】+【C】组合键。

注意：方法②中，如果单击"复制"钮右侧的下拉按钮，可弹出下拉菜单，选择其中的"复制（I）"选项可复制和当前幻灯片完全一样的幻灯片，包括内容、版式、背景和主题等。选择"复制（C）"选项只复制当前幻灯片的内容。

粘贴操作
① 单击"开始"卡→选择"剪贴板"组→单击"粘贴"按钮图标。
② 单击鼠标右键，选择"粘贴选项"中的某选项。
③ 使用【Ctrl】+【V】组合键。

注意：在方法①中，如果单击"粘贴"按钮的文字部分，则会出现粘贴选项，选择"使用目标主题（H）"，则复制得到的幻灯片和选定幻灯片使用相同的主题。选择"保留源格式（K）"，可复制和选定幻灯片完全相同的幻灯片。选择"图片（U）"选项，则将选定幻灯片复制成图片插入到幻灯片中。

（5）移动幻灯片

在编辑幻灯片的过程中，如果需要调整幻灯片的排列顺序，可以使用移动操作，主要包括鼠标拖动和使用菜单两种方式，并且均可在普通视图或幻灯片浏览视图模式下进行。

方法一：选定幻灯片后，按住鼠标左键将其拖到需要的位置，松开左键，拖动时插入光标呈现为一段细长线段。

方法二：选择需要移动的幻灯片→执行"剪切"操作→定位→执行"粘贴"操作。

例 7.2 在"我的简历"演示文稿的第一张幻灯片中输入标题"我的简历"，并另外插入六张幻灯片，输入图 7-3 所示案例中的文字。

输入标题方法：单击第一张幻灯片的文本占位符框→输入"我的简历"。

插入幻灯片操作方法：选择第一张幻灯片→单击"开始"卡→选择"幻灯片"组→单击"新建幻灯片"钮→在弹出的列表框中选择幻灯片的版式和主题。

7.2.3 视图及其切换

【提要】

本节介绍演示文稿的不同视图模式,主要包括:
➢ 各种视图模式的特点
➢ 不同视图间的切换

PowerPoint 2010 的视图模式是指显示演示文稿的方式,分别应用于创建、编辑、放映或预览演示文稿等不同阶段,主要有普通视图、幻灯片浏览视图、幻灯片放映视图、备注页视图和阅读视图等不同的视图模式。为了方便操作,提高工作效率,根据演示文稿的操作目的,用户可以选择不同的视图模式。

1. 视图模式

(1) 普通视图

普通视图是 PowerPoint 2010 默认的视图模式,即打开一个演示文稿以后最常见到的模式。该视图模式由左侧的视图窗格、右侧的幻灯片编辑窗格和其下方的备注窗格三个区域组成,通过该模式用户可同时查看幻灯片、大纲和备注的内容,如图 7-9 所示,主要用于对幻灯片的设计、编辑、修改和浏览。

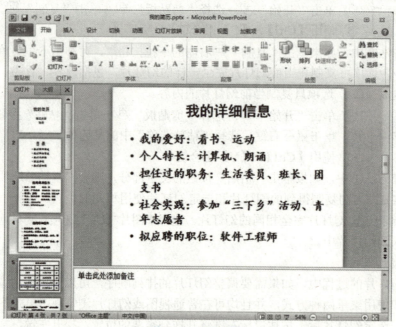

图 7-9 普通视图

普通视图的视图窗格中包含"大纲"和"幻灯片"两个选项卡,可用于大纲视图和幻灯片视图间的切换。在大纲视图下,左窗口显示演示文稿的标题和正文,左侧显示幻灯片编号,单击编号或文稿标题,则在右窗口中显示当前幻灯片的实际效果。幻灯片视图可以方便用户观察幻灯片的整体效果。

拖动窗格的边框可以调整窗格的大小。当左侧的视图窗格变窄时, 幻灯片 和 大纲 选项卡将变为显示图标。如果需要关闭视图窗格,仅在幻灯片编辑窗格中观看当前幻灯片,则可以单击视图窗格右上角的"关闭"按钮✖。

（2）幻灯片浏览视图

幻灯片浏览视图显示演示文稿中所有幻灯片的缩略图，方便用户添加、删除或移动幻灯片，但不能编辑幻灯片中的内容，如图 7-10 所示。在此视图模式下，用户可以通过拖动幻灯片的方式调整幻灯片的排列顺序，并且设置幻灯片的播放时间等。单击幻灯片左下方的 ⭐ 图标，可观看该幻灯片的播放效果。双击幻灯片缩略图，可以切换至该幻灯片的普通视图模式。同一屏幕显示幻灯片的数量取决于幻灯片的显示比例。显示比例的调整可通过拖动位于状态栏右侧的显示比例按钮 ⊖————⊕ 上的滑块实现。

图 7-10 幻灯片浏览视图

（3）幻灯片放映视图

幻灯片放映视图可以全屏方式播放幻灯片，适用于查看幻灯片的动画效果和幻灯片切换效果等，如图 7-11 所示。单击功能区的"幻灯片放映"选项卡，在"开始放映幻灯片"选项组中单击"从头开始"选项，可以从演示文稿的第一张幻灯片开始播放；单击"从当前幻灯片开始"选项则从正在编辑的幻灯片开始播放。单击鼠标左键、按【Enter】键或【↓】键、在右击鼠标出现的快捷菜单中选择"下一张"选项均可播放下一张幻灯片。按【Esc】键或在右击鼠标出现的快捷菜单中选择"结束放映"选项，可以停止播放，恢复到原视图模式。

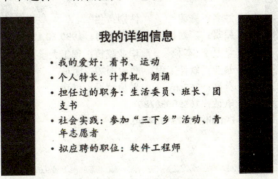

图 7-11 幻灯片放映视图

(4) 备注页视图

备注页视图可以方便用户为幻灯片创建备注。该视图以上下结构显示幻灯片和备注页面，方便用户添加和编辑备注内容，在播放幻灯片时，用户可以查看到备注内容，便于讲解。创建备注有两种方法，用户可以在"普通"视图中的"备注区"中创建，也可在"备注页"视图中创建。备注页视图如图 7-12 所示。

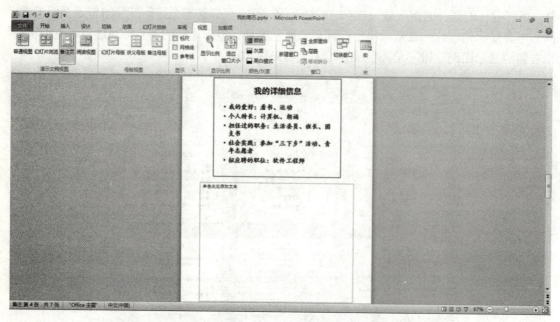

图 7-12　备注页视图

(5) 阅读视图

阅读视图是 PowerPoint 2010 新增的一种视图模式，它以窗口的形式查看演示文稿的放映效果，在播放过程中，可以查看演示文稿的动画效果和幻灯片切换效果。单击窗口右下方的 和 按钮，可以在播放过程中切换到上一张或下一张幻灯片。单击 弹出一个菜单，选择其中的"编辑幻灯片"选项，可以返回演示文稿的普通视图对幻灯片进行编辑；选择"全屏显示"选项可以全屏播放幻灯片。阅读视图如图 7-13 所示。

图 7-13　阅读视图

2. 不同视图模式间的切换

在不同视图模式间切换主要有两种方法：

方法一：在普通视图、幻灯片浏览视图或备注页视图模式中单击功能区的"视图"卡，在"演示文稿视图"组中选择相应的视图模式。如图 7-14 所示。

方法二：在除幻灯片放映视图以外的其他视图模式下，单击状态栏右侧的视图切换按钮。

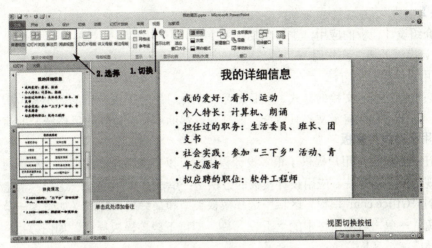

图 7-14　不同视图模式间的切换

例 7.3　查看"我的简历"演示文稿的不同视图模式。

操作方法：

方法一：切换到"视图"卡→在"演示文稿视图"组中选择相应的视图模式。

方法二：单击状态栏右侧的视图切换按钮。

7.3　子案例二："我的简历"的美化

子案例二的效果图如图 7-15 所示。

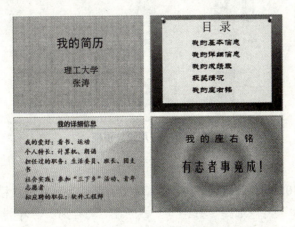

图 7-15　子案例二效果图

完成图 7-15 所示效果图使用了 PowerPoint 2010 的以下主要功能：
➢ 设计模板的应用
➢ 幻灯片背景的设置
➢ 主题的应用

7.3.1 应用设计模板

【提要】

本节介绍设计模板的应用，主要包括：
➢ 设计模板的概念和作用
➢ 应用设计模板的方法

设计模板包括演示文稿的样式、项目符号和字体、字号、占位符的大小和位置、背景设置等信息，其作用是使演示文稿具有统一的外观，帮助用户快速创建风格统一的演示文稿。

1. 应用已有设计模板

PowerPoint 2010 为用户提供了很多设计模板，可以节省用户创建演示文稿的时间，快速创建出外观统一的幻灯片。应用设计模板的方法是：单击"文件"卡→选择"新建"项→在中间窗格的"Office.com 模板"区域中选择模板类型和最终模板样式（如贺卡→节日→中秋贺卡→玉兔）→单击右侧窗格中的"下载"钮，即可下载该模板样式，如图 7-16 所示，并创建一个新的演示文稿。

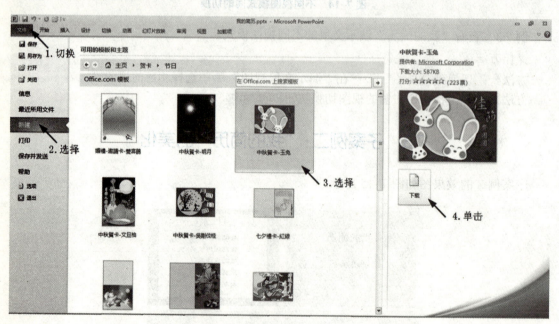

图 7-16 应用设计模板

2. 创建新模板

在 PowerPoint 2010 中，可以将创建好的演示文稿保存为新的设计模板，方便以后使用。操作方法：单击"文件"卡→选择"另存为"项→在"另存为"框中设置模板名称和保存位置，并选择"保存类型"为"PowerPoint 模板（*.potx）"，如图 7-17 所示。

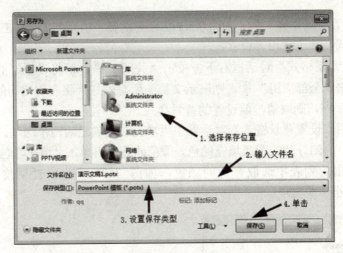

图 7-17　保存模板

7.3.2　设置幻灯片背景

【提要】

本节介绍幻灯片背景的设置方法，主要包括：
- 设置幻灯片背景的作用
- 设置幻灯片背景的方法

要想演示文稿更加美观，可以为幻灯片设置背景，并且不同的幻灯片可以设置不同的背景。背景可以是纯色填充，也可以是渐变填充，或是填充纹理、图片或图案等。背景设置是否美观，直接关系到演示文稿的整体效果。

设置幻灯片背景的方法有以下几种：

① 选择需要设置背景的幻灯片→切换到"设计"卡→单击"背景"组→"背景样式"钮，如图 7-18 所示。在弹出的列表中列出了一些背景样式，这些背景样式是根据用户近期使用过的颜色和原背景色自动生成的，单击选择某样式，可将其直接应用于演示文稿的每张幻灯片。如果对这些背景样式不满意，可以单击"设置背景格式"选项，继续步骤②。

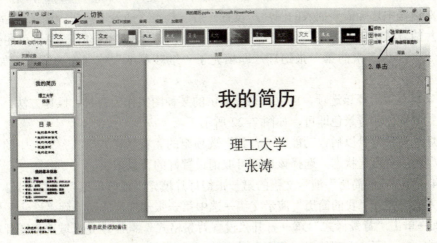

图 7-18　设置幻灯片背景

② 弹出"设置背景格式"框，如图 7-19 所示，选择"填充"卡，在右侧窗格的"填充"区域选择填充方式，并进行相关设置。

③ 在"设置背景格式"对话框右下方单击"关闭"钮，可将设置好的背景应用于当前幻灯片，如果单击"全部应用"钮，则演示文稿的所有幻灯片将应用相同的背景样式。如果单击"重置背景"钮，则取消当前设置的背景样式。

下面一一介绍"设置背景格式"对话框中"填充"选项组的四个选项。

● 纯色填充。为幻灯片的背景填充纯色。颜色的选取可单击"填充颜色"区域的"颜色"按钮，在弹出的列表中选取合适的颜色，如图 7-20 所示。透明度的设置可以拖动小滑块实现。

图 7-19 "设置背景格式"对话框

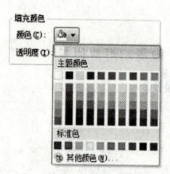

图 7-20 选择填充颜色

● 渐变填充。选择该选项，需要进行以下设置：预设颜色、类型、方向和渐变光圈等。子案例二中的"我的座右铭"幻灯片的背景设置就采用了渐变填充方式，其中，预设颜色选择"金色年华"，类型选择"射线"，方向选择"中心辐射"。另外，还可以根据个人喜好设置渐变光圈、亮度和透明度等选项。

● 图片或纹理填充。可以将系统提供的纹理或用户保存的精美图片、剪贴画等设置成幻灯片背景。如果要填充图片，则在"插入自"区域单击"文件"按钮，在出现的"插入图片"对话框中选择需要插入的图片，设置好后，单击"插入"按钮。插入剪贴画的方法和插入图片的方法类似。如果要填充纹理，则单击纹理右侧的黑三角，可在弹出的列表中选择。子案例二中的第一张幻灯片即填充了"纸莎草纸"纹理作为背景。如图 7-21 所示。

● 图案填充。选择该选项，可以将系统提供的某种图案作为背景。操作方法：选择某种图案，设置前景色和背景色即可，如图 7-22 所示。

为幻灯片设置背景以后，功能区"背景"选项组的"背景样式"下拉列表中的"重设幻灯片背景"选项呈可选状态，选择该选项可取消设置好的背景效果。

例 7.4 为"我的简历"演示文稿的第一张幻灯片填充"纸莎草纸"纹理背景。

操作方法：打开"我的简历"演示文稿→选中第一张幻灯片→切换到"设计"卡→选择"背景"组→单击"背景样式"钮→打开"设置背景格式"框→填充区域选择图片或纹理填充项→单击纹理右侧的黑三角，在弹出的列表中选择"纸莎草纸"项→单击"设置背

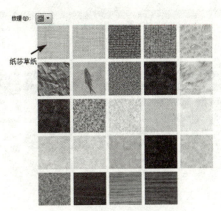
图 7-21 设置"纸莎草纸"纹理

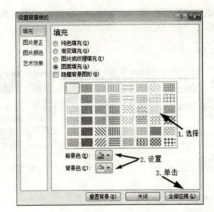
图 7-22 图案填充

景格式"框的"关闭"钮。

7.3.3 应用主题

【提要】

本节介绍幻灯片的主题,主要包括:
➢ 主题的概念和作用
➢ 应用主题的方法

PowerPoint 2010 为用户提供了许多主题样式,可以让用户轻松、快速地对演示文稿中的所有幻灯片设置统一风格的外观效果。演示文稿的主题是一组格式选项,集合了颜色、字体和幻灯片背景等格式,通过应用主题,可以帮助用户创建更加美观和专业的演示文稿。

1. 应用系统提供主题

应用系统提供主题的操作方法:

① 打开演示文稿,选择需要应用主题的幻灯片。

② 切换到"设计"卡→选择"主题"组→单击上三角按钮▲或下三角按钮▼并在屏幕上滚动以显示不同的选项→在所选主题上单击鼠标右键→单击"应用于选定幻灯片"项,如图 7-23 所示。或者在"主题"组中单击下拉按钮▼,在弹出的下拉列表中选择,如图 7-24 所示。

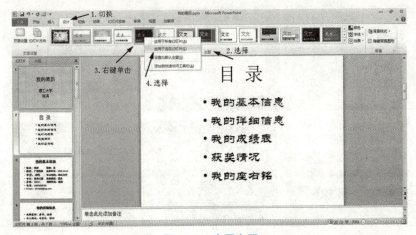
图 7-23 应用主题

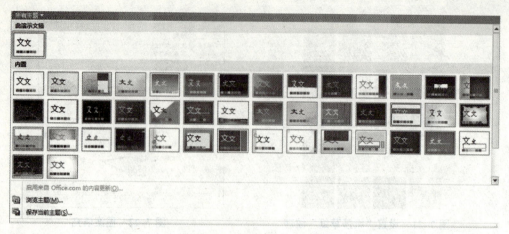

图 7-24 "所有主题"列表框

注意:用鼠标左键单击某个主题选项,可以将该主题快速应用到演示文稿的所有幻灯片上。

子案例二中"目录"幻灯片采用的是"图钉"主题,"我的详细信息"幻灯片采用了"跋涉"主题,"我的座右铭"幻灯片应用了"奥斯汀"主题,如图 7-15 所示。

2. 自定义主题

如果用户对系统提供的主题样式不满意,则可以根据需要自定义主题,其方法是在"主题"选项组中,分别单击"颜色"、"字体"和"效果"按钮,在弹出的列表框中选择相应选项进行设置。

例 7.5 为"我的简历"演示文稿的"目录"(第二张)幻灯片应用"图钉"主题。

操作方法:打开演示文稿,选择第二张幻灯片→切换到"设计"卡→选择"主题"组→在"图钉"主题选项上单击鼠标右键→选择"应用于选定幻灯片"项。

7.4 子案例三:"我的简历"的高级设置

子案例三的效果图如图 7-25 所示。

图 7-25 子案例三效果图

完成图 7-25 所示效果图使用了 PowerPoint 2010 的以下主要功能：
➢ 多媒体元素的插入
➢ 动画效果的设置
➢ 插入超链接及动作按钮

7.4.1 插入多媒体元素

【提要】
本节介绍多媒体元素的应用，主要包括：
➢ 插入图形、图像
➢ 插入表格及图表
➢ 插入媒体剪辑

幻灯片中如果只有文字，会显得单调且不够生动，为了丰富幻灯片的内容，用户可以在幻灯片中插入图形、图像、媒体剪辑等多媒体素材，以创建出更加生动形象、更具吸引力的演示文稿。

1. 插入图形、图像

图形和图像可以包含比文字更多的信息量，并且比枯燥的文字更能吸引用户的注意。因此，在幻灯片中插入适量的图形、图像，可以使演示文稿更加赏心悦目。

（1）插入图片

① 打开演示文稿，选择需要插入图片的幻灯片。

② 切换到"插入"卡→选择"图像"组→单击"图片"钮。如图 7-26 所示。

③ 在弹出的"插入图片"框中选择需要插入的图片→单击"插入"钮，则图片被插入到当前幻灯片中。

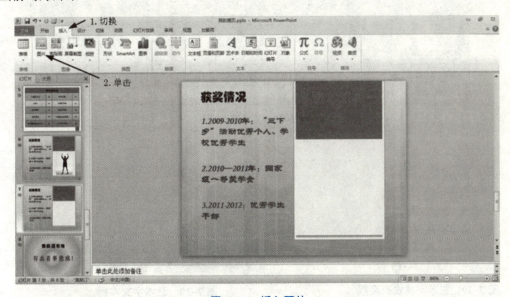

图 7-26 插入图片

（2）插入剪贴画

在幻灯片中插入剪贴画的操作方法如下：

① 打开演示文稿,选择需要插入剪贴画的幻灯片。

② 切换到"插入"卡→选择"图像"组→单击"剪贴画"钮。

③ 在"剪贴画"窗格的"搜索文字"框中输入剪贴画类型→单击"搜索"钮,在搜索结果列表中选择需要插入的剪贴画即可。如图 7-27 所示。

(3) 插入艺术字

在幻灯片中插入艺术字的操作方法如下:

① 打开演示文稿,选择幻灯片。

② 切换到"插入"卡→选择"文本"组→单击"艺术字"钮,如图 7-28 所示,在弹出的列表中选择需要的艺术字样式,如图 7-29 所示。注意:子案例三中封面(第一张)幻灯片的标题文字"我的简历"应用了"渐变填充—蓝色,强调文字颜色 1"样式。

③ 选择艺术字的样式后,幻灯片中将出现一个艺术字文本框,里面显示"请在此放置您的文字",如图 7-30 所示,将其删除后可在文本框中输入需要的文字。

图 7-27 "剪贴画"任务窗格

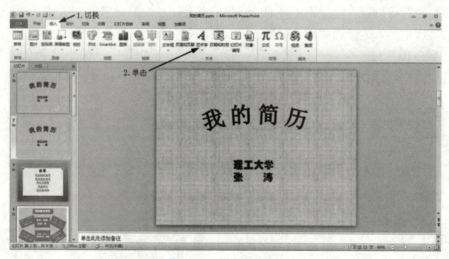

图 7-28 插入艺术字

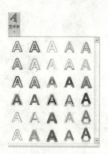

图 7-29 艺术字样式列表框

图 7-30 艺术字文本框

选中插入的艺术字以后,功能区会增加"绘图工具/格式"选项卡,单击该选项卡后可通过"艺术字样式"选项组的"文本填充"、"文本轮廓"、"文木效果"等选项对艺术字

的颜色、效果等进行修改。要实现子案例三中封面幻灯片标题文字的艺术字效果，各设置如图 7–31～图 7–33 所示。

 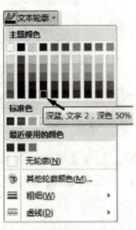 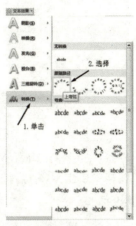

图 7–31　设置"文本填充"　　图 7–32　设置"文本轮廓"　　图 7–33　设置"文本效果"

（4）插入 SmartArt 图形

SmartArt 是 Office 2007 新增的功能组件，利用它可以设计出精美的图形，帮助用户轻松地制作出组织结构、业务流程等图示，避免了 Office 早期版本只能插入形式单一的图形的弊端。和 Office 2007 相比，Office 2010 又增加了许多 SmartArt 图形版式，方便用户快速制作出各种专业的图形，如业务流程图、组织机构图、工资或成绩表格等，清晰地显示出内容之间的层次、包含等关系。

子案例三中"我的基本信息"和"我的成绩表"两张幻灯片均插入了 SmartArt 图形，以"我的基本信息"幻灯片中 SmartArt 图形的创建为例，介绍其操作方法如下。

① 打开"我的简历"演示文稿，选择"我的基本信息"幻灯片。

② 切换到"插入"卡→选择"插图"组→单击"SmartArt"钮→打开"选择 SmartArt 图形"框，在左侧选择 SmartArt 图形类型，中间窗格中选择 SmartArt 图形样式→单击"确定"钮。若要创建"我的基本信息"幻灯片中的 SmartArt 图形，应选择"列表"类型中的"基本列表"样式，如图 7–34 所示。得到如图 7–35 所示效果，此时，可以在"文本"窗格中添加

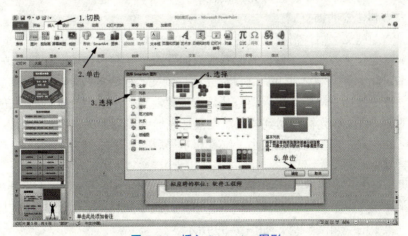

图 7–34　插入 SmartArt 图形

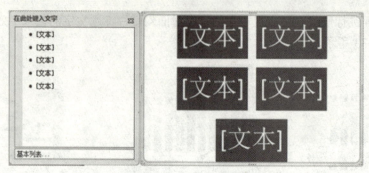

图 7-35 "基本列表"样式效果

相应内容,也可以单击文本框直接输入。如果需要删除或增加 SmartArt 图形个数,可以在"文本"窗格中单击 【文本】 后按【Delete】键或【Enter】键。添加完内容以后的 SmartArt 图形如图 7-36 所示。

图 7-36 添加文字效果

③ 插入 SmartArt 图形以后,功能区会增加"SmartArt 工具/设计/格式"选项卡 ,通过这两个选项卡,可以进一步设置 SmartArt 图形的布局、样式等。例如,要做出"我的基本信息"幻灯片中的效果,还应进行如下设置。

● 图形大小和位置的调整

在图形中添加完文字后,需要调整各文本框的大小和位置时,可以单击文本框,将鼠标光标移向文本框的尺寸控点,当鼠标光标变成双向箭头形状时,拖动鼠标即可改变图形的大小,如图 7-37 所示。选中文本框后,将鼠标光标移到文本框边框线处,当鼠标光标变成四向箭头形状时,按住鼠标左键拖动可以调整其显示位置。另外,选中文本框后,在其顶端会出现一个绿色的 ,将鼠标光标移动到该处,当鼠标光标变成弯曲的箭头形状时,拖动鼠标可以改变文本框的布局。调整文本框大小、位置和布局后的效果如图 7-38 所示。

● 形状样式的设置

形状效果的设置:选中 SmartArt 图形→单击功能区的"SmartArt 工具/设计/格式"卡→选择"形状样式"组→单击 形状效果 钮→在下拉列表中选择"棱台"项→在其级联菜单中选择"棱台"组中的"角度"项。如图 7-39 所示。

图 7-37 改变文本框大小

图 7-38 设置后的效果

形状填充的设置：单击 形状填充，依次选择"纹理"项→"画布"项。如图 7-40 所示。

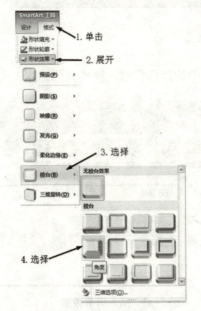
图 7-39 设置形状效果

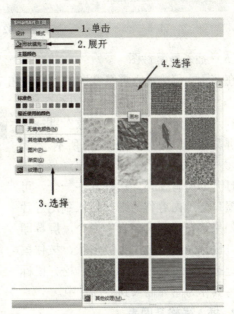
图 7-40 设置形状填充

此外，根据需要还可设置"形状轮廓"。最终设置效果如图 7-41 所示。需要说明的是，选中图形后，单击功能区的"SmartArt 工具/设计/格式"选项卡，利用"创建图形"组的 添加形状 按钮，也可以在 SmartArt 中添加图形，其操作步骤如图 7-42 所示。单击 文本窗格 按钮可以显示或隐藏文本窗格。通过"布局"和"SmartArt 样式"组，可以更改图形的布局，快速设置图形样式。

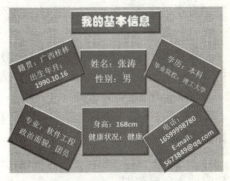
图 7-41 最终效果

图 7-42 添加形状

（5）插入屏幕截图

在演示文稿中插入屏幕截图的方法和在 Word 文档中的操作类似，简要介绍如下：

① 选择需要插入屏幕截图的幻灯片，切换到"插入"卡→选择"图像"组→单击"屏幕截图"钮。如图 7-43 所示。

② "可用视窗"列表框中已经显示了当前打开的所有窗口，选择其中一个，可将该窗口显示内容作为图片插入到幻灯片中。如果选择"屏幕剪辑"命令，屏幕即冻结，鼠标光标变成"十"形状，按住鼠标左键拖动即可形成矩形区域，松开鼠标则可将其作为图片插入到幻灯片中。

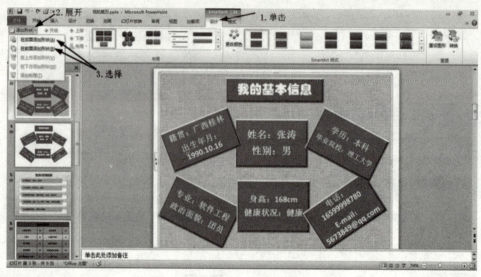

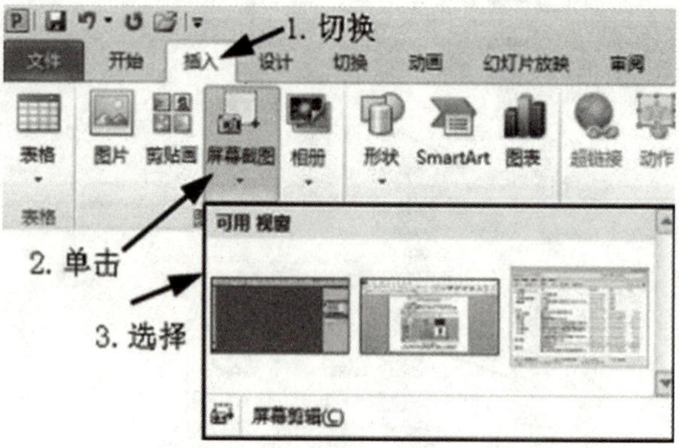

图 7-43 插入屏幕截图

2. 插入表格及图表

当幻灯片中有较多的数据需要显示时，将数据组织成表格或图表的形式可以使数据显示更加直观、清晰，从而取得更好的演示效果。

（1）插入表格

操作方法：选择需要插入表格的幻灯片，切换到"插入"卡→选择"表格"组→单击"表格"钮→在弹出的下拉列表中选择插入表格的方式。如图 7-44 所示。

相关操作如下：

① 选择"插入表格"项→弹出"插入表格"框→设置表格行、列数→单击"确定"钮，如图 7-45 所示。

② 选择"绘制表格"项，鼠标光标变成铅笔形状，此时可以绘制表格，方法同 Word 文档中插入表格类似。

③ 选择"Excel 电子表格"选项，可以在幻灯片中插入一个 Excel 电子表格。

设定表格尺寸时，除了在"插入表格"对话框中设置外，也可以在"插入表格"区域直接拖动鼠标设置。如图 7-46 所示。

  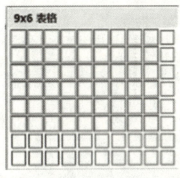

图 7-44 插入表格　　　图 7-45 "插入表格"对话框　　　图 7-46 拖动鼠标设置表格尺寸

选中表格以后，功能区会出现"表格工具/设计"和"表格工具/布局"两个选项卡，帮助用户进一步设置表格的样式，完成在表格中增加和删除行、列、设置单元格大小及单元格的合并和拆分等操作。下面以制作子案例三中"我的成绩表"幻灯片中的表格为例，加以说明。

① 表格样式的设置：选中需要设置的表格，单击"表格工具/设计"卡→选择"表格样式"组→单击 ▼ 按钮→在列表中选择"主题样式 1—强调 4"样式。如图 7-47 所示。

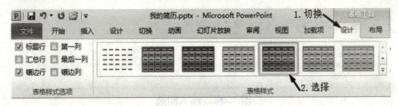

图 7-47 设置表格样式

② 合并单元格：选中表格，切换到"表格工具/布局"卡→选中表格中需要合并的单元格区域→选择"合并"组→单击"合并单元格"钮。如图 7-48 所示。

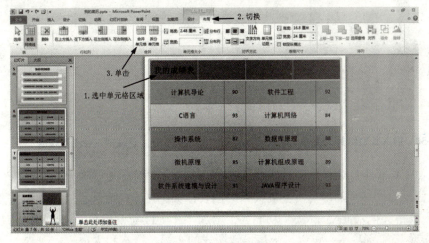

图 7-48 合并单元格

③ 对齐方式的设置：切换到"表格工具/布局"卡→选择"对齐方式"组→单击居中按钮 和垂直居中按钮，可以设置文本在单元格内水平和垂直方向的对齐方式。

"我的成绩表"表格的最终设置效果如图 7-25 所示（子案例三效果图）。

（2）插入图表

操作步骤：

① 选择幻灯片→切换到"插入"卡→选择"插图"组→单击"图表"钮→弹出"插入图表"框→选择图表类型→单击"确定"钮，如图 7-49 所示。此时，所选样式的图表将被插入到当前幻灯片，并且系统会自动打开与图表数据相关联的工作簿，并提供默认的数据，如图 7-50 和图 7-51 所示。

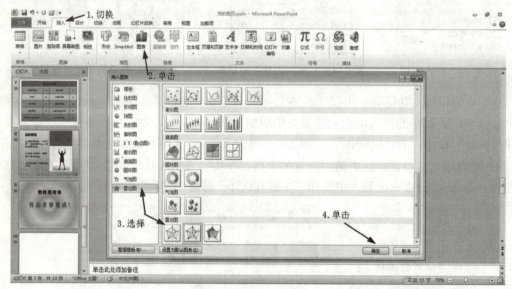

图 7-49 插入图表

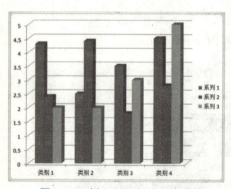

图 7-50 插入到幻灯片的图表

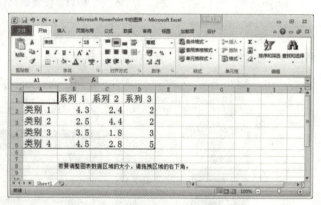

图 7-51 默认的 Excel 工作簿

② 删掉工作表中原有数据，输入新的数据，关闭工作簿，如图 7-52 所示。

③ 返回当前幻灯片，即可看到新插入的图表，如图 7-53 所示。

和插入表格类似，插入图表后，功能区会增加"图表工具/设计"、"图表工具/布局"和"图表工具/格式"三个选项卡，可以进一步设计图表的布局、样式和大小等。

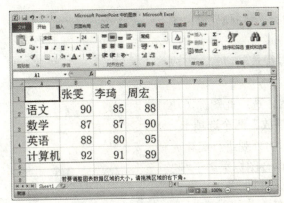
图 7–52 修改数据后的工作簿

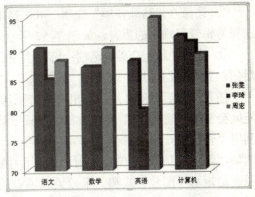
图 7–53 图表的最终效果

3. 插入媒体剪辑

（1）插入声音

在幻灯片中插入声音的操作方法如下：

切换到"插入"卡→选择"媒体"组→单击"音频"钮→在下拉菜单中选择插入声音文件的类型。如图 7–54 所示。

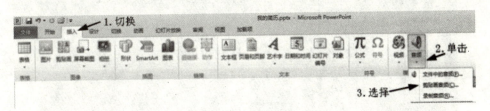
图 7–54 插入音频

相关操作如下：

① 选择"文件中的音频"选项：弹出"插入音频"框→选择需要插入的音频文件→单击"插入"钮，如图 7–55 所示。插入的音频文件图标如图 7–56 所示。

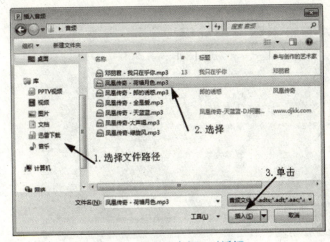
图 7–55 "插入音频"对话框

图 7–56 插入的音频文件图标

②选择"剪贴画音频"选项：可在弹出的"剪贴画"窗口中选择剪辑管理器中的声音，如图7-57所示。

③选择"录制音频"选项：可以由用户自行录制声音，完成后插入到当前幻灯片中。

插入声音后，幻灯片中会出现声音图标，选中此图标，功能区会显示"音频工具/格式"和"音频工具/播放"两个选项卡，利用"音频工具/格式"选项卡可以对声音图标的外观进行美化。例如，"我的简历"演示文稿的封面幻灯片中的声音图标采用了"映像圆角矩形"图片样式和艺术效果选项中的"塑封"效果，分别如图7-58和图7-59所示。利用"音频工具/播放"选项卡可以预览和编辑声音，以及调整声音的放映音量和播放方式等。选中声音图标后，其下方会出现一个播放控制条，用于调整播放进度及播放音量等，如图7-60所示。

图7-57 "剪贴画"任务窗格

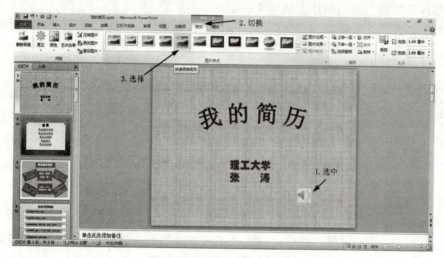

图7-58 设置声音图标样式

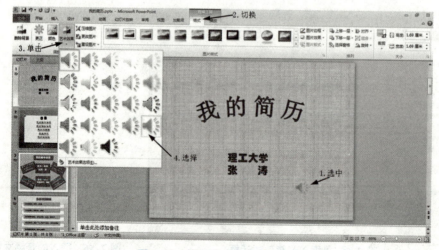

图7-59 设置声音图标艺术效果

需要注意的是，插入声音文件后，在播放幻灯片时，默认情况下，需要单击声音图标才能开始播放。

（2）插入视频

在幻灯片中插入视频的方法和插入音频类似，简要介绍如下。

切换到"插入"卡→选择"媒体"组→单击"视频"钮，在下拉菜单中选择插入视频文件的类型，如图7-61所示。

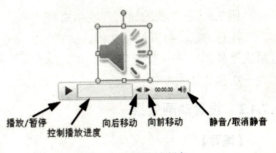

图7-60 播放控制条

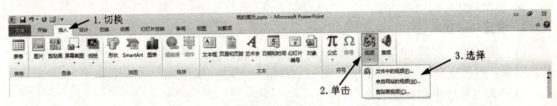

图7-61 插入视频

相关操作如下：

① 选择"文件中的视频"选项：弹出"插入视频文件"对话框，选择需要插入的视频文件，单击"插入"按钮，如图7-62所示。

② 选择"来自网站的视频"选项：可插入来自网站的视频。

③ 选择"剪辑画视频"选项：可插入剪辑管理器中的视频。

插入视频后，幻灯片中会出现以插入的视频片头图像显示的视频图标。在功能区中会增加"视频工具/格式"和"视频工具/播放"两个选项卡，可以对图标的外观进行设置，以及调整视频的播放音量和方式等。

4. 通过占位符插入对象

如果幻灯片采用的是"标题和内容"、"两栏内容"等版式，可以利用占位符在幻灯片中插入图片、表格和媒体剪辑等对象。如图7-63所示，在占位符框中单击相应对象的占位符图标，即可在当前幻灯片中插入相应的对象。

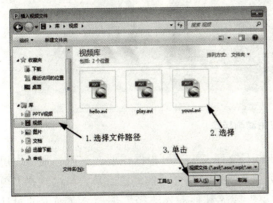

图7-62 "插入视频文件"对话框

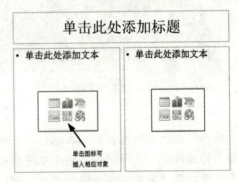

图7-63 利用占位符插入对象

例 7.6 在"我的简历"演示文稿的第一张幻灯片中插入音频文件。

操作方法:打开演示文稿,选择第一张幻灯片→切换到"插入"卡→选择"媒体"组→单击"音频"钮→选择"文件中的音频"项→弹出"插入音频"框→选择需要插入的音频文件→单击"插入"钮。

7.4.2 设置动画效果

【提要】

本节介绍设置幻灯片动画效果的方法,主要包括:
➢ 设置幻灯片的动画效果
➢ 设置幻灯片的切换效果

1. 设置动画效果

为了使幻灯片更加生动,更具观赏性,可以对幻灯片中的标题、文本和图片等对象设置动画效果,以便在播放幻灯片时这些对象能以动态的方式出现。

(1) 为对象应用动画样式

"动画"是指预先定义的幻灯片播放时对象出现的格式,通过 PowerPoint 2010 功能区的"动画"选项卡,用户可以方便地对幻灯片中的对象添加各种动画效果,主要包括进入、强调、退出和动作路径 4 种。

为对象添加动画效果的操作方法如下:

① 打开幻灯片,选中需要添加动画效果的对象,可以是文本、图片和表格等。

② 切换到"动画"卡→在"动画"组中选择某种动画样式,如图 7-64 所示。

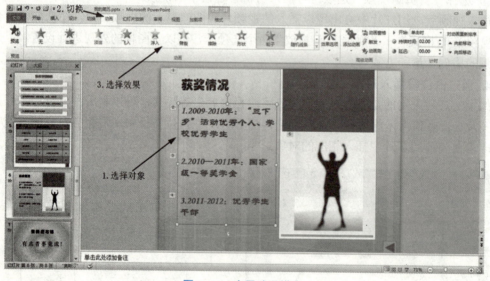

图 7-64 应用动画样式

单击动画选项组列表框的▼按钮,在弹出的下拉列表中,可根据需要在进入、强调、退出和动作路径组中选择动画效果,如图 7-65 所示。如果没有合适的动画选项,可以选择"更多进入效果"、"更多强调效果"、"更多退出效果"或"其他动作路径"选项,在弹出的对话框中进行相应的选择。"更多进入效果"对话框如图 7-66 所示。

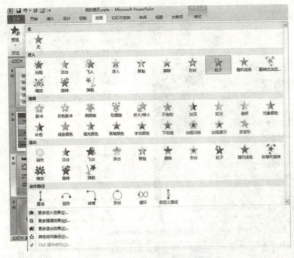 

图 7-65 动画效果列表框　　　　　图 7-66 "更多进入效果"对话框

当为某个对象添加动画效果后,在视图窗格中,该对象所在的幻灯片编号下面会出现一个  图形。为了使幻灯片播放时动画效果更丰富自然,可以对幻灯片中的对象按照顺序都添加不同效果的动画,每个添加了动画效果的对象都会有一个编号,即播放顺序,如图 7-67 所示。

图 7-67 动画样式设置效果

（2）高级动画效果的设置

除了可以直接给对象应用动画样式外,用户也可以根据需要对某对象添加动画效果,即进行高级动画效果的设置,操作方法如下。

① 选择需要添加动画效果的某个对象,切换到"动画"卡→选择"高级动画"组→单击"添加动画"钮→在弹出的下拉列表中选择动画效果,如图 7-68 所示。同应用动画样式一样,如果没有合适的动画效果,还可以选择"更多进入效果"、"更多强调效果"、"更多退出效果"或"其他动作路径"选项,在弹出的对话框中选择。

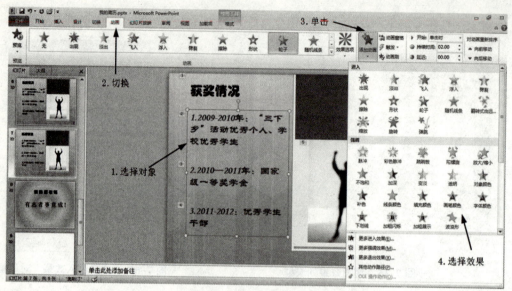

图 7-68 高级动画设置

② 设置好动画效果后，在"计时"组中还可以设置动画播放的开始时间、持续时间和延迟等选项，也可以对动画重新排序，如图 7-69 所示。

2. 设置动画参数

每个设置好的动画效果都有自己的参数，如开始播放的时间及速度等。本章总案例中封面（第一张）幻灯片的标题文本设置了"飞入"动画效果，下面以此为例，讲解动画参数的设置方法。

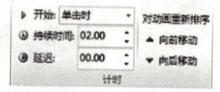

图 7-69 "计时"选项组

① 选择"我的简历"演示文稿中的封面幻灯片。

② 切换到"动画"卡→选择"高级动画"组→单击"动画窗格"钮，打开动画窗格对话框，如图 7-70 所示。

图 7-70 打开动画窗格对话框

③ 在"动画窗格"对话框中选择需要设置参数的动画效果"飞入"→在"计时"组中选择播放动画效果的开始时间。此外，还可设置动画效果的持续时间和延迟时间，如图 7-71 所示。

④ 保持"飞入"动画效果的选中状态，选择"动画"组→单击"效果选项"钮→在弹出的下拉列表中选择该动画效果的进入方向，如图 7-72 所示。

如果需要更加详细地设置动画效果的参数，可以在"动画窗格"对话框中单击选定该动画效果右侧的下拉按钮▼，在弹出的下拉列表中选择"效果选项"，如图 7-73 所示。在弹出的对话框的"效果"选项卡页面中可以设置动画进入的方向、动画的播放声音以及播放后的效果等选项，如图 7-74 所示。在"计时"选项卡中，可设置播放动画时的触发点、速度和重复次数等参数，如图 7-75 所示。

图 7-71 设置动画开始时间　　图 7-72 设置飞入方向　　图 7-73 选择"效果选项"

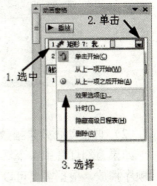

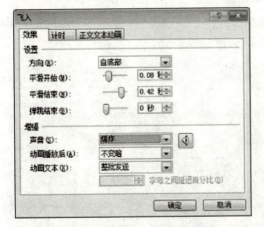
图 7-74 "效果"选项卡页面

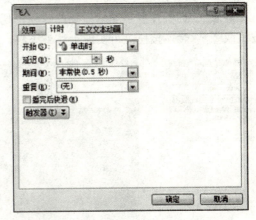
图 7-75 "计时"选项卡页面

3. 编辑动画效果

设置动画效果以后，根据需要可以对其进行编辑，这些操作主要利用"动画窗格"实现。操作方法：切换到"动画"卡→选择"高级动画"组→单击"动画窗格"钮。

（1）复制动画效果

PowerPoint 2010 新增了动画刷的功能，和 Word 2010 中"格式刷"功能类似，通过该功能可以将某对象的动画效果快速应用到另一对象上，操作方法如下。

① 选择设置了动画效果的对象，切换到"动画"卡→选择"高级动画"组→单击"动画刷"钮。

② 用鼠标直接单击要应用相同动画效果的另一对象，如图 7-76 所示。

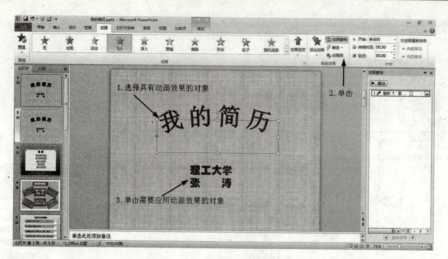

图 7-76　复制动画效果

（2）调整动画效果播放顺序

如果为幻灯片中多个对象添加了动画效果，则放映幻灯片时默认按照添加动画效果的先后顺序播放，根据需要可以调整动画效果的播放顺序，其实现方法主要有两种。

方法一：选择设置了动画效果的幻灯片→打开"动画窗格"框→选择需要调整顺序的动画效果→单击 按钮可实现上移，单击 按钮可实现下移，如图 7-77 所示。

方法二：选中设置了动画效果的对象→切换到"动画"卡→选择"计时"组→单击 向前移动按钮或 向后移动 按钮，可实现上移或下移，如图 7-78 所示。

图 7-77　调整动画效果播放顺序方法一

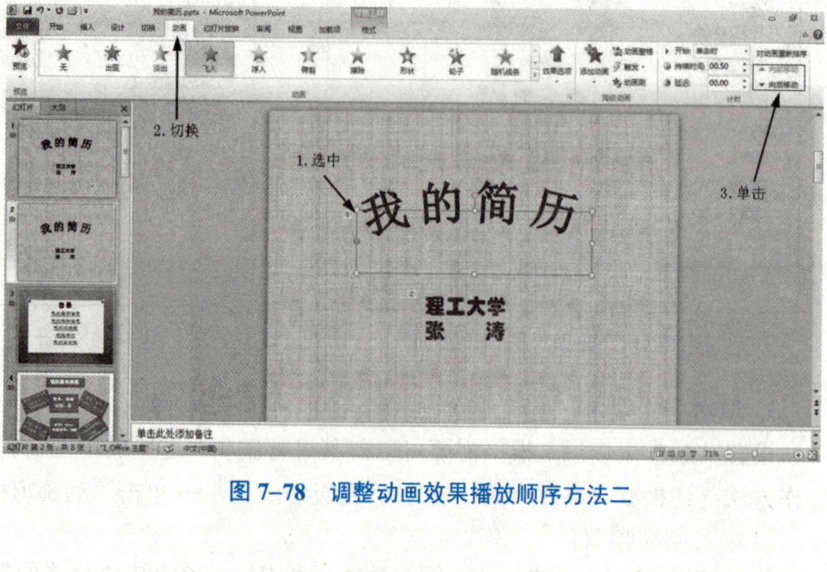

图 7-78　调整动画效果播放顺序方法二

（3）删除动画效果

对于不需要的动画效果可以将其删除，主要有三种操作方法。

方法一：在"动画窗格"对话框中选中需要删除的动画效果，单击其右侧的下拉按钮 ，在弹出的下拉列表中选择"删除"选项，如图 7-79 所示。

方法二：在幻灯片中选中要删除的动画效果的编号→按【Delete】键，如图 7-80 所示。

方法三：在"动画窗格"对话框中选中需要删除的动画效果，按【Delete】键，如图 7-81 所示。

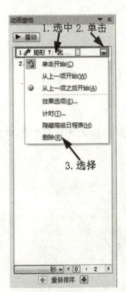

图 7-79 删除动画效果方法一　　图 7-80 删除动画效果方法二　　图 7-81 删除动画效果方法三

4. 幻灯片的切换

幻灯片的切换效果是指在放映的过程中，从一张幻灯片切换到另一张幻灯片时的效果、速度及声音等。

（1）设置切换效果

设置幻灯片切换效果的操作步骤如下：

① 选择需要设置的幻灯片→切换到"切换"卡→单击"切换到此幻灯片"组的▲或▼按钮，向上或向下滚动查找需要的切换方式并选择，如图 7-82 所示，或直接单击▼按钮（如图 7-83 所示），在弹出如图 7-84 所示的列表中选择切换效果。

图 7-82　设置切换效果

图 7-83　打开切换效果列表

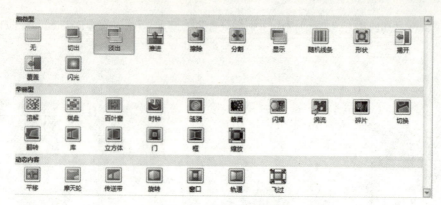

图 7-84　切换效果列表

② 在"切换到此幻灯片"组中单击"效果选项"钮，在下拉列表中选择切换效果的方向，如"百叶窗"切换效果有"水平"和"垂直"两个方向，如图 7-85 所示。

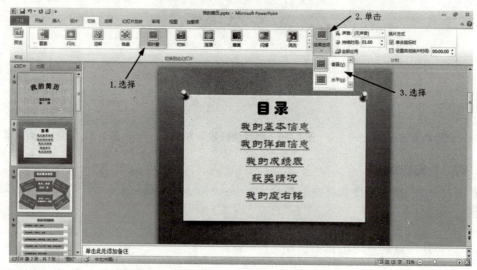

图 7-85　设置切换效果方向

（2）设置切换声音和持续时间

除了设置幻灯片的切换效果外，还可以设置切换声音和持续时间，其中，持续时间是 PowerPoint 2010 新增加的功能，用以设置幻灯片的切换速度。其设置方法如下：

① 切换到"切换"卡→在"计时"组的"声音"下拉列表中设置切换声音，如图 7-86 所示。如果选择"其他声音"选项，可在弹出的"添加音频"对话框中选择磁盘中保存的声音文件，如图 7-87 所示。

② 在"计时"组中的持续时间文本框中输入时间或单击微调按钮▲和▼可设置幻灯片切换的持续时间。如果想将设置好的切换效果应用到所有幻灯片上，可单击"计时"组中的"全部应用"按钮 全部应用。

（3）删除切换效果

删除幻灯片切换效果的方法：选择幻灯片→切换到"切换"卡→选择"切换到此幻灯片"组→选择"无"选项即可。

图 7-86 设置声音

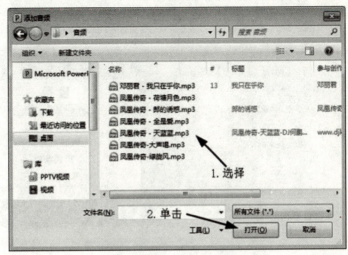

图 7-87 "添加音频"对话框

删除幻灯片切换声音的方法：选择幻灯片→切换到"切换"卡→选择"计时"组→单击"声音"列表框右侧的下拉按钮→在下拉列表中选择"无声音"。

例 7.7 为"我的简历"演示文稿的第一张幻灯片的标题文字设置"自左侧飞入"的动画效果。

操作方法：打开演示文稿，选中第一张幻灯片的标题→切换到"动画"卡→选择"动画"组→选择"飞入"动画样式→单击"效果选项"钮→单击"自左侧"项。

7.4.3 超链接及动作按钮

【提要】

本节介绍在幻灯片中插入超链接及设置动作按钮的方法，主要包括：

➢ 插入超链接
➢ 设置动作按钮

在默认情况下，演示文稿是按照创建幻灯片的顺序播放的，如果在幻灯片的某个对象（可以是文本、图片等）上添加超链接则可从幻灯片的某个对象跳转到另一张幻灯片去放映，或者链接到其他演示文稿、Word 文档、Excel 表格、电子邮件等。添加动作按钮也可以实现不同幻灯片之间的跳转。

1. 超链接

（1）添加超链接

① 打开演示文稿，选择需要添加超链接的对象，如文本和图片等→切换到"插入"卡→选择"链接"组→单击"超链接"钮，如图 7-88 所示。

② 弹出"插入超链接"框，如图 7-89 所示→在"链接到"栏中选择链接位置，其中有四个选项，介绍如下。

● 现有文件或网页：可以在"当前文件夹"、"最近使用过的文件"列表中选择文件，或在"浏览过的网页"列表中选择网页，也可直接在地址栏中输入要链接到的文件所在路径或网址。

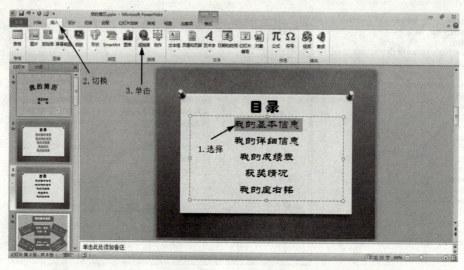

图 7-88 插入超链接

图 7-89 "插入超链接"对话框

● 本文档中的位置：链接到正在编辑的演示文稿中的某张幻灯片，在"请选择文档中的位置"下的列表框中选择要链接的幻灯片。

● 新建文档：可以立即创建新文档，也可在以后创建新文档。

● 电子邮件地址：可在"最近使用过的邮件地址"列表框中选择或直接在电子邮件地址文本框中输入邮件地址。

③ 选定链接到的对象后，单击对话框的"确定"钮。

如果是对幻灯片中的文本对象添加超链接，则添加链接后所选文本的下方会出现下划线，并且文本颜色也会发生变化，如图 7-25 子案例三中"目录"幻灯片。播放演示文稿时，当鼠标光标指向添加了超链接的对象时，鼠标光标会变成手形，单击即可跳转到目标位置。

（2）编辑超链接

操作方法：右键单击需编辑的超级链接对象→选择快捷菜单中的"编辑超链接"项，如图 7-90 所示→在"编辑超链接"框中修改编辑，其设置方法同插入超链接。

（3）删除超链接

操作方法：右键单击需删除的超级链接对象→选择快捷菜单中的"取消超链接"项，如图 7-91 所示。此外，也可在"编辑超链接"对话框中，单击"删除链接"按钮。

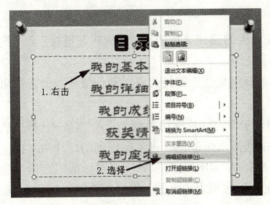
图 7-90 编辑超链接

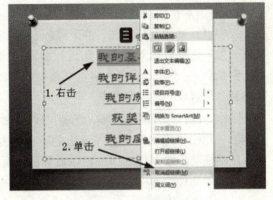
图 7-91 删除超链接

2. 动作按钮

在幻灯片中添加动作按钮，可以在播放演示文稿时从一张幻灯片跳转到另一张幻灯片，方便用户控制放映流程。

添加动作按钮的操作方法如下。

① 打开需要添加动作按钮的幻灯片。

② 切换到"插入"卡→选择"插图"组→单击"形状"钮→在弹出的下拉列表中选择需要的动作按钮，如图 7-92 所示。

③ 将鼠标光标移到幻灯片中，此时，鼠标光标呈"十"字形状，按住鼠标左键拖动，绘制出动作按钮以后释放鼠标，自动弹出"动作设置"对话框，如图 7-93 所示。

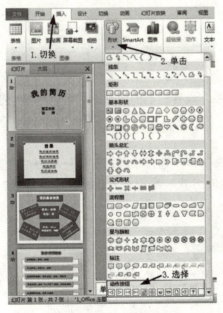
图 7-92 插入动作按钮

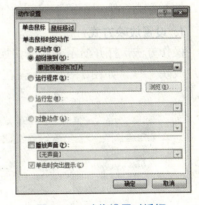
图 7-93 动作设置对话框

④ 在对话框中选择"单击鼠标时的动作"组→单击"超链接到"项→在其下拉列表中选择链接位置。了案例三中的"我的成绩表"幻灯片中动作按钮的链接位置选择的是"最近观看的幻灯片"选项。

⑤ 单击对话框的"确定"钮。

选中设置好的动作按钮，单击鼠标右键，在出现的快捷菜单中选择"编辑超链接"和"删除超链接"选项可以对动作按钮进行编辑和删除操作。

例 7.8 为"我的简历"演示文稿中的"我的详细信息"幻灯片添加动作按钮，单击按钮返回到"最近观看的幻灯片"。

操作方法：打开演示文稿，选择"我的详细信息"幻灯片→切换到"插入"卡→选择"插图"组→单击"形状"钮→在弹出的下拉列表中选择动作按钮→将鼠标移到幻灯片中，按住鼠标左键拖动，绘制出动作按钮以后释放鼠标→弹出"动作设置"框→在对话框中选择"单击鼠标时的动作"组→选择"超链接到"项→在其下拉列表中选择"最近观看的幻灯片"项。

7.5 子案例四："我的简历"的放映、打包及打印

子案例四使用了 PowerPoint 2010 的以下主要功能：
- 演示文稿的放映
- 演示文稿的打包
- 演示文稿的打印

7.5.1 演示文稿的放映

【提要】

本节介绍演示文稿的放映方法，主要包括：
- 设置放映方式
- 设置自定义放映
- 启动演示文稿的放映
- 控制演示文稿的放映

演示文稿制作完成之后，就可以放映给观众观看。设置适当的放映方式可以更好地吸引观众的注意力，给观众留下深刻的印象。

1. 设置放映方式

操作方法：打开演示文稿→切换到"幻灯片放映"卡→选择"设置"组→单击"设置幻灯片放映"钮，如图 7-94 所示。在弹出的"设置放映方式"框中设置放映方式，如图 7-95 所示。

图 7-94 设置放映方式

"设置放映方式"对话框中的各选项介绍如下：
（1）放映类型
幻灯片放映类型分为以下三种。

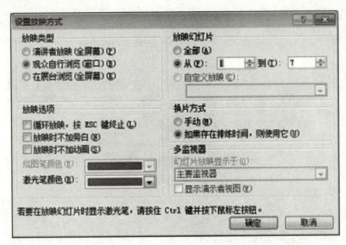

图 7-95 "设置放映方式"对话框

① 演讲者放映(全屏幕):默认选项,也是最常见的一种放映方式,能实现全屏幕播放幻灯片,鼠标光标在屏幕上出现,放映过程中,演讲者可以控制放映流程,如暂停播放、切换幻灯片等。

② 观众自行浏览(窗口):方便观众自行观看幻灯片,以小窗口形式播放,用户可以利用该方式提供的选单进行翻页、打印等。

③ 在展台浏览(全屏幕):全屏方式放映,放映结束后可以自动反复,循环放映。此方式的放映过程中,只保留鼠标光标选择屏幕对象的功能,大多数控制命令都无法使用,适合展览会场或会议时使用。

(2)放映幻灯片

"放映幻灯片"选项组中有三个选项,分别是"全部"、"从……到……"和"自定义放映"。

① "全部":指的是放映的默认方式,即播放所有的幻灯片。

② "从……到……":部分幻灯片放映方式,需要用户选择或填入开始放映和结束放映的幻灯片编号。

③ "自定义放映":此方式在用户已经选择自定义放映方式的前提下有效(设置自定义放映将在下面详细介绍),"自定义放映"即允许用户从所有幻灯片中挑选参与放映的幻灯片并设置放映顺序。

(3)换片方式

换片方式是指幻灯片放映过程中的切换方式,分为以下两种。

① 手动:幻灯片放映过程中通过鼠标按键或键盘实现切换。

② 自定义的排练时间控制方式:如果设置了排练时间,则可用来控制幻灯片的播放。

2. 设置自定义放映

自定义放映是指用户挑选演示文稿中的部分幻灯片,构成一个较小的演示文稿,并对其命名,使之成为一个独立的演示文稿来放映。其作用是将一个大的演示文稿按照用户的意图分成几个小的演示文稿。

设置自定义放映的操作方法如下:

打开演示文稿→切换到"幻灯片放映"卡→选择"开始放映幻灯片"组→单击"自定义

幻灯片放映"钮→选择"自定义放映"项→弹出"自定义放映"框→单击"新建"钮→弹出"定义自定义放映"框。具体如图7-96和图7-97所示。

图7-96 设置自定义放映

在"定义自定义放映"对话框中的设置如下：

输入幻灯片放映名称→在"在演示文稿中的幻灯片"列表框中选择需要放映的幻灯片→单击"添加"按钮 将其移动到右侧的"在自定义放映中的幻灯片"列表框中→单击"确定"钮。如图7-98所示。

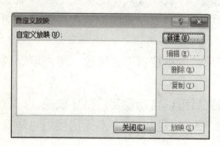

图7-97 "自定义放映"对话框

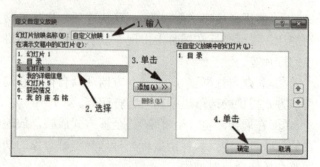

图7-98 "定义自定义放映"对话框

需要说明的是，单击"定义自定义放映"对话框中的"删除"按钮 可以将"在自定义放映中的幻灯片"列表框中不需要的幻灯片删除。单击 或 按钮，可以调整"在自定义放映中的幻灯片"列表框中的幻灯片的顺序。

单击"定义自定义放映"对话框中的"确定"按钮后返回到"自定义放映"对话框，单击"放映"按钮可播放幻灯片。定义好的"自定义放映幻灯片"的名称会出现在"开始放映幻灯片"选项组的"自定义幻灯片放映"下拉列表中，单击后可以直接播放。

例7.9 选择"我的简历"演示文稿的第3、第4、第5张幻灯片设置自定义放映，名称为"我的演示文稿"，播放顺序为5→4→3。

操作方法：打开演示文稿→切换到"幻灯片放映"卡→选择"开始放映幻灯片"组→单击"自定义幻灯片放映"钮→选择"自定义放映"项→弹出"自定义放映"框→单击"新建"钮→弹出"定义自定义放映"框→输入幻灯片放映名称"我的演示文稿"→在"在演示文稿中的幻灯片"列表框中依次选择第5、第4、第3张幻灯片→单击"添加"按钮 将其移动到右侧的"在自定义放映中的幻灯片"列表框中→单击"确定"钮。

3. 启动幻灯片放映

演示文稿创建好后，就可以放映幻灯片。

幻灯片的放映有四种方式，如图7-99所示。

① 从头开始：即从演示文稿的第一张幻灯片开始，依次播放所有的幻灯片。操作方法：

切换到"幻灯片放映"卡→选择"开始放映幻灯片"组→
单击"从头开始"钮。

② 从当前幻灯片开始：即从当前选中的幻灯片开始放
映。操作方法：切换到"幻灯片放映"卡→选择"开始放映
幻灯片"组→单击"从当前幻灯片开始"钮。此外，要实现

图 7-99 "开始放映幻灯片"选项组

从当前幻灯片开始放映，也可以在窗口状态栏右侧单击视图切换按钮"幻灯片放映按钮"。

③ 广播幻灯片：PowerPoint 2010 新增的功能，用户可以通过这个功能在任意位置通过
Web 与任何人共享幻灯片放映，在播放过程中，演示者可以随时暂停放映，并且在不中断广
播及不向访问群体显示桌面的情况下切换到另一应用程序。

④ 自定义幻灯片放映：用户可以选择放映的幻灯片及放映顺序，具体操作方法已在前面
做了介绍，这里不再赘述。

4. 控制幻灯片放映

如果没有设置幻灯片的放映时间，则需要在放映过程中控制放映流程，如切换到下一张
幻灯片或返回到上一张幻灯片。

在放映幻灯片时切换到下一张幻灯片或下一个动画的操作方法：

① 在任意位置单击鼠标左键。

② 按下【Enter】键、【Page Down】键、【N】或【Space】键中的一个，或者按光标移动
键【↓】、【→】。

③ 在右键单击出现的菜单中选择"下一张"选项。

④ 将光标移到屏幕左下角，在出现的控制按钮中单击"下一张"按钮。

在放映幻灯片时切换到上一张幻灯片或上一个动画的操作方法：

① 按下【Backspace】键、【PageUp】键、【P】键中的一个，或者按光标移动键【↑】、
【←】。

② 在右键单击出现的菜单中选择"上一张"选项。

③ 将光标移到屏幕左下角，在出现的控制按钮中单击"上一张"按钮。

在放映幻灯片的过程中，单击鼠标右键，在弹出的快捷菜单中选择"定位至幻灯片"选
项，在级联菜单中列出了演示文稿的所有幻灯片，从中选择目标幻灯片即可定位至目标位置。
在快捷菜单中选择"结束放映"选项或按【Esc】键可退出放映，回到演示文稿的编辑状态。

7.5.2 演示文稿的打包

【提要】

本节介绍演示文稿的打包，主要包括：

➢ 演示文稿打包的目的
➢ 演示文稿打包的方法

将演示文稿打包的目的是将有关演示文稿的所有内容包括视频、字体等保存下来，方便
在其他计算机特别是没有安装 PowerPoint 2010 应用程序的计算机上播放。使用打包功能可以
将演示文稿打包到 CD 中，也可以直接打包到计算机文件夹中。其中，"打包成 CD"功能只
有在安装了刻录光驱的计算机上才能进行。

将演示文稿打包的方法：

① 切换到"文件"卡→选择"保存并发送"项→选择"将演示文稿打包成CD"项→单击"打包成CD"钮。如图7-100所示。

② 如果要将演示文稿打包在CD中，则在弹出的"打包成CD"框中"将CD命名为"文本框中输入CD的名称，如果要打包到文件夹中，则不需要输入任何内容。如图7-101所示。

③ 若要将多个演示文稿一起打包，则单击"添加"钮→弹出如图7-102所示的"添加文件"框→选择需要添加到打包程序的一个或多个演示文稿，并单击"打开"钮→返回到"打包成CD"对话框中。

④ 在对话框中单击"选项"钮→弹出如图7-103所示的"选项"框→设置在打包文件中是否包含"链接的文件"和"嵌入的TrueType字体"选项，还可以设置打开演示文稿或修改演示文稿的密码→单击"确定"钮→返回到"打包成CD"对话框中。

⑤ 如果要将演示文稿打包成文件夹，单击"复制到文件夹"项→在"复制到文件夹"框中输入文件夹名称和保存位置→单击"确定"钮，如图7-104所示。

⑥ 在弹出的"Microsoft PowerPoint"提示对话框中单击"是"按钮，如图7-105所示。

⑦ 开始将演示文稿复制到文件夹中，并弹出如图7-106所示的提示框。

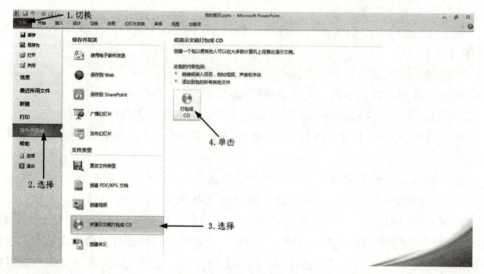

图7-100 演示文稿的打包

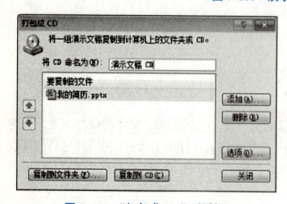

图7-101 "打包成CD"对话框

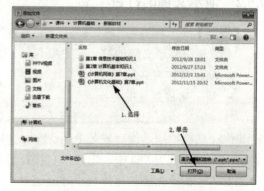

图7-102 "添加文件"对话框

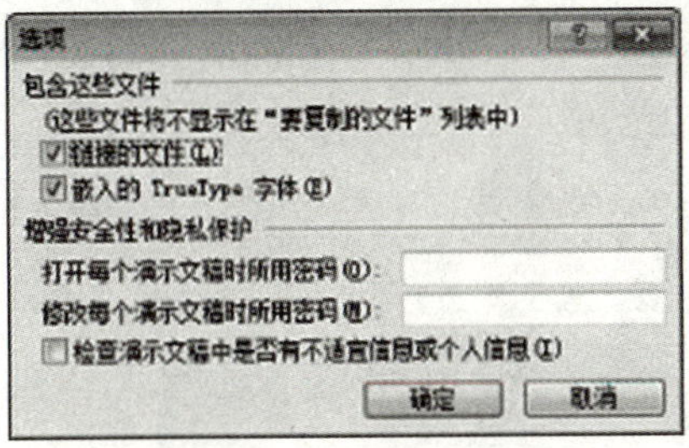

图 7-103 "选项"对话框 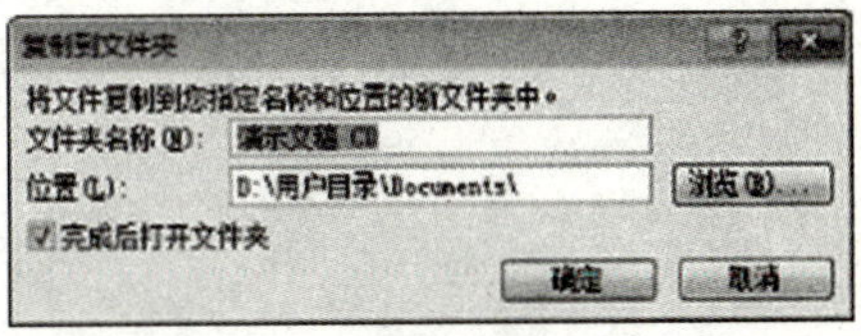　　　　图 7-104 "复制到文件夹"对话框

图 7-105 "Microsoft PowerPoint"提示对话框

图 7-106 提示框

文件复制完成后，即可看到一个文件夹，打开文件夹，双击演示文稿即可播放。

7.5.3 演示文稿的打印

【提要】

本节介绍演示文稿的打印，主要包括：

➢ 幻灯片的页面设置

➢ 演示文稿的打印

演示文稿除了可以通过屏幕放映外，也可以将幻灯片打印成纸质文档。打印幻灯片之前，首先应进行页面设置，方法如下：

切换到"设计"卡→选择"页面设置"组→单击"页面设置"钮→弹出"页面设置"框→设置幻灯片大小、宽度、高度及方向等选项→单击"确定"钮。如图 7-107 所示。

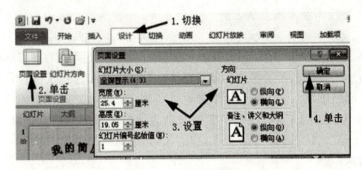

图 7-107 页面设置

页面设置完成以后，就可以打印幻灯片了，操作方法：单击"文件"卡→选择"打印"项→

在右侧窗格预览打印效果→在中间窗格设置打印份数、打印范围等选项→单击"打印"按钮。如图 7-108 所示。

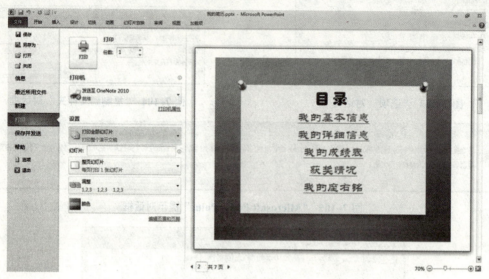

图 7-108 打印幻灯片

7.6 多媒体技术

从 20 世纪 80 年代中后期开始，集文字、声音、图形、图像和视频于一体的计算机多媒体信息技术迅速发展起来，与 Internet（互联网）一起成为推动 20 世纪末、21 世纪初信息化社会发展的两个最主要的动力之一。

7.6.1 多媒体技术基本知识

【提要】

本节介绍多媒体基本知识，主要包括：
➢ 媒体、多媒体的概念
➢ 多媒体技术的特点、发展和应用
➢ 多媒体关键技术及未来发展方向

1. 多媒体

所谓"媒体"（Medium）是指信息表示和传播的载体。根据 ITU（国际电信联盟）的建议，媒体可分为感觉媒体、表示媒体、显示媒体、存储媒体和传输媒体五大类。

在计算机和网络领域，信息的表达形式有很多种，如文本、声音、视频、图形、图像和动画等，多媒体（Multimedia）就是指多种信息载体的表现形式、存储和传递方式的有机集合。

2. 多媒体技术

多媒体技术是指以数字化为基础，能够对多种媒体信息进行采集、编码、存储、传输、处理和表现，综合处理多种媒体信息并使之建立起有机的逻辑联系，集成为一个具有良好交互性的技术系统。多媒体技术具有以下特点：
① 多样性：指媒体信息的多样化，即计算机所能处理的信息空间不再局限于数值和文本，而扩展到图像、图形、音频、视频和动画等。
② 集成性：包含多媒体信息表达的集成和多媒体设备的集成两个方面。多媒体信息表达的集成是指同时使用多种媒体形式综合表达信息；多媒体设备的集成是指计算机能和各种输入/输出设备（如打印机、扫描仪、数码相机和音响等设备）联合工作。
③ 实时性：为了保障声音和图像在播放时不出现停滞，尽可能体现出真实感，多媒体信息系统必须具有高同步和即时处理的特性。
④ 交互性：交互性能为人机交流提供渠道，从而有效地控制和使用信息，是区别于传统媒体的最大特点。

3. 多媒体技术的发展与应用

多媒体技术起源于 20 世纪 80 年代初期，是信息技术与应用发展的必然结果。多媒体是在计算机技术、通信网络技术等现代信息技术不断进步的条件下产生的。

1984 年，美国 Apple 公司推出了 Macintosh 机，通过引入位映射的概念对图进行处理来改善人机之间的界面，创建了图形用户界面。1985 年，美国 Commodore 公司推出世界上第一台多媒体计算机 Amiga 系统，经过不断完善，形成了一个完整的多媒体计算机系列。

1986 年，荷兰 Philips 公司和日本 Sony 公司联合研制并推出交互式紧凑光盘系统 CD–I（Compact Disc Interactive），同时公布了 CD–ROM 文件格式，成为 ISO 国际标准。

1987 年，美国 RCA 公司研制出了交互式数字视频系统 DVI（Digital Video Interactive）。它以 PC 技术为基础，用标准光盘来存储和检索静态图像、动态图像和声音等数据。

1990 年，Microsoft 公司联合 IBM、Intel、DELL 等生产厂商组成了 MPC（多媒体个人计算机）市场协会，制定了多媒体个人计算机系统硬件的最低标准，并于 1991 年、1993 年公布了 MPC Level–I 和 MPC Level–II 标准。

1991 年，第六届国际多媒体技术和 CD–ROM 大会宣布了 CD–ROM/XA 扩充结构标准的审定版本。

经过多年的发展，多媒体技术已日渐成熟，随着计算机网络和通信技术的不断完善，多媒体技术的应用已深入到军事、政治、教育、旅游等领域，主要表现在以下几个方面。
① 教育培训。
多媒体计算机辅助教学（CAI）能够把多种媒体元素集成起来，具有图、文、声、像并茂的特点，改变了传统的教学方式，可以提高学生的学习兴趣和教育培训的质量。
② 多媒体电子文稿和刊物。
电子出版物具有集成性、交互性等特点，能够将图、文、声、像等信息存储在磁、光、电介质上，是计算机技术与文化、教育等多学科完美结合的产物。
③ 多媒体行业应用。
多媒体行业应用包括办公自动化、多媒体信息管理系统、多媒体测试和工业控制系统等方面。
④ 多媒体通信。
多媒体通信包括多媒体文件传递、网络视频会议、多媒体实时对话、多媒体信息检索等方面。

⑤ 艺术与娱乐。

数字影视和娱乐工具进入了家庭，计算机具有音/视频播放、搜索和管理功能，丰富了家庭娱乐生活。

4. 多媒体关键技术与未来发展方向

多媒体信息处理的关键技术包括以下几个方面：

① 多媒体数据压缩/解压缩技术。由于图像、声音等多媒体信息必须经过数字化后才能应用到计算机和网络上，因此，为了减少多媒体信息的数据量，方便存储、处理和传输，必须对其进行压缩处理。

② 多媒体数据存储技术。图像、视频和音频等多媒体信息经过数字化处理后的数据量十分庞大，如何对这些大容量的数据进行存储是多媒体的关键技术。

③ 多媒体通信技术。要实现多媒体信息的共享，必须有多媒体通信技术的支持，从而保障信息传输的实时性和同步性等要求。

④ 多媒体专用芯片技术。为了使各种大容量的多媒体信息能取得较好的压缩、解压缩和播放效果，多媒体计算机必须采用专用的芯片。

随着多媒体技术的不断发展和应用范围的不断扩大，未来，多媒体技术必将朝着高分辨率、高速度化、简单化、高维化、智能化和标准化等方向发展。

7.6.2 多媒体信息处理技术

【提要】

本节介绍多媒体信息处理技术，主要包括：
- 音频及数字化处理
- 图形、图像及数字化处理
- 视频及数字化处理

多媒体信息能将各种形式的数据集成起来，形成一个具有交互性的有机整体，这就要求多媒体技术要能对图形、图像、视频和音频等各种媒体信息进行处理。具体介绍如下：

1. 音频

声音是常见的多媒体信息表现形式之一。声音是一种正弦波形，其物理特性包括振幅、频率和相位。振幅的大小反映声音的强度；频率是单位时间内声音的变化周期，其单位是赫兹（Hz）；相位是指声音变化的方向。

由于声音是连续变化的模拟量，因此，声音信号要被计算机存储和处理首先必须进行数字化，主要过程包括采样、量化和编码。影响声音信号数字化质量的因素主要有以下三个：

① 采样精度：采样精度也叫采样位数，即表示采样点幅值的二进制数的位数。采样精度越高，则声音质量越好。常见的采样精度为 8 位、16 位和 32 位。国际标准的语音采用 8 位二进制编码。

② 采样频率：即模拟声音信号在数字化过程中每秒钟采样的次数，单位为赫兹（Hz）。采样频率越高，表示单位时间的采样次数越多，则声音的表示越精确，音质越好，但数据存储量将大大增加。目前，常用的采样频率为 22.05 kHz、44.1 kHz 和 48 kHz。

③ 声道数：声音的质量还和声道数有关，声道数常分为单声道和多声道，声道数越多，声音的播放在时间和空间方面才能显示出更好的性能。

模拟声音信号数字化后存储容量的计算公式如下：

存储容量（字节）=采样频率×（采样精度/8）×声道数×时间

例 7.10 假设以采样频率 44.1 kHz、采样精度 16 位对模拟声音信号进行数字化，请计算一分钟（60 秒）的双声道声音数字化后的存储容量。

存储容量=44 100×（16/8）×2×60=10 584 000（B）≈10.09（MB）

由例 7.10 可以看出，声音信号经数字化后的存储量很大，为了方便计算机的存储、处理和在网络上的传输，应将音频文件进行压缩。常用的声音压缩标准是 MPEG（Motion Picture Experts Group，动态图像专家组）制定的 MPEG-1、MPEG-2、MPEG-3、MPEG-4 和 MPEG-7 等多个标准，如 MP3 音频文件就使用了 MPEG-1 Audio Layer 3 技术，可将音频文件以 1:10 至 1:12 的压缩率进行压缩。

常见的声音文件存储格式有 MP3、WAV、WMA、MIDI、RM 和 CD-DA。

2. 图形和图像

图形一般指矢量图，是一种抽象化的图像，根据几何特性绘制。矢量可以是一个点或一条线，用来描述图中线条的位置、颜色和形状等信息。它的特点是和设备分辨率无关，放大后图像不会失真，文件占用空间较小，但处理较复杂，难以表现色彩层次丰富的逼真图像效果。矢量图形的常用存储格式有.emf、.eps 和.wmf 等。

图像一般是指位图图像，是由空间离散的像素点组合而成的，所有像素点构成一个点阵，像素点的值表示图像的颜色或灰度。影响图像质量的主要因素是分辨率，即构成图像的像素总数，以水平和垂直方向的像素点数表示。分辨率越大，表示图像的像素点越多，图像显示越清晰，但存储容量也会加大。和矢量图形相比，位图图像的缺点在于其质量和设备分辨率有关，当图像放大时，图像边缘通常会出现锯齿，并且占用的存储空间较大。

除了分辨率，色彩深度是图像的另一个性能参数，对于彩色图像来说，图像的存储量除了和分辨率有关，还和色彩深度有关。如用 8 位二进制位表示色彩，则一共可表示 2^8=256 种颜色。表示色彩深度的二进制位越多，则图像的色彩表现得越丰富，相应的图像存储容量也就越大。

常见位图图像的存储格式有 bmp、jpg、gif、psd、tif 和 png 等。

例 7.11 假设一幅灰度图像的分辨率为"500×500"，每个像素点用 8 位二进制数表示，请计算该图像的存储容量，单位用字节（Byte）表示。

存储容量=500×500×8/8=250 000（Byte）

由上例可以看出，一幅分辨率为"500×500"的灰度图像占用的存储容量大约为 244 KB，随着分辨率的增大，图像所占用的存储空间将大大增加，因此，对图像进行压缩以减少其存储量十分有必要。目前，灰度和彩色图像的常用压缩标准为 ISO 指定的 JPEG（Joint Photographic Experts Group，联合图像专家小组）标准，包括无损模式和多种类型的有损模式，适用于那些不太复杂或取自真实景象的图像的压缩。对一般图像，可以以 20:1 或 25:1 的比率进行压缩。

3. 视频

用电信号方式对一系列静态影像加以捕捉、纪录、处理、储存、传送与重现，就形成了视频。根据视觉暂留原理，连续的图像变化每秒超过 24 帧（Frame）画面以上时，人眼无法辨别单幅的静态画面，看上去是平滑连续的视觉效果，这样连续的画面叫作视频。

视频信号分为模拟视频信号和数字视频信号,模拟视频信号通过光栅扫描的方式显示,录像机中的视频信号就属于模拟视频信号。若要将模拟视频信号转变为数字视频信号,则要经过视频卡的处理,将视频信号的颜色和亮度信息转变为电信号,记录到存储介质,由视频捕捉设备进行采样、量化和编码,转换成数字"0"和"1"。

模拟视频信号转换为数字视频信号后,数据量很大,应采用视频压缩技术对其处理,以减少存储量。常用的视频压缩标准是 MPEG-1、MPEG-2、MPEG-4、MPEG-7 和 MPEG-21 等系列标准,其中,MPEG-1 的目标是以约 1.5 Mbit/s 的速度传输电视质量的视频,主要应用于 VCD 光盘。MPEG-2 标准的功能是将一个或更多的音频、视频或其他基本数据流合成单个或多个数据流,以适应存储和传输,力求满足数字存储媒体、可视电话、数字电视、高清晰度电视以及通信网络等领域的应用。MPEG-4 标准主要用于有线通信、无线通信、移动通信和互联网等领域。MPEG-7 标准改变了传统的基于关键字的检索方式,使基于内容的检索得以实现。MPEG-21 以将标准集成起来支持协调的技术以管理多媒体商务为目标。

常见的视频存储格式有 AVI、SWF、MOV、WMV 和 RM。

7.6.3 录音机及媒体播放器使用初步

【提要】

本节介绍 Windows 7 系统自带的音频处理软件及媒体播放器的使用方法,主要包括:
➢ 录音机使用初步
➢ Windows Media Player 使用初步

1. 录音机使用初步

"录音机"是 Windows 7 操作系统自带的一个音频处理程序,方便用户录制声音,并可将录制的声音保存成音频文件。在录制声音之前,要确保电脑安装了声卡和扬声器,并准备好麦克风或其他音频输入设备。下面简要介绍录音机的操作方法。

启动录音机的方法:单击"⊙"→选择"所有程序"项→附件项→录音机项。

录音机程序的界面如图 7-109 所示。

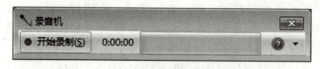

图 7-109 录音机界面

需要录音时,单击"开始录制"钮,对着麦克风或其他音频输入设备说话即可,此时,"开始录制"钮变成"停止录制"钮,并能显示录制时间,如图 7-110 所示。

图 7-110 "停止录制"界面

结束录音时,单击"停止录制"钮,此时弹出"另存为"框,设置文件保存位置、文件名和保存类型(默认为.wma)等,如图 7-111 所示,可以将录制好的声音保存在电脑磁盘上。

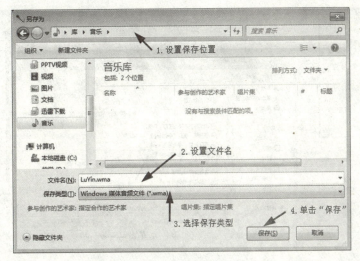

图 7-111 保存声音文件

2. Windows Media Player 使用初步

Windows Media Player 是 Windows 7 系统自带的一个媒体播放器，目前，最新版本是 Windows Media Player 12，其功能十分强大，可以播放视频和音频文件、浏览图片，还可以即时搜索媒体库，通过输入要播放的媒体对象的 URL 可以实现网上看电影。Windows Media Player 能支持播放的视频文件后缀名通常为.wmv、.avi、.mpeg 等，能支持播放的音频文件后缀名通常为.wma、.wav、.mp3 等。

启动 Windows Media Player 的方法：单击"![]"→选择"所有程序"项→Windows Media Player项。启动成功可以看到如图 7-112 所示的界面。

图 7-112 Windows Media Player 界面

播放视频、音频文件或浏览图片时，可以通过媒体库，选中要播放的对象，双击鼠标左键或单击播放按钮![]播放。

此外，用户也可以通过"文件"菜单播放媒体对象。操作方法：单击"文件"菜→选择"打开"项→弹出"打开"框→选择要播放的对象→单击"打开"钮。如图 7-113 所示。

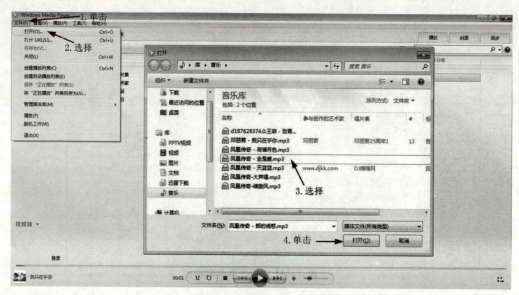

图 7-113 播放媒体文件

7.7 能力拓展

案例：制作相册。

本案例的效果图如图 7-114 所示。

图 7-114 案例效果图

利用 PowerPoint 2010，我们可以将自己拍摄的照片或喜欢的图片制作成相册。其操作步骤如下：

① 启动 PowerPoint 2010→切换到"插入"卡→选择"图像"组→单击"相册"钮→选择"新建相册"项。如图 7-115 所示。

② 在弹出的"相册"框的"插入图片来自"区域中单击"文件/磁盘"钮。如图 7-116 所示。

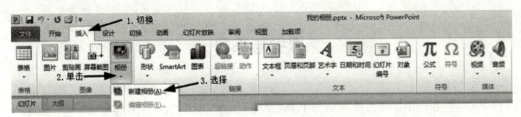

图 7–115　新建相册

③ 弹出"插入新图片"框→利用【Ctrl】或【Shift】键选择多张需要制作相册的图片→单击"插入"钮。如图 7–117 所示。

④ 返回"相册"框→在"相册版式"区域设置图片版式、相框形状。若要制作出案例中的效果，各选项的设置如图 7–118 所示，单击"主题"选项右侧的 浏览(B)... ，在如图 7–119 所示的"选择主题"对话框中选择主题。

⑤ 返回"相册"对话框，单击"创建"钮，如图 7–120 所示，完成相册的制作。

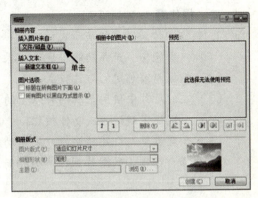

图 7–116　"相册"对话框

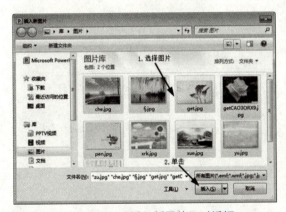

图 7–117　"插入新图片"对话框

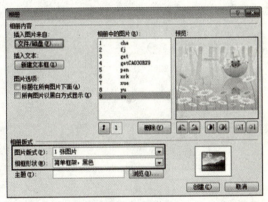

图 7–118　设置相册版式

图 7–119　"选择主题"对话框

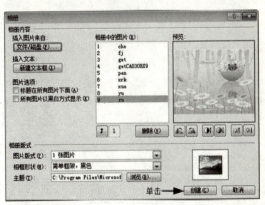

图 7–120　创建完成

思考与练习

一、简答题
1. PowerPoint 2010 的工作界面与 PowerPoint 2007 有哪些主要区别?
2. PowerPoint 2010 有哪些视图模式?不同视图模式各有什么特点?

二、操作题
1. 制作宣传某产品的演示文稿。
(1) 内容包含:产品功能、优点、操作方法、适用人群等。
(2) 根据内容确定幻灯片版式。
(3) 在幻灯片中使用至少两种以上的多媒体元素。
(4) 合理使用超链接或动作按钮。
(5) 合理设置幻灯片的切换效果和动画效果。
2. 选择自己喜欢的图片制作一个相册。

第 8 章

网页制作与网站发布
——案例：个人网站

教学目标

本章通过个人网站制作步骤的介绍，要求读者掌握站点的创建，网页的建立，文本、图像、超链接等网页元素的添加，表格和框架等布局工具的应用以及网站的发布等知识。

教学重点和难点

（1）站点的创建。
（2）在网页中添加超链接。
（3）利用表格和框架设计网页布局。
（4）网站的发布。

引言

孙阳同学希望设计一个可以展示自我、加强与同学朋友交流的平台，甚至在将来的求职阶段利用这个平台向用人单位全面地推介自己，他该怎么做呢？

Internet 在我们工作、学习和生活中扮演着一个不可或缺的重要角色，它不但是获取资源的途径，更是我们展示自我的平台。无论是在网络上发表帖子、建立博客都能向他人传递自己的想法，而建立一个只属于自己的个人网站更不失为一种充分展示个性和能力的方式。借助于计算机以及便捷的网页设计工具，可以将个人的相关资料、经历、喜爱的事物通过个人网站向大家展示。学习如何创建个人网站后，便可利用这些知识创建班级网站、学校网站等比较大型的网站。

8.1 概　　述

随着 Internet 的发展，越来越多的人通过网络去了解世界、促进学习工作、丰富自己的生活，甚至有很多人梦想着在网络上构造属于自己的一片空间，如建立一个个人网站。梦想的实现有很多途径，因为网页制作可以通过多种方法实现，如用 HTML 语言编写网页代码、用 Word 编辑并另存为网页文件等，而一款专业的网页设计软件是打造一个网站、构造网络空间的一条捷径。

本章将要给大家介绍一款使用极为广泛的优秀网页设计软件——Dreamweaver CS5。Dreamweaver CS5 是一款集网页制作和管理网站于一身的所见即所得的网页编辑器，也是第一套针对专业网页设计师特别发展的视觉化网页开发工具,利用它可以轻而易举地制作出跨越平台限制和跨越浏览器限制的、充满动感的网页。相比于以前的版本,Dreamweaver CS5 新增了集成 CMS 支持、CSS 检查、Adobe BrowserLab 集成、PHP 自定义类代码提示、CSS Starter 页、Business Catalyst 集成、保持跨媒体一致性以及增强的 Subversion 支持等功能。

8.1.1 Dreamweaver CS5 简介

【提要】

本节介绍 Dreamweaver CS5,主要包括
- 启动 Dreamweaver CS5
- Dreamweaver CS5 工作窗口的构成

1. 启动 Dreamweaver

在 Windows 7 中启动 Dreamweaver CS5 操作步骤如下:单击 " "→选择 "所有程序" 项→选择 "Adobe Design Premium CS5" 项→选择 "Adobe Dreamweaver CS5" 项,便可启动 Dreamweaver CS5。

启动后的主界面如图 8-1 所示。

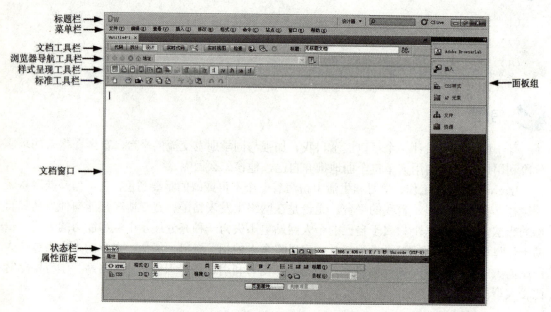

图 8-1 Dreamweaver CS5 工作界面

2. Dreamweaver CS5 工作窗口的构成

Dreamweaver CS5 的工作窗口主要由标题栏、菜单栏、工具栏、文档窗口、状态栏、属性面板、浮动面板组等组成,其中标题栏、菜单栏、状态栏等与 Office 工具软件的组成基本相同。

① 标题栏:位于窗口的最上面,向用户提供选择窗口布局、新建站点、切换工作区和 CS Live 等功能。单击标题栏右边不同的按钮,可分别实现窗口的最小化、最大化或关闭。

② 菜单栏:位于标题栏的下方,包括 "文件"、"编辑"、"查看"、"插入"、"修改"、"格式"、"命令"、"站点"、"窗口"与 "帮助" 10 个菜单,涵盖了 Web 站点管理、网页制作的所有菜单命令。每个菜单内都包含数量不等的命令,单击命令即可执行相应的功能。

③ 工具栏：包含文档工具栏、浏览器导航工具栏、样式呈现工具栏、标准工具栏和编码工具栏，其中文档工具栏和浏览器导航工具栏是默认显示的。

④ 文档窗口：用于显示当前创建和正在编辑的文档。

⑤ 状态栏：分为左右两部分，左侧部分称为标签选择器，它显示选择了网页中的某个对象时的 HTML 标记；右边显示 Dreamweaver 当前所处的各种状态。

⑥ 属性面板：主要用于检查和编辑所选对象或文本的常用属性。属性面板中的内容根据选定元素的不同而不同。

⑦ 浮动面板组：除属性面板外的其他面板均可统称为浮动面板组，包括"CSS 样式"、"插入"、"AP 元素"、"资源"和"文件"等面板。单击面板标签即可展开相应的面板。

3. Dreamweaver CS5 的视图模式

在 Dreamweaver CS5 中创建网页时，可以通过不同的方式查看网页内容。在文档工具栏有 3 个按钮 代码 、 拆分 和 设计 ，分别用于在"代码"、"代码和设计"与"设计" 3 种视图模式之间进行切换。各种视图模式的功能如下：

① 选择"代码"钮即可切换到"代码"视图模式。代码视图是一个用于编写编辑 HTML、JavaScript、服务器语言代码以及其他任何类型代码的手工编码环境。

② 选择"设计"钮即可切换到"设计"视图模式。设计视图是一个用于可视化页面布局、可视化编辑和应用程序快速开发的设计环境。在该视图下，Dreamweaver CS5 以完全可编辑的可视化表示形式显示在网页文档中，类似于使用浏览器查看页面内容，如图 8-2 所示。

图 8-2 "设计"视图

③ 选择"拆分"钮即可切换到"代码和设计"视图模式。该视图使用户可以在一个窗口中同时看到同一文档的代码视图和设计视图，如图 8-3 所示。

8.1.2 案例：个人网站的设计

【提要】

本节主要介绍个人网站的设计。

在制作网站之前,应该先确定网站的主题,主题的选择会影响确定网页名称、网站标志、页面色彩搭配等各个方面。任何网站的设计都由站点的建立开始,在网页文档中对页面进行布局规划,编辑文本、图像、声音、动画和视频等内容,美化页面,再通过超链接将各个网页链接成一个整体。

图 8-3 "代码和设计"视图

在接下来的章节中,将介绍如何设计一个简单的个人网站,把一个人成长的故事、生活的点滴都珍藏在这个网络空间中。个人网站设计效果如图 8-4~图 8-6 所示。

图 8-4 个人网站主页效果图

第 8 章 网页制作与网站发布——案例：个人网站

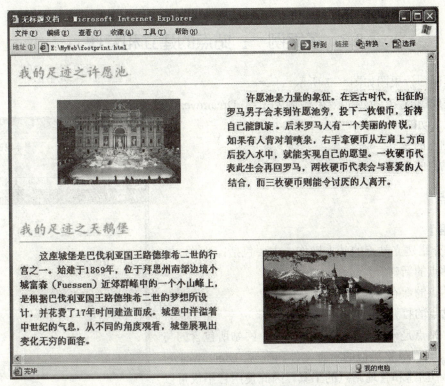

图 8-5 "我的足迹"子页效果图一

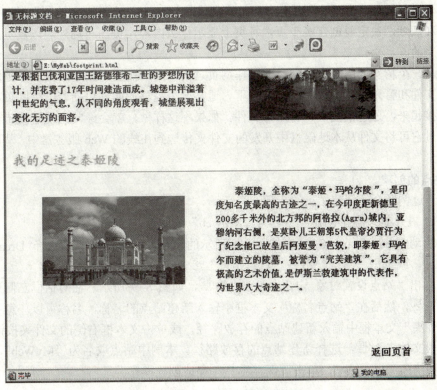

图 8-6 "我的足迹"子页效果图二

8.2 子案例一：站点的建立和管理

子案例一效果图如图 8-7 所示。

要完成图 8-7 所示的效果图需要使用 Dreamweaver CS5 的以下功能：
- 站点的建立
- 站点的编辑

设计站点

【提要】

本节介绍建立站点的基本操作，主要包括：
- 站点的新建
- 站点的保存
- 站点的打开、修改和删除

Web 站点是一个存储区，存储了一个网站所包含的与主题相关、设计风格类似的所有文件和资源。Dreamweaver CS5 是一个创建和管理站点的工具，因此使用它不仅可以创建单独的文档，还可以创建完整的 Web 站点。创建 Web

图 8-7 子案例效果图

站点的第一步是规划，为了达到最佳效果，在创建任何 Web 站点页面之前，应对站点的结构进行设计和规划，决定要创建多少页，每页上显示什么内容，页面布局外观以及页是如何互相连接起来的。

站点是一个特殊的网页文件夹。在制作网页之前，用户需要先创建站点，并把网页中使用的图片文件和音乐文件存放在该文件夹下。通常一个完整的网站包括若干个网页，彼此用超链接连接起来，还包括图片、音乐等文件。如果不这样做，就会经常出现链接错误。建立站点后通过它可将文件从本地磁盘中开发的文件夹传送到在线的 Web 服务器中，从而发布到 Internet 上。

1. 站点的创建

下面通过例题介绍创建站点的步骤：

例 8.1 在本地硬盘上创建一个名为"MyWeb"的站点。

（1）启动 Dreamweaver CS5，在如图 8-8 所示的起始页面"新建"列中选择"Dreamweaver 站点…"项，或单击"站点"菜→"新建站点"项。

（2）弹出"站点设置对象 未命名站点 1"框，如图 8-9 所示。在对话框左侧列表中选择"站点"项，然后在"站点名称"文本框中输入新建站点的名称，名称可以任意；在"本地站点文件夹"文本框中输入新建站点的存放路径，或单击文本框右侧的文件夹按钮，打开"选择根文件夹"框，选择新建站点的存放路径。本例中站点取名为"MyWeb"，本地站点文件夹为"E:\MyWeb\"。单击"保存"钮，完成创建操作。

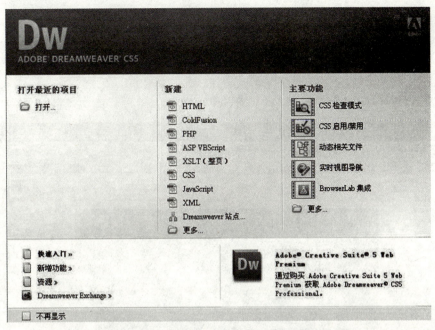

图 8–8　Dreamweaver CS5 启始页面

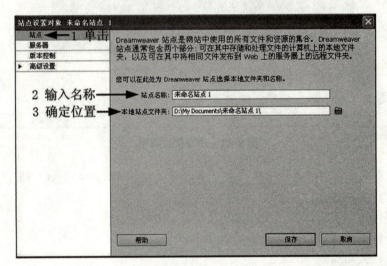

图 8–9　"站点设置对象 未命名站点 1"对话框

已经创建好的站点会在"文件"面板中显示出来。

2. 站点的编辑

可以对已有的站点的属性进行调整，操作步骤如下：

① 单击"站点"菜→选择"管理站点"项→弹出"管理站点"框，如图 8–10 所示。

② 在"管理站点"框左侧列表框中选择已经创建的站点文件夹，单击"编辑"钮→弹出"站点设置对象 MyWeb"框，可以在对话框中重新对站点进行设置。

③ 在"管理站点"框左侧列表框中选择已经创建的站点

图 8–10　"管理站点"对话框

文件夹，单击"删除"钮便可删除选定的站点。

8.3 子案例二：网页的建立和编辑

子案例二的效果如图 8-11、图 8-5 和图 8-6 所示。

图 8-11 子案例效果图

要完成图 8-11、图 8-5 和图 8-6 所示的效果需要使用 Dreamweaver CS5 的以下功能：
- 网页的建立和保存
- 页面属性的设置
- 文本的输入和编辑
- 图片的插入和编辑
- 音频、水平线等元素的添加
- 超链接的建立

8.3.1 创建网页

【提要】

本节介绍网页的建立和保存，主要包括：
- 如何创建网页
- 如何保存网页

网页又被称为 Web 页，是网站的基本信息单位，也是万维网（WWW）上的基本文档，它由文字、图片、动画和声音等多种媒体信息以及链接组成。

1. 创建网页

在 Dreamweaver CS5 中可通过以下 3 种方式创建一个网页。

① 使用"文件"㊛→选择"新建"㊠。
② 打开"文件"面板后，使用右键快捷菜单中的"新建文件"命令。
③ 使用 Dreamweaver CS5 起始页面"新建"㊛中的"HTML"㊠。

新建了一个空白的网页后，便进入网页的工作区界面。

2. 保存和预览网页

新建了一个网页后，可以在空白网页中输入文本、添加网页元素。完成对网页的编辑后应保存网页，使用"文件"㊛→单击"保存"命令或按【Ctrl】+【S】组合键都可以保存网页。选择"文件"㊛→单击"在浏览器中预览"命令或按快捷键【F12】可以在浏览器中预览当前网页的设计效果。

通常打开一个网站时，第一个显示在浏览器中的网页为主页，也称为首页，主页一般保存为"index.html"。每一个网站中只能有一个主页。

例 8.2 在站点 MyWeb 中创建两个空白网页，分别保存为"top.html"和"down.html"。

① 选择"窗口"㊛→"文件"㊠→弹出"文件"面板→选择"MyWeb"站点。
② 选择"文件"㊛→"新建"㊠→弹出"新建文档"㊌→选择相应的页面类型，如图 8-12 所示。

图 8-12 "新建文档"对话框

③ 选择"文件"㊛→"保存"㊠→弹出"另存为"㊌，在"文件名"文本框中填入"top.html"，保存即可。

创建"down.html"的方法类似，不再重复。

8.3.2 设置网页属性

【提要】

本节介绍设置网页属性的基本操作，主要包括：

➢ 页面字体、文本大小和颜色的设置

➢ 网页背景颜色、背景图像的设置
➢ 超链接、标题等网页主要属性的设置

网页属性是有关网页的参数，包含了网页的基本特征，如网页的标题、外观、背景和页边距等。通过设置网页属性，可以对网页进行美化。

设置网页属性的步骤如下：

① 选择"修改"㊛→"页面属性"㊠→打开"页面属性"㊡。

② 在"分类"㊜中有"外观（CSS）"、"外观（HTML）"、"链接（CSS）"、"标题（CSS）"、"标题/编码"和"跟踪图像"六个选项，分别对应于网页六类不同的属性，这些属性的设置会对网页整体起作用。

1. "外观（CSS）"页面属性

在"分类"㊜中选择"外观（CSS）"，得到如图 8-13 所示界面。

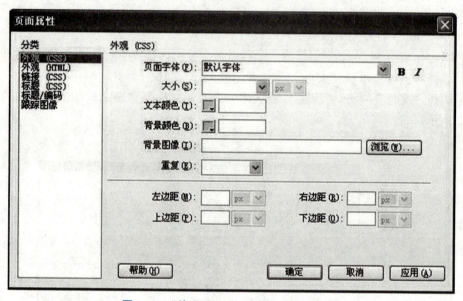

图 8-13 "外观（CSS）"页面属性对话框

该页面属性操作如下：

① 在"页面字体"下拉列表中可以设置网页文本的字体。

② 在"大小"下拉列表中可以设置网页文本的字体大小。

③ 在"文本颜色"文本框中可以设置网页文本的颜色。

④ 在"背景颜色"文本框中可以设置网页的背景颜色。

⑤ 在"背景图像"文本框中可以输入作为网页背景的图像文件名称以及其存放的路径，也可以单击文本框右侧的"浏览"按钮，在弹出的"选择图像源文件"㊡中选择图像。

⑥ 在"重复"下拉列表中可以指定背景图像在页面中以"no-repcat"、"repeat"、"repeat-x"或"repeat-y"等任何一种方式显示。

⑦ "左边距"、"上边距"、"右边距"和"下边距"用来设置网页元素与页面边缘的距离。

2. "外观（HTML）"页面属性

在"分类"㊜中选择"外观（HTML）"，得到如图 8-14 所示界面。

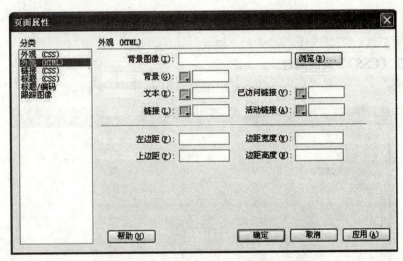

图 8-14 "外观（HTML）"页面属性对话框

该页面属性操作如下：
① 在"背景"文本框中可以设置网页的背景颜色。
② 在"文本"文本框中可以设置网页文本的颜色。

3．"链接（CSS）"页面属性

在"分类"列中选择"链接（CSS）"，得到如图 8-15 所示界面。

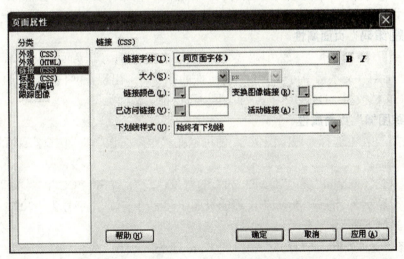

图 8-15 "链接（CSS）"页面属性对话框

该页面属性操作如下：
① 在"链接字体"下拉列表中可以设置超链接文本的字体。
② 在"大小"下拉列表中可以设置超链接文本的字号。
③ "链接颜色"文本框用于定义超链接文本默认状态下的字体颜色。
④ "变换图像链接"文本框用于定义鼠标放在超链接上时文本的颜色。
⑤ "已访问链接"文本框用于定义已经访问过的超链接文本的颜色。
⑥ "活动链接"文本框用于定义被激活的超链接文本的颜色。

⑦ 在"下划线样式"下拉列表中可以定义超链接的下划线样式。例如，若不需要显示超链接文本的下划线，可以选择"始终无下划线"选项。

4. "标题（CSS）"页面属性

在"分类"列中选择"标题（CSS）"，得到如图 8-16 所示界面。

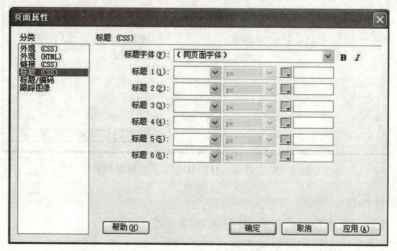

图 8-16 "标题（CSS）"页面属性对话框

在"标题字体"下拉列表框中可以对网页标题的字体进行设置，其右侧两个按钮 **B** 和 *I* 可分别用于设置标题是否加粗和倾斜。另外还可以分别定义 1~6 级标题的字号和颜色。

5. "标题/编码"页面属性

在"分类"列中选择"标题/编码"，便可以在"标题/编码"界面中设置如下属性。
① 在"标题"文本框中可以定义网页页面的标题，即出现在网页标题栏的内容。
② 在"文档类型（DTD）"下拉列表框中可以指定文档类型。

6. "跟踪图像"页面属性

在"分类"列中选择"跟踪图像"，便可以在"跟踪图像"界面中对页面的跟踪图像属性进行总体设置。

例 8.3 将"top.html"和"down.html"的背景色设为"#FFFFCC"，要求"top"档中的超链接文本不显示下划线，"down"文档的页面字体为"宋体"，字号为"20"。

操作步骤如下所示：

① 选择"文件"(菜)→"打开"(项)→打开 top.html 文件。在下方的"属性"面板中单击"页面属性"(钮)→弹出"页面属性"(框)。

② 在对话框的"分类"列中选择"外观（CSS）"项，在"页面字体"下拉列表中选择"宋体"，"大小"下拉列表中选择 20，"背景颜色"文本框中输入"#FFFFCC"。

③ 在"分类"列中选择"链接（CSS）"项，在"下划线样式"下拉列表中选择"始终无下划线"。

④ 用同样的方法打开"down.html"文件及其"页面属性"(框)，在"分类"列中选择"外观（CSS）"项，在"页面字体"下拉列表中选择"宋体"，"大小"下拉列表中选择"20"，"背景颜色"文本框中输入"#FFFFCC"。

8.3.3 编辑网页元素

【提要】

本节介绍添加和编辑网页元素的基本操作，主要包括：
- 文本的输入和编辑
- 图片的插入和编辑
- 音频、水平线等元素的添加

文本是网页中最基本的内容，Dreamweaver CS5 的文本编辑特性与文字处理程序很相似，也有剪切、复制、粘贴和撤销等命令。

1. 输入文本

创建了新的网页之后，在网页"文档"窗口的左上角有一个闪烁的光标，这个光标标志着当前的文本输入位置。当输入文字时，文字就会显示在闪烁光标所在的位置上。

在网页中插入文本的方法如下：

① 直接输入法。在网页文档窗口中定位要输入文本的位置，单击任务栏右侧的输入法图标选择一种输入法，输入文本。效果如图 8-17 所示。

② 复制粘贴法。首先在其他应用程序窗口中选择目标文本，进行复制操作，用光标在 Dreamweaver CS5 文档窗口中定位要插入文本的位置，进行粘贴操作，将文本放到指定位置即可。

如果要在网页中连续插入多个空格，可以通过按住【Ctrl】+【Shift】组合键再连续输入空格的方法来进行。

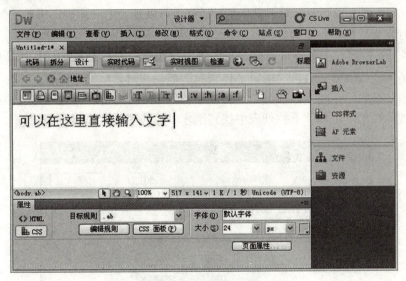

图 8-17 文本输入示例

2. 设置文本格式

在网页中输入文本后，Dreamweaver CS5 自动按系统默认的字体、字形和大小设置显示文本，为了使所创建的网页清晰、美观，需要根据实际设计要求设置文本的格式和样式。利用"属性"面板可以对文本相应属性进行选择性设置。面板左侧有"HTML"和"CSS"两个按钮,用于在 HTML 属性界面和 CSS 属性界面之间进行切换。

① 选择"HTML"钮后,可以在属性面板中设置文本格式,如图 8-18 所示。例如,利用"格式"下拉列表可以将选定文本设置为普通段落文本或某一级标题。

图 8-18 HTML 属性界面

② 选择"CSS"钮后,可以在属性面板中设置文本的字体、大小和颜色等属性,如图 8-19 所示。

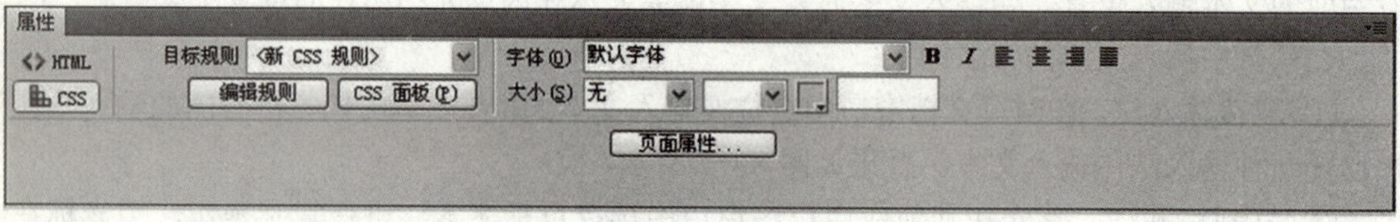

图 8-19 CSS 属性界面

在设置属性前必须确定这些属性所归属的目标规则,如果归属于现存的 CSS 规则,可以在"目标规则"下拉列表中直接选择目标规则。如果要新建 CSS 规则,则选择"属性"面板的"编辑规则"钮→弹出"新建 CSS 规则"框→确定选择器类型并输入选择器名称→单击"确定"钮→弹出 CSS 规则定义对话框;在对话框中可以直接定义该规则所对应的文本属性,也可以不进行定义直接单击"确定"钮,返回"属性"面板再设置文本属性。

● "字体"下拉列表中有各式各样的字体供用户选择。如果列表中没有所需的字体,可选择"编辑字体列表"项→打开"编辑字体列表"框,在对话框的"可用字体"列选择所需字体,单击添加按钮,将其添加到"选择的字体"列中,单击"确定"钮关闭对话框后,便可以在属性面板的"字体"下拉列表中找到刚才添加的字体。如图 8-20 所示。

图 8-20 "编辑字体列表"对话框

● 在"大小"下拉列表中可选择字号,其中"极小"代表最小的字号,"特小"相当于 9

号字体,"小"代表 10~12 的字号,"中"代表 12~14 的字号,"大"代表 14~16 的字号,"特大"代表 16~18 的字号,"极大"代表 24~36 的字号,"较小"和"较大"是指分别在原来字号上减小或增大一点。

3. 设置段落格式

一个网页可以由若干段落的文本组成。在文档窗口中输入一段文字后,按【Enter】键便结束对一个段落内容的编辑,在下一行开启另一个段落的内容。段落与段落之间通常有空行作为间隔,如果不想在段落间留有空行,可以按【Shift】+【Enter】组合键实现换行不换段的效果。段落格式是否整齐对网页的美观有非常重要的影响,对于段落来说,最重要的属性就是段落对齐和段落缩进。

(1) 段落对齐

段落对齐直接影响网页的版面效果。Dreamweaver CS5 提供了左对齐、右对齐、两端对齐和居中对齐四种对齐方式,用于调整文本在页面中的布局,用户根据需要选择即可。

设置段落对齐的具体操作步骤如下:

① 如果设置的是一个段落,可将光标置于该段落中;如果要对齐的是多个段落,则需选中这些段落,段落选定方式与 Word 2010 的相同。

② 选择"格式"菜→"对齐"项,在弹出的子菜单中选择一种对齐方式。

(2) 段落的缩进

按照书写习惯,每个段落开头都需要向右缩进两个汉字的位置。文本中的一些注释或引用段落,两端都会缩进一定的距离,与正文相区分。

设置段落缩进的具体操作步骤如下:

① 选定需设置的段落。

② 单击"格式"菜→选择"缩进"项。

4. 图像的处理

只有文本的网页显得十分单调,没有图文并茂的效果。因此,在制作网页时可以插入相应的图像。Dreamweaver CS5 支持 GIF、PNG 和 JPEG 三种图像格式。因为这类文件信息量较小,适合网络传输,而且适用于各种系统平台。

(1) 插入图像

在网页中插入图像的步骤如下:

① 将光标定位于要插入图像的位置,展开位于浮动面板组中的"插入"面板,在"常用"工具栏中单击"图像"钮,在出现的下拉列表中选择"图像"项,如图 8-21 所示。

② 在弹出的"选择图像源文件"框中选择一个图像文件,单击"确定"钮。

也可以在网页中插入剪贴画和视频文件。

(2) 编辑图像

插入图像后可对其大小、位置等进行调整。要调整图像大小可单击选择图像,使其四周出现控制点,拖动控制点,可将图像调整到合适大小。利用"属性"面板可以设置图像的各种属性,包括设置图像的高度及宽度、调整图

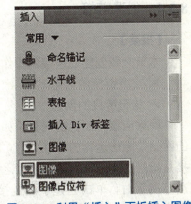

图 8-21 利用"插入"面板插入图像

片位置、设置链接等，也可以使用面板中的工具 ▣▣◐△ 对图片进行处理。

5. 插入音频文件

嵌入式音频是把声音文件直接嵌入到网页中，这种方式可以通过音频播放器自身的功能提供对音频的控制。

在网页中插入音频文件的步骤如下：

① 将光标定位于要插入音频文件的位置，选择"插入"㈱→"媒体"㈲→"插件"㈲。

② 在弹出的"选择文件"㈩中选择一个音频文件→单击"确定"㈨。

插入的文件在文档窗口中以"插件"占位符 ▣ 的形式显示，选择占位符后，利用"属性"面板可以对文件属性进行设置。

6. 插入水平线

Dreamweaver CS5 提供了水平线这个网页元素，其主要作用是把不同的内容从版面上分隔成不同的区域，使得网页更加具有视觉上的层次感。

在网页中插入水平线的步骤如下。

① 将光标定位在要插入水平线的位置。

② 选择"插入"㈱→"HTML"㈲→"水平线"㈲，或在"插入"面板的"常用"工具栏中单击"水平线"㈨▬，便可插入水平线。

例 8.4 在"down.html"中插入一幅关于网站的主题图片，将图片居中放置；在图片下方输入以下文字，文本内容居中对齐。

要么读书，要么旅行，身体和心灵，总有一个在路上……

操作步骤如下：

① 在文档窗口定位插入图片的位置，展开"插入"面板→选择"常用"工具栏→单击"图像"㈨→选择"图像"㈲→弹出"选择图像源文件"㈩→选择主题图片文件→单击"确定"㈨。选中已经插入文档窗口的图片，在下方的"属性"面板中选择"居中"㈨，并根据布局要求调整图片大小。

② 在图片下方输入题目所要求的文本后，选中文本对象→单击"编辑规则"㈨→弹出"新建 CSS 规则"㈩→在"选择器类型"下拉列表中选择"类"㈲→在"选择器名称"下拉列表中输入选择器名称"middle"→单击"确定"㈨→弹出".middle 的 CSS 规则定义"㈩→单击"确定"㈨→在"属性"面板中选择"居中"㈨。

8.3.4 创建链接

【提要】

本节介绍创建超链接的操作，主要包括：

➢ 文字链接的创建

➢ 锚记链接的创建

网站应该有不同的网页，如果这些页面彼此之间没有联系，那网页就好比是孤岛，这样的网站是无法运行的。为了建立起网页之间的联系可以使用超级链接，简称"超链接"。超链接是指网页间或网页内部元素之间的一种连接关系，是从一个对象指向另一个对象的光标。浏览网页时，单击创建了超链接的图片、文字，就可以跳转到页面的其他位置或其他网页中去。

1. 创建文字链接

利用文字创建超链接的步骤如下：

① 在网页中选中要创建超级链接的文字。

② 在属性面板的"HTML"界面，可以采用以下三种方式为文字添加链接。

● 在"链接"文本框中输入链接对象的存放路径和对象名称。

● 单击"链接"文本框右侧的"浏览文件夹"钮 □→弹出"选择文件"框→选择链接的目标文件，右侧的"目标"下拉列表用于设置链接页面打开的方式。

● 在"链接"文本框右侧有一个指向文件的图标 ⊕，这是创建超链接的快捷按钮。在链接的目标文件处于被打开的状态时，用鼠标左键按住"属性"面板的"指向文件"钮不放，将其拖动到目标文件的文档标题处，松开鼠标即可。如图 8-22 所示。

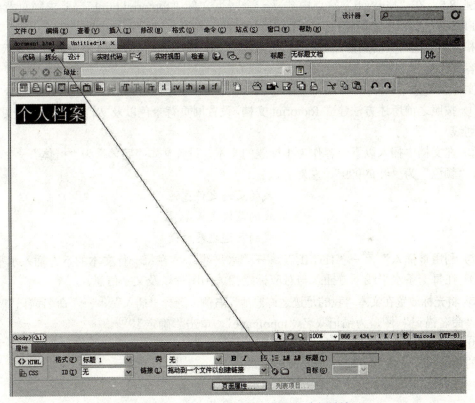

图 8-22 利用"指向文件"图标创建超链接

在浏览器里预览网页时，当光标移到创建了超链接的地方就会变成"手型"。

如果超链接指向的不是一个网页文件，而是其他的如 mp3 文件等，单击链接的时候就会下载该文件。

超链接也可以直接指向网络地址，当单击链接时直接跳转到地址所对应的网站或网页。例如，在链接框里写上"http：//www.hao123.com/"，那么单击链接就可以跳转到指定网站。

2. 创建锚记链接

锚记是指在文档中设置一个位置标记，并给该位置一个名称，便于引用。创建锚记后可以通过超链接跳转到当前页面的指定位置。

创建锚记链接的步骤如下：

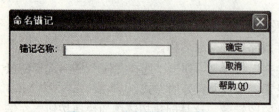

图 8-23 "命名锚记"对话框

① 打开一个页面较长的网页，将光标放置在要插入锚记的地方，单击"插入"㊈→选择"命名锚记"㊈→弹出"命名锚记"㊈，如图 8-23 所示。

② 在对话框的"锚记名称"文本框中为锚记取一个名称，单击"确定"㊈。

③ 选中需要建立锚记链接的文本，在"属性"面板的"链接"文本框中输入"#"和锚记名称，即建立了一个指向命名锚记的超链接。

例 8.5 在"MyWeb"站点中建立一个网页文件"footprint.html"，要求网页背景色为"#FFFFCC"，文档中的超链接文本不显示下划线。在网页中插入与主题"我的足迹"相关的图片和文字。在网页的底部建立一个锚记链接"返回页首"，当单击链接文本时，显示网页顶部内容。

操作步骤如下：

① 按照之前所述方法建立 footprint 文档，设置网页背景色以及文档中的超链接文本不显示下划线。

② 在文档中插入以下内容作为小标题的文本，设置文本"字体"为"楷体"，"字号"为"24"，"颜色"为"#FF9999"，左对齐放置。

我的足迹之许愿池
我的足迹之天鹅堡
我的足迹之泰姬陵

③ 利用"插入"㊈→"HTML"㊈→"水平线"㊈在每一行文本的下方插入水平线。

④ 在每一条水平线下方插入与对应标题相关的图片以及文字信息。

⑤ 将光标放置在文本"我的足迹之许愿池"右侧，选择"插入"㊈→"命名锚记"㊈，→弹出"命名锚记"㊈，为锚记取名"topofpage"，单击"确定"㊈。

⑥ 在网页底部输入文字"返回页首"，设置文本右对齐。选中"返回页首"，在"属性"面板的"链接"文本框中输入"#topofpage"。

网页 footpage.html 设计效果如图 8-5 和图 8-6 所示。

8.4 子案例三：表格的应用

子案例三效果图如图 8-24 所示：

图 8-24 子案例效果图

要完成图 8-24 所示的效果需要使用 Dreamweaver CS5 的以下功能：
➢ 利用表格设计网页布局
➢ 利用表格控制网页元素的位置

8.4.1 表格的创建

【提要】
本节介绍表格的基本操作，主要包括：
➢ 建立表格的方法

表格是控制网页布局的一个重要工具，它除了有归纳的作用外，还具有定位网页元素、合理安排对象位置的功能。表格是一组栅格，包括行、列和单元格 3 个要素。行自左向右扩展；列自上向下扩展；单元格是由行和列交汇得到，也是输入信息的地方，其大小自动适应内容。

创建表格的方法如下：
① 在网页中定位要插入表格的地方。
② 展开"插入"面板→选择"常用"工具栏→单击"表格"项，或者选择"插入"菜→"表格"项。
③ 在弹出的"表格"框中对表格的行数、列数和表格宽度等参数进行设置，如图 8-25 所示，完成设置后单击"确认"钮，便可以插入一个表格了。

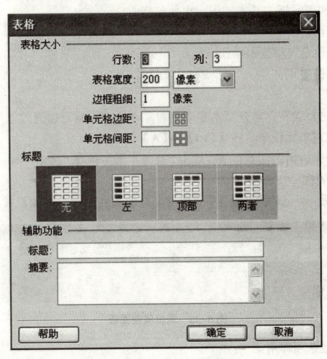

图 8-25 "表格"对话框

"表格"框中各项主要参数的作用如下：
① "行数"：用于指定新建表格的行数。
② "列"：用于指定新建表格的列数。

③"表格宽度":用于设置表格的宽度,右侧的下拉列表中包含"百分比"和"像素"两个选项。"百分比"设置的是表格宽度和页面宽度的相对比值。"像素"设置的是表格宽度的固定值。

④"边框粗细":用于设置表格边框的宽度,如果设置为"0",则在浏览器中不显示表格边框。

⑤"单元格边距":用于设置单元格内容和单元格边界之间的间隔,输入数值越大单元格的高度越高。

⑥"单元格间距":用于设置相邻单元格之间的间隔。

⑦"标题":它一共提供了4种形式以供选择,含义如下:
- "无":表示不设置表格的行或列标题。
- "左":表示一行归为一类,可以为每行在第一栏设置一个标题。
- "顶部":表示一列归为一类,可以为每列在第一栏设置一个标题。
- "两者":表示可以同时输入"左端"和"顶部"的标题。

⑧"标题":此标题是设置表格的名称,该名称默认会出现在表格上方。

⑨"摘要":用于为表格备注。

8.4.2 表格的编辑

【提要】

本节介绍表格和单元格的基本知识,主要包括:
➢ 表格的属性设置
➢ 单元格的属性设置和基本操作

1. 表格的属性设置

(1) 选定表格

要对表格属性进行设置,首先要选定表格对象。选定表格可以通过以下两种方法。

① 将光标定位在单元格中,按【Ctrl】+【A】组合键。

② 将光标置于表格内的任意位置,单击"修改"㋱→选择"表格"㋴→"选择表格"㋴。

(2) 设置表格属性

选择某个表格后,可以通过"属性"面板对表格的属性进行详细的设置,如图8-26所示。

图8-26 表格属性面板

面板中主要参数选项作用如下:

① "行"和"列":设置表格中行和列的数目。

② "宽":设置表格的宽度。右侧的下拉列表中包含"百分比"和"像素"两个选项。"百分比"设置的是表格宽度和页面宽度的相对比值。"像素"设置的是表格宽度的固定值。

③ "填充":设置单元格内容和单元格边界之间的像素数。

④ "间距":相邻的表格单元格之间的像素数。

⑤ "对齐":确定表格相对于同一段落中其他元素,如文本或图像的显示位置,包括"左对齐"、"右对齐"、"居中对齐"和"默认"4 种方式。

⑥ "边框":设置表格边框的宽度。

⑦ " "用于清除列宽;" "用于将表格宽度由百分比转换为像素;" "用于将表格宽度由像素转换为百分比;" "用于清除行高。

2. 单元格的属性设置和基本操作

(1) 选定单元格

要对单元格属性进行设置,首先要选定单元格对象。可以通过以下两种方法选择一个单元格。

① 按住【Ctrl】键,单击单元格。

② 将光标移动到目标单元格,连续三次单击单元格。

按住【Ctrl】键,用鼠标逐个单击要选择的单元格可以选择相邻或不相邻的单元格。

(2) 设置单元格属性

选择单元格后,可以在下方"属性"面板中设置单元格属性,如图 8-27 所示。

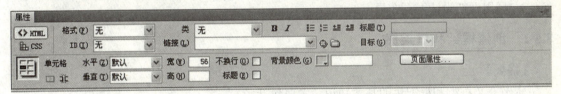

图 8-27 单元格属性面板

面板分为两个部分,上半部分用来对单元格内的文本进行编辑,下半部分针对单元格本身进行编辑,对文本进行编辑前面已经有所介绍,下面主要介绍针对单元格本身的属性设置。

① 合并单元格 :将所选择的若干个单元格合并为一个单元格。

② 拆分单元格 :将所选择的一个单元格拆分为若干个单元格。

③ 水平:用于设置单元格中内容的水平对齐方式。

④ 垂直:用于设置单元格中内容的垂直对齐方式。

⑤ 宽:用于设置单元格的宽度。

⑥ 高:用于设置单元格的高度。

⑦ 不换行:选中复选框后,该单元格的内容不会自动换行,单元格的宽度将随文字长度的不断增加而增大。

⑧ 标题:选中复选框后,当前单元格会被设置为标题行。

⑨ 背景颜色:设置单元格的背景颜色。

在单元格中输入文本、插入图片以及设置超链接的方法与在网页中进行类似操作的方法是一样的,只不过是将对象置于一个单元格范围内。

例 8.6 在网页"top.html"中设计一个 1 行 5 列的表格,在表格第 1 列中插入一幅与网站主题相关的图片,在第 2 列至第 5 列分别插入以下文本:"个人档案"、"音乐"、"故乡"和"我的足迹"。要求隐藏表格边框,文本在单元格中水平方向和垂直方向都为居中对齐。

操作步骤如下:

① 利用"文件"㈱→"打开"命令打开"top.html"。
② 在"top"的文档窗口顶部定位光标,选择"插入"㈱→"表格"㈱→弹出"表格"㈱→插入一个1行5列的表格。选中表格,在下方"属性"面板的"边框"文本框中输入"0"。
③ 将光标定位在表格的第1列,选择"插入"㈱→"图像"㈱→弹出"选择图像源文件"㈱→选择一幅与网站主题相关的图像→单击"确定"㈱。
④ 将光标定位在表格的第2列,输入文本"个人档案",用同样的方法分别在第3列、第4列、第5列输入题目所要求的文本。
⑤ 将光标从第1个单元格拖曳到最后一个单元格,选中全部5个单元格,在"属性"面板的"水平"下拉列表中选择"居中对齐","垂直"下拉列表中选择"居中"。
"top"网页设计效果如图8-24所示。

8.5 子案例四:框架的应用

子案例四效果如图8-4所示。
要完成图8-4所示的效果需要使用Dreamweaver CS5的以下功能:
➢ 利用框架设计网页布局

8.5.1 创建框架和框架集

【提要】
本节介绍框架和框架集的基本知识,主要包括:
➢ 框架和框架集的创建
➢ 框架和框架集的保存

我们上网时所浏览的很多网页都使用了框架结构,如QQ邮箱页面便是一个典型的例子,不管哪一位用户登录邮箱,所看到的页面结构都是一样的,只是邮件内容不同而已。

在这一节中,有两个彼此联系却容易被混淆的概念——框架和框架集。框架是指浏览器窗口中的一个区域,它可以显示与浏览器窗口的其余部分中所显示内容无关的HTML文档;而框架集是指在一个文档内定义一组框架结构的HTML网页。图8-4所展示的网页,其框架集由上下两个框架组成。

1. 创建方法

在Dreamweaver CS5中,可以通过以下两种方法建立框架:
① 选择"文件"㈱→"新建"㈱→弹出"新建文档"㈱。在对话框的左侧列表框中选择"示例中的页"㈱→在"示例文件夹"㈱中选择"框架页"㈱→在"示例页"㈱中任意选择一个选项→单击"创建"㈱。如图8-28所示。
② 创建了一个HTML基本页后,选择"插入"㈱→"HTML"㈱→"框架"㈱,在如图8-29所示的框架子菜单中任意选择一个选项。

两种方法的操作结果都是弹出"框架标签辅助功能属性"㈱,如图8-30所示,在对话框中可以为框架集中的每一个框架分别命名。若采用系统默认的框架名称则可以直接单击"确定"㈱。

完成创建后,在文档窗口便会生成一个空白的框架页面,如图8-31所示。

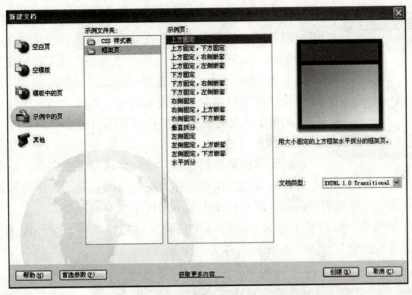

图 8-28 利用"新建文档"对话框创建框架

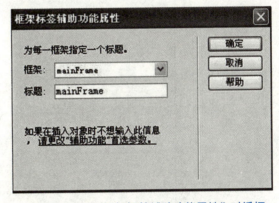

图 8-29 框架子菜单　　　　图 8-30 "框架标签辅助功能属性"对话框

图 8-31 空白框架

图 8-32 "框架"面板

选择"窗口"菜→"框架"项或按下【Shift】+【F12】组合键可以打开"框架"面板。在面板中显示了当前网页内每一个框架的名称，如图 8-32 所示。如在"对齐上缘"框架结构中，上方框架名为"topFrame"，下方框架名为"mainFrame"，用户可以通过框架属性面板对框架重新命名。在框架中创建超链接时，系统会依据框架名称定位打开链接网页的目标框架。

2. 保存方法

框架和框架集的保存方法与普通网页的保存方法不一样，首先是对框架集的保存，即对框架集所定义的那组框架的布局和属性进行保存；其次是对框架的保存，即对框架中显示的每个页面的保存。

若要保存框架集，只需单击框架集边框选中框架集后，如图 8-33 所示，使用"文件"菜→选择"保存框架页"项或"框架集另存为"项来进行。

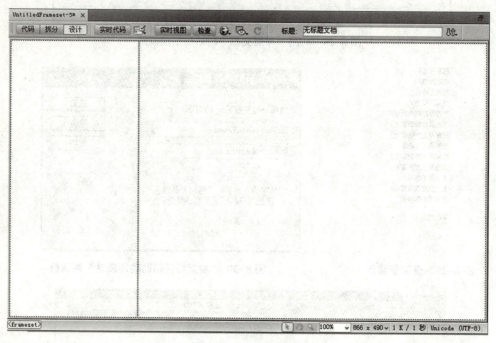

图 8-33 保存框架集

保存框架集并不能保存框架中的 HTML 文档，若要对这些文档单独保存，只需把光标定位在要保存的某个框架文档中，使用"文件"菜→"保存框架"项或"框架另存为"项来进行。

若要一次性保存框架集和框架文档，则选择"文件"菜→"保存全部"项→弹出"另存为"框。先进行的是保存框架集的操作，此时整个框架集被虚线所包围，为框架集命名后单击"保存"钮，再次出现"另存为"框，开始进行保存单个框架文档的操作。为保存每一个框架的"另存为"框出现时，在文档窗口中对应框架都会被虚线包围，让用户明确此时保存的是哪一个框架。依次为框架命名后，单击"保存"钮即可完成保存框架集与全部框架的操作。

8.5.2 框架和框架集的基本操作

【提要】

本节介绍框架和框架集的基本操作，主要包括：
- 框架和框架集的选择
- 在框架中打开网页的操作
- 为超链接指定目标框架的操作

1. 选择框架

在文档窗口中，按住【Shift】+【Alt】组合键的同时用鼠标单击某框架内部，即可选中该框架，被选中框架四周会出现虚线轮廓。

2. 选择框架集

要选择一个框架集，可单击框架集内的某一内部框架边框，即可选中该框架集，被选中的框架集四周会出现虚线轮廓。

3. 调整框架大小

将光标移动到目标框架的边框上，当光标变为双向箭头形状后拖曳鼠标即可改变框架大小。

4. 在框架中打开网页

创建框架后，要为每一个框架设置初始网页，这样在浏览器中查看框架网页时才会有内容显示。

将光标定位在目标框架内，单击"文件"㈱→选择"在框架中打开"㈱→弹出"选择HTML 文件"㈱，从中选择一个网页文件即可。

5. 为超链接指定目标框架

为框架内的文本或图片创建超链接的方法与在普通网页内进行的方法是一样的，不同的是如果链接的目标对象是网页文件的话，要为网页的打开操作指定目标框架。在"属性"面板的"链接"文本框中为文本或图像设置了链接目标对象后，可以利用"目标"下拉列表框确定打开指定网页的目标框架，如图 8-34 所示。

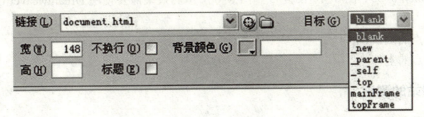

图 8-34 "目标"下拉列表

"目标"下拉列表中各选项含义如下：
- blank：在新的浏览器窗口中打开链接的目标网页，同时保持当前浏览器窗口不变。
- parent：在当前链接所处框架的框架集中打开目标网页，同时替换整个框架集的内容。
- self：在当前链接所处框架打开目标网页，同时替换该框架中的内容。
- top：在当前浏览器窗口中打开目标网页，以此替换所有框架。

列表中其他选项为各框架名称，若选择的是框架名称，便在指定框架中打开目标网页。

6. 删除框架

在一个包含框架的文档中，将光标停留在要删除的框架的边框上，当光标变成双向箭头时，按住鼠标左键将边框拖到页面外即可。

例 8.7 在"MyWeb"站点中建立一个上下框架结构的主页"index.html"，将"top.html"放置在主页顶部框架内，将"down.html"放置在主页底部框架内。为文本"我的足迹"设置超链接，链接目标为"footprint.html"，指定目标网页在新的浏览器窗口中打开。

操作步骤如下：

① 按照之前所述方法建立 index 文档，选择"插入"菜→"HTML"项→"框架"项→"对齐上缘"项→弹出"框架标签辅助功能属性"框→单击"确定"钮。

② 将光标定位在顶部框架内，选择"文件"菜→"在框架中打开"项→弹出"选择 HTML 文件"框→选择"top"网页文件→单击"确定"钮。将光标定位在底部框架内，采用同样的方法将"down"文件在底部框架内打开。

③ 选择文本"我的足迹"，单击"属性"面板中"链接"文本框右侧的"浏览文件夹"钮 □→弹出"选择文件"框→选择"footprint.html"→在"目标"下拉列表中选择"_blank"。

8.6 子案例五：网站的测试与发布

子案例五效果图如图 8–35、图 8–4、图 8–5 和图 8–6 所示。

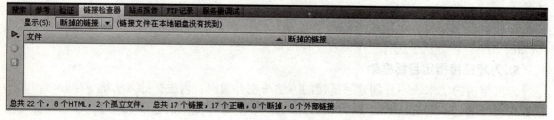

图 8–35 子案例效果图

要完成图 8–35、图 8–4、图 8–5 和图 8–6 所示的效果需要使用 Dreamweaver CS5 的以下功能：

- 站点的测试
- 站点的上传

8.6.1 网站的测试

【提要】

本节介绍站点的测试操作，主要包括：
- 无效链接的检查
- 孤立文件的检查

在网站发布之前，要对网页进行各方面的测试，如兼容性测试、链接测试和预览测试，其中链接测试能检查站点中有没有无效的链接和未使用的孤立文件。确保网站发布后运行顺利流畅。

打开需进行检查的文档,选择"文件"㊂→"检查页"㊁→"链接"㊁,或是直接按【Shift】+【F8】组合键,在窗口底部出现"结果"面板,如图 8-36 所示。面板内的"显示"下拉列表提供了三种链接测试方式:

① 断掉的链接:显示文档中是否有断开的链接,即链接所指向的文件没有在本地磁盘中找到。

② 外部链接:显示文档中外部链接的情况,即链接到站点外面的文件。

③ 孤立的文件:检查站点中有无孤立文件的存在,即没有被任何链接所指向的文件。

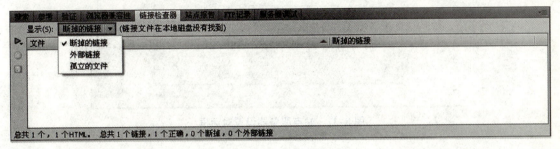

图 8-36 检查网站的链接

单击面板左侧的"检查链接"㊁ ▶.会弹出有三个选项的菜单,用于确定检查的范围。

8.6.2 网站的发布

【提要】

本节介绍站点的发布操作,主要包括:
➢ 远端站点的构建
➢ 站点文件的上传

网站的发布是通过将站点文件上传到 WWW 中的某台服务器的远程文件夹来实现的。在发布网站之前,首先要向发布网站的服务器申请 URL,在 WWW 上有很多免费存放个人网站的站点,在得到服务器给出的 URL 和密码后,就可以向服务器发布制作的站点与网页。

当网页要发布到远端服务器上时,需要有 FTP 主机的域名或 IP 地址,Dreamweaver CS5 的 FTP 上传功能可以将本地站点中的内容上传服务器。其操作步骤如下:

① 选择"站点"㊂→"管理站点"㊁→弹出"站点管理"㊄→选择待上传站点的名称→单击"编辑"㊁→弹出"站点设置对象"对话框→在对话框左侧列表选择"服务器"㊁→单击"添加新服务器"㊁ ✚,出现如图 8-37 所示的界面。

② 在"服务器名称"文本框中输入站点即将上传的目标服务器名称,在"连接方法"下拉列表中选择"FTP",在"FTP 地址"文本框中输入 FTP 地址(如 ftp.××××.net),再输入用户名和密码。单击"测试"㊁可以测试与 FTP 主机的连接是否正确。测试完毕后单击"保存"㊁。

③ 在"管理站点"㊄中单击"完成"㊁保存关于远程信息的设置。在 Dreamweaver CS5 的工作界面打开"文件"面板,单击工具栏上的"连接到远端主机"㊁ 进行远程连接,在下面的文件列表中选择要上传的文件,然后单击"上传文件"㊁ ⬆,便可以将站点中文件上传到服务器。

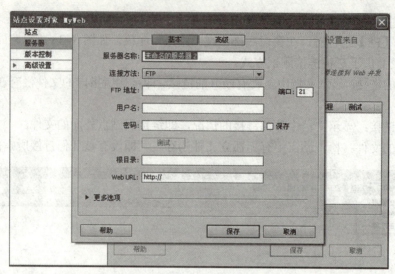

图 8–37　站点服务器设置对话框

思考与练习

一、简答题

1. Dreamweaver CS5 的工作窗口由哪些部分组成？各部分的功能是什么？
2. 在 Dreamweaver CS5 中如何规划和创建一个网站？如何创建站点？
3. 如何在指定站点中创建网页？
4. 什么是主页？主页与普通网页有什么区别？
5. Dreamweaver CS5 有几种视图模式？各种视图模式之间有什么区别？
6. 什么是超级链接？什么是锚记？如何创建锚记链接？
7. 在表格中插入文本、图像元素与在网页中插入相同元素有什么不同？
8. 什么是框架集？什么是框架？
9. 在发布网站前要进行什么工作？如何上传网站？

二、操作题

建立一个简单的学校网站。

1. 在 E 盘根目录下建立一个站点，命名为 "MySchool"，站点路径为 "E:\MySchool"。
2. 在 MySchool 站点中建立主页 index，在网页中插入关于自己学校的文字和图像，并设计网页布局和背景，将文件保存在 "E:\MySchool" 中。
3. 在站点中分别建立以 "Dofcomputer"、"Dofchinese"、"Dofenglish" 命名的三个网页，三个网页分别与主页中 "计算机系"、"中文系"、"英语系" 三个标题对应，并在网页中添加相关文字、图片等。单击 "计算机系" 转到 "Dofcomputer" 文件中，单击 "中文系" 转到 "Dofchinese" 文件中，单击 "英语系" 转到 "Dofenglish" 文件中。在 "Dofcomputer"、"Dofchinese"、"Dofenglish" 三个网页中的适当位置设置 "返回" 按钮，若单击 "返回" 按钮则返回主页。
4. 保存以上编辑。

附录1　ASCII 码表

字符	十进制	二进制	字符	十进制	二进制	字符	十进制	二进制	字符	十进制	二进制
NUL	0	00000000	SP	32	00100000	@	64	01000000	`	96	01100000
SOH	1	00000001	!	33	00100001	A	65	01000001	a	97	01100001
STX	2	00000010	"	34	00100010	B	66	01000010	b	98	01100010
ETX	3	00000011	#	35	00100011	C	67	01000011	c	99	01100011
EOT	4	00000100	$	36	00100100	D	68	01000100	d	100	01100100
ENQ	5	00000101	%	37	00100101	E	69	01000101	e	101	01100101
ACK	6	00000110	&	38	00100110	F	70	01000110	f	102	01100110
BEL	7	00000111	,	39	00100111	G	71	01000111	g	103	01100111
BS	8	00001000	(	40	00101000	H	72	01001000	h	104	01101000
HT	9	00001001	)	41	00101001	I	73	01001001	i	105	01101001
LF	10	00001010	*	42	00101010	J	74	01001010	j	106	01101010
VT	11	00001011	+	43	00101011	K	75	01001011	k	107	01101011
FF	12	00001100	,	44	00101100	L	76	01001100	l	108	01101100
CR	13	00001101	-	45	00101101	M	77	01001101	m	109	01101101
SO	14	00001110	.	46	00101110	N	78	01001110	n	110	01101110
SI	15	00001111	/	47	00101111	O	79	01001111	o	111	01101111
DLE	16	00010000	0	48	00110000	P	80	01010000	p	112	01110000
DC1	17	00010001	1	49	00110001	Q	81	01010001	q	113	01110001
DC2	18	00010010	2	50	00110010	R	82	01010010	r	114	01110010
DC3	19	00010011	3	51	00110011	S	83	01010011	s	115	01110011
DC4	20	00010100	4	52	00110100	T	84	01010100	t	116	01110100
NAK	21	00010101	5	53	00110101	U	85	01010101	u	117	01110101
SYN	22	00010110	6	54	00110110	V	86	01010110	v	118	01110110
ETB	23	00010111	7	55	00110111	W	87	01010111	w	119	01110111
CAN	24	00011000	8	56	00111000	X	88	01011000	x	120	01111000
EM	25	00011001	9	57	00111001	Y	89	01011001	y	121	01111001
SUB	26	00011010	:	58	00111010	Z	90	01011010	z	122	01111010
ESC	27	00011011	;	59	00111011	[	91	01011011	{	123	01111011
FS	28	00011100	<	60	00111100	\	92	01011100	|	124	01111100
GS	29	00011101	=	61	00111101	]	93	01011101	}	125	01111101
RS	30	00011110	>	62	00111110	^	94	01011110	~	126	01111110
US	31	00011111	?	63	00111111	_	95	01011111	DEL	127	01111111

NUL	空	VT	垂直制表
SOH	标题开始	FF	走马纸控制
STX	正文结束	CR	回车
ETX	文本结束	SO	移位输出
EOT	传输结果	SI	移位输入
ENQ	询问	SP	空间（空格）
ACK	承认	DLE	数据链换码
BEL	报警符（可听见的信号）	DC1	设备控制1
BS	退一格	DC2	设备控制2
HT	横向列表（穿孔卡片指令）	DC3	设备控制3
LF	换行	DC4	设备控制4
SYN	空转同步	NAK	否定
ETB	信息组传送结束	FS	文字分隔符
CAN	作废	GS	组分隔符
EM	纸尽	RS	记录分隔符
SUB	减	US	单元分隔符
ESC	换码	DEL	删除

附录2 计算机中常用的信息存储格式

一、文字

存储格式	备注
.txt	纯文本文件，不携带字体、字形、颜色等文字修饰控制格式，一般文字处理软件都能打开它
.doc	Word 创建的格式化文件
.html	超文本标识语言编成的文件格式
.pdf	Adobe 公司开发的电子文件格式，可以将文字、字型、格式、颜色及图形图像等封装在一个文件中，文件占用的存储空间较小
.wps	国产金山文字处理软件 WPS 的文件格式，功能与 Word 类似
.caj	是电子刊物的一种格式，使用 CAJ 全文浏览器来阅读

二、图形图像

存储格式	备注
.jpg	JPG/JPEG 文件是静态压缩的国际标准，是应用广泛的图像压缩格式
.gif	支持透明背景的图像，文件很小，色彩限定在 256 色以内
.bmp	位图格式文件，不压缩，文件占用的存储空间大
.psd	Photoshop 图像文件，文件占用的存储空间大
.png	能存储 32 位信息的位图文件格式

三、动画

存储格式	备注
.gif	通过存储若干幅图像，进而形成连续性的动画
.swf	flash 动画文件，具有缩放不失真、文件体积小等优点，它采用了流媒体技术，可以一边下载一边播放，目前被广泛应用于网络
.mpeg	支持压缩，用于编码音频、视频、文本和图形数据

四、音频

存储格式	备注
.wav	该格式文件记录声音的波形，声音文件能够和原声基本一致，质量非常高
.mp3	一种压缩存储声音的文件，是音频压缩的国际标准，特点是声音失真小，文件小，目前网络上很多的歌曲都是这样的格式
.midi	是数字音乐/电子合成乐器的统一国际标准，Midi 文件存储非常小，主要用于音乐制作

五、视频

存储格式	备注
.avi	Microsoft 公司开发的一种数字音频与视频文件格式，主要应用在多媒体光盘上，用来保存电影、电视等各种音像信息
.mpg	MPEG 文件格式是活动图像压缩算法的国际标准，其兼容性较好，应用普遍
.mov	它是 Appl 计算机公司开发的一种音频、视频文件格式，用于保存音频和视频信息，具有先进的视频和音频描述能力
.rm	它是 RealNetworks 公司开发的一种新型流式音频、视频文件格式，主要用在广域网上进行网上进行实时传送和实时播放
.asf	微软的一种视频格式，可以使用 Windows 自带的 Windows Media Player 对其进行播放
.wmf	微软的一种采用独立编码方式的文件压缩格式，可以直接在网上实时观看视频节目

参 考 文 献

[1] 林士敏. 大学计算机基础［M］. 桂林：广西师范大学出版社，2010.
[2] 杨振山，龚沛曾. 大学计算机基础（第 4 版）［M］. 北京：高等教育出版社，2005.
[3] 王移芝. 大学计算机基础教程（第 2 版）［M］. 北京：高等教育出版社，2006.
[4] 万励. 计算机应用基础案例教程［M］. 桂林：广西师范大学出版社. 2012.
[5] 贺杰. 计算机应用基础案例教程——实训指导与习题集［M］. 桂林：广西师范大学出版社. 2012.
[6] 陆汉权. 计算机科学基础［M］. 北京：电子工业出版社，2012.
[7] 吴华，兰星，等. Office 2010 办公软件应用标准教程［M］. 北京：清华大学出版社，2012.
[8] 谢华，冉洪艳. PowerPoint 2010 标准教程［M］. 北京：清华大学出版社，2012.
[9] 张强，等. Access 2010 入门与实例教程［M］. 北京：电子工业出版社，2011.
[10] 朱洁. 多媒体技术教程（第 2 版）［M］. 北京：机械工业出版社，2011.
[11] 张尧学. 计算机网络与 Internet 教程（第 2 版）［M］. 北京：清华大学出版社，2006.
[12] 石志国. 信息安全概论［M］. 北京：北京交通大学出版社，2007.
[13] 七心轩文化. Office2010 高效办公［M］. 北京：电子工业出版社，2010.
[14] 董荣胜，古天龙. 计算机科学与技术方法论［M］. 北京：人民邮电出版社，2002.
[15] 夏耘，黄小瑜. 计算思维基础［M］. 北京：电子工业出版社，2012.
[16] 科教工作室. Dreamweaver CS5 网页制作（第 2 版）［M］. 北京：清华大学出版社，2011.
[17] 李斌，黄绍斌，等. Excel 2010 应用大全［M］. 北京：机械工业出版社，2010.
[18] 七心轩文化. Excel 2010 电子表格［M］. 北京：电子工业出版社，2010.